고려사 악지

高麗史樂志

아악 · 당악 · 속악

신현규 편역

숭실대학교 한국문예연구소 학술총서 31

아악·당악·속악

고려사 악지

高麗史樂志

신현규 편역

學古房

서 문

지난 해 대학원생들을 대상으로 『고려가요연구』 강의를 진행하던 때였다. 강의는 수강생들과 함께 고려가요 원문 중심의 발표와 토론으로 이루어졌다. 그런데 『고려사악지』의 번역문을 함께 다루던 중 의문점을 발견하게 되었다. 원래 『고려사악지』는 음악에 관한 사실을 적은 기전체(紀傳體)의 한 기록이다. 그럼에도 번역된 부분들은 음악 전공자에 의해 국역된 것이 아니라는 점이었다. 다시 말해 '아악(雅樂)', '당악(唐樂)', '속악(俗樂)' 등의 기존 번역에 음악 중심으로 국역이 필요하다는 생각이 들었다. 부족한 능력이지만, 시도하기로 했다. 우선 기존 번역된 것을 참조하여 덧붙여 주석을 달도록 하였다. 마침 수강생 중에 국악 전공하는 이가 있어 운 좋게 큰 도움을 받을 수 있었다.

『고려사 악지(高麗史樂志)』는 조선조 세종 때 정인지(鄭麟趾) 등이 왕명으로 편찬한 『고려사(高麗史)』의 가요편(歌謠篇)이다.

『고려사(高麗史)』의 서술방식은 기전체(紀傳體)로, 역사적 사실을 서술할 때, 본기(本紀) · 열전(列傳) · 지(志) · 연표(年表) 등으로 구성하여 서술하는 역사의 서술 체재다. 가장 중요한 본기 · 열전의 이름을 따서 기전체라고 한 이 방식은 전한(前漢)의 사마천(司馬遷)이 쓴 『사기(史記)』에서 시작되었다. 그 뒤 중국의 정사(正史)를 서술하는 기본체재가 되었다. 우리나라에서는 김부식(金富軾)의 『삼국사기(三國史記)』와 조선시대 관찬사서인 『고려사』가 이 체재로 편찬되었다.

1392년(태조 1) 10월 태조로부터 시작된 『고려사』 편찬은 1451년(문종 1) 8월에 김종서(金宗瑞)에 의해 세가(世家) 46권, 지(志) 39권, 연표(年表) 2권, 열전(列傳) 50권, 목록(目錄) 2권 총 139권으로 완성하였다. 특히 열전에서는 사람들에 대한 평가가 내려져 있어서 비판이 거셀 것을 우려하여, 1452년(단종 즉위)에 조금만 인쇄하여 내부에 보관하다가, 1454년 10월에 이르러 비로소 널리 인쇄, 반포되었다.

악지(樂志)는『고려사(高麗史)』제70-71권에 해당된다. 제70권 악(樂) 1에는 고려 예종 때 송(宋)나라로부터 들여온 대성악으로 규모를 갖춘 아악(雅樂)을 연주하는 절도(節度), 각종 악기의 수와 배열 방법 등을 설명하고, 태조로부터 충목왕에 이르기까지 9실(室)의 태묘(太廟) 악장(樂章)과 제향(祭享) 절차 등을 수록하였다.

제71권 악2에는 당악(唐樂)과 속악(俗樂)에 쓰이는 악공, 악기, 곡명, 연주 절차, 곡에 대한 유래와 가사 등을 수록하였고, 신라·백제·고구려 등 삼국의 속악에 대한 곡명과 유래를 설명하였다. 끝으로 속악을 쓰는 절도에 대한 내용이 수록되어 있다.

속악조에 곡의 유래가 실려 있는 신라의 가요로는「동경(東京)」·「목주(木州)」·「여나산(余那山)」·「장한성(長漢城)」·「이견대(利見臺)」 등이 있고, 백제의 가요로는「선운산(禪雲山)」·「무등산(無等山)」·「방등산(方等山)」·「정읍(井邑)」·「지리산(智異山)」 등이 있으며, 고구려의 가요로는「내원성(來遠城)」·「연양(延陽)」·「명주(溟州)」 등이 있다.

당악조 첫머리에 있는「헌선도(獻仙桃)」·「수연장(壽延長)」·「오양선(五羊仙)」·「포구락(抛毬樂)」·「연화대(蓮花臺)」·「석노교(惜奴嬌)』곡파(曲破)·「만년환 (萬年歡)」만(慢) 등 7종은 대곡(大曲)이자 형태상으로는 가무희(歌舞戱)들이다.

이들은 모두 임금을 축수하는 내용으로 이루어져 있다. 중국에서 들어온 당악조에 실려 있는 것 가운데 위의 7종을 제외한 41곡은 처음 고려에 도입하였을 때 소곡(小曲)의 가사였을 것으로 추측되나, 현재는 그 악곡을 알 수 없고 가사만이 남아 있다.

속악조 첫머리에 실려 있는「무고(舞鼓)」·「동동(動動)」·「무애(無㝵)」 등 3편은 향악정재(鄕樂呈才) 때 가무를 하면서 부르는 노래로 공연의 절차에 관한 설명이 있다.「서경(西京)」·「대동강(大同江)」·「양주(楊州)」·「월정화(月精花)」·「장단(長湍)」·「정산(定山)」·「벌곡조(伐谷鳥)」·「원흥(元興)」·「금강성(金剛城)」·「장생포(長生浦)」·「총석정(叢石亭)」·「안동자청(安東紫靑)」·「송산(松山)」·「예성강(禮成江)」·「동백목(冬柏木)」 등은 노래를 짓게 된 유래를 설명하였다.

이 가운데 「총석정」은 기철(奇轍)이 지은 것으로, 「동백목」은 채홍철(蔡洪哲)이 지은 것으로 밝혀 놓았다. 「오관산(五冠山)」·「거사련(居士戀)」·「처용(處容)」·「사리화(沙里花)」·「장암(長巖)」·「제위보(濟危寶)」·「한송정(寒松亭)」·「정과정(鄭瓜亭)」 등은 노래를 짓게 된 유래와 함께 한역시(漢譯詩)를 소개하여 그 대강의 내용을 파악할 수 있도록 하였다. 이 가운데 「한송정」은 장진공(張晉公)의 한역시를 소개하였고, 그 나머지는 모두 이제현(李齊賢)의 한역시를 소개하였다.

「정과정」은 정서(鄭敍)가 지은 것으로 밝혀 놓았다. 그밖에 한시 형태로 가사가 기록된 것으로 「풍입송(風入松)」·「야심사(夜深詞)」·「자하동(紫霞洞)」·「삼장(三藏)」·「사룡(蛇龍)」 등이 실려 있는데, 「자하동」은 채홍철이 지은 것으로 알려져 있다. 그리고 한자를 빌어 향찰식으로 기록한 노래로 「한림별곡(翰林別曲)」이 수록되어 있다.

『고려사』 악지는 고려시대에 공연된 음악과 그 가사, 춤에 관한 기록이라는 점에서 소중한 가치를 지닌다. 아악이나 당악에 관한 기록은 고려시대의 음악과 제향·연향(宴享)에 관한 정보를 제공해 줄 뿐만 아니라, 남아 있는 기록이 자세하지 않은 당송(唐宋)시대의 중국 음악과 송시대의 사문학(詞文學)을 연구하는 데에도 소중한 자료이다. 속악에 관한 기록은 고려시대의 음악이나 무용에 관한 정보뿐만 아니라, 삼국시대의 가요와 고려시대의 가요에 관한 귀중한 정보를 담고 있어 국문학 연구에 있어서 필수적인 자료가 된다.

1966년 북한 사회과학원에서 번역하여 11권으로 출판한 『고려사』가 아름출판사에서 영인 간행되었는데, 그 제6권에 '악지' 부분이 있다. 1987년 동아대학교 고전연구실에서 『고려사』를 10권으로 완역한 『역주 고려사(譯註高麗史)』 가운데 제6권에 악지 부분이 번역되어 있다.

함께 대학원 수업에 참여하면서 원고를 검토해준 국악과 강현정 외래교수, 국어국문학과 황병홍, 노정례, 이진녕, 양운유, 최희아 선생에게 감사한 마음을 전한다. 그리고 꼼꼼하게 교정해 준 심호남 선생에게도 고마움을 전하며, 보잘것없는 내용을 정성껏 책으로 꾸며주신 학고방 하운근 사장님과 임직원께 감사의 말씀을 드린다.

2011년 7월

흑석골에서

신 현 규

일러두기

1. 본 서(書)의 저본(底本)은 북한 사회과학원 고전연구소에서 편찬한 『고려사(高麗史)』(1966)를 참조하여 검토하였다. 원문(原文)은 한국학문헌연구소에서 영인(影印)한 『고려사(高麗史)』(아세아문화사, 1972)를 대상으로 삼았다.

2. 번역은 내용상 문제가 되지 않는 선에서 고려사(高麗史) 원문(原文)에 의거하여 오역(誤譯)을 바로 잡았으며, 간혹 미처 번역되지 못한 부분은 새로 기술하였다.

3. 본서에 보이는 주(註)는 원전과 번역서에는 대부분 없는 것으로 독자의 편의를 고려하여 삽입시켰다.

4. 본 서(書)의 부록(附錄)은 '고려사 악지 속악 악곡 지도'와 고려조 문무백관(文武百官) 제도(制度)를 정리하여 수록하였다. 부록의 악기그림은 이혜구 역주, '『악학궤범』영인본' 『신역악학궤범』(국립국악원, 2000)에서 사용하였다. 악기설명은 장사훈, 『국악대사전』(세광음악출판사, 1984)을 참고하였다.

5. 첩자(疊字)의 경우는 그 발성적인 측면을 중시하여 두음법칙을 따르지 않았다.

목 차

악 (樂)

악(樂) 일(一)[1]

志卷第二十四 高麗史七十
正憲大夫工曹判書集賢殿大提學知經筵春秋館事兼成均大司成臣鄭麟趾奉
敎修
樂一
夫樂者所以樹風化象功德者也高麗太祖
草創大業而成宗立郊社躬禘祫自後文物
始備而典籍不存未有所考也睿宗朝宋賜
新樂又賜大晟樂恭愍時

무릇 악(樂)이란 풍화(風化)[2]를 수립하고 공덕(功德)[3]을 상징하는 데 필요한 것이다.

고려 태조(太祖)가 국가를 창건하였으며 성종(成宗)이 교사(郊社)[4]를 세웠고 친히 체협(禘祫)[5]을 지낸 후로부터 나라의 문물제도가 비로소 갖추어졌다.

그러나 여기에 관한 서적들이 보존(保存)되어 있지 않으므로 고증(考證)할 수 없다.

예종 때에 송나라에서 신악(新樂)을 선물로 보내 왔고 대성악(大晟樂)[6]도 선물로 보내 왔다. 공민왕 때는

---

1) 고려사(高麗史) 70권 지(志) 권(卷) 제 24 악(樂) 1 정헌대부(正憲大夫) 공조판서(工曹判書) 집현전대제학(集賢殿大提學) 지경연춘추관사(知經筵春秋館事) 겸(兼) 성균대사성(成均大司成) 신(臣) 정인지(鄭麟趾)가 왕의 교서를 받들고 편수하였다.

2) 타락하거나 저급한 풍속을 변화시킨다는 말이다. 풍(風)은 자연계의 바람을 의미하는데 바람이란 사물을 움직이게 하는 것이며 화(化)란 변화시킨다는 의미로서 솔선수범이나 교육에 의해 풍속을 변화시키는 것을 의미한다. 지금의 교양(敎養)과 같다고 볼 수 있다.

3) 불교의 관점에서 업적(業績)이나 덕행(德行)을 말한다. 이처럼 공덕(功德)은 현재에 착한 일을 많이 함으로써 현재와 미래를 좋게 하는 선업(善業)을 말한다.

4) 하늘과 땅을 대상으로 삼은 제사(祭祀)를 말한다.

5) 봉건 군주들이 자기 조상들을 합쳐서 제향(祭享)하는 의식이다.

6) 송나라 아악부(雅樂部)에서 제작한 악기류를 말한다.

太祖皇帝特賜雅樂遂用之于朝廟又雜用
唐樂及三國與當時俗樂然因兵亂鍾磬散
失俗樂則語多鄙俚其甚者但記其歌名與
作歌之意類分雅樂唐樂俗樂作樂志

명(明) 태조(太祖) 황제(皇帝)[7]가 특별히 아악(雅樂)[8]을 하사하였으므로 조정(朝廷)과 태묘(太廟)에서 사용하였다.

또한 당악(唐樂)[9]과 삼국(三國) 시대의 음악(音樂) 및 당시의 속악(俗樂)[10]도 섞어서 썼다.

그러나 병란(兵亂)으로 인하여 종(鍾), 경(磬)은 흩어져 없어졌으며 속악(俗樂)은 노래가 속되고 촌스러운 것이 많다.

그러므로 그 중에 심(甚)한 것은 다만 노래 이름과 노래를 지은 뜻만 기록한다.

이것들을 아악(雅樂), 당악(唐樂), 속악(俗樂)으로 분류하여 악지(樂志)를 만들었다.

---

7) 중국 명(明)나라의 초대 황제(재위 1368~1398)는 주원장(朱元璋)으로 홍건적에서 두각을 나타내어 각지 군웅들을 굴복시키고 명나라를 세웠다. 동시에 북벌군을 일으켜 원나라를 몽골로 몰아내고 중국의 통일을 완성했다. 한족(漢族) 왕조를 회복시킴과 아울러 중앙집권적 독재체제의 확립을 꾀하였다.

8) 협의로는 문묘제례악(文廟祭禮樂), 광의로는 궁중 밖의 민속악(民俗樂)에 대하여 궁중 안의 의식에 쓰던 당악·향악·아악 등을 총칭하는 말이다. '아악(雅樂)'은 '정아(正雅)한 음악'이란 뜻에서 나온 말로, 중국 주(周)나라 때부터 궁중의 제사음악으로 발전하여 변개(變改)를 거듭하다가 1105년 송나라의 대성부(大晟府)에서 《대성아악》으로 편곡 반포함으로써 제도적으로 확립되었다.

9) 원래부터 있었던 향악과 구분하기 위해 붙인 이름으로, 오늘날 한국음악에서 당악이라고 할 때, 당나라 음악에서 유래된 것은 없고 거의가 송나라 사악(詞樂)에서 유래된 것들이다. 고려 때 향악을 우방악(右坊樂)이라 하고 당악을 좌방악(左坊樂)이라고 하였다.

10) 삼국시대 이후 조선조까지 사용되던 궁중음악의 한 갈래로, 당악이 유입된 뒤 외래의 당악과 토착음악인 향악을 구분하기 위하여 명명되었다. 속악, 즉 향악(鄕樂) 연주의 악기편성은 통일신라로부터 전승된 삼현(三絃)과 삼죽(三竹)에 장구·해금·피리 등 외래악기가 추가되었다.

| 제1부 |

아악 (雅樂)

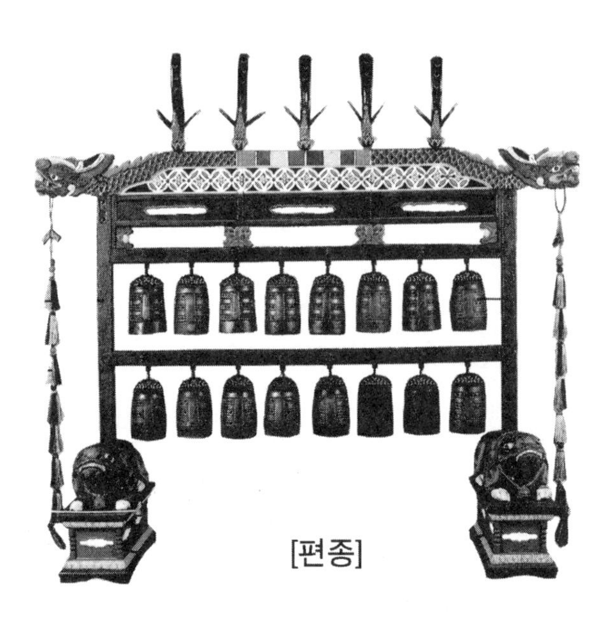
[편종]

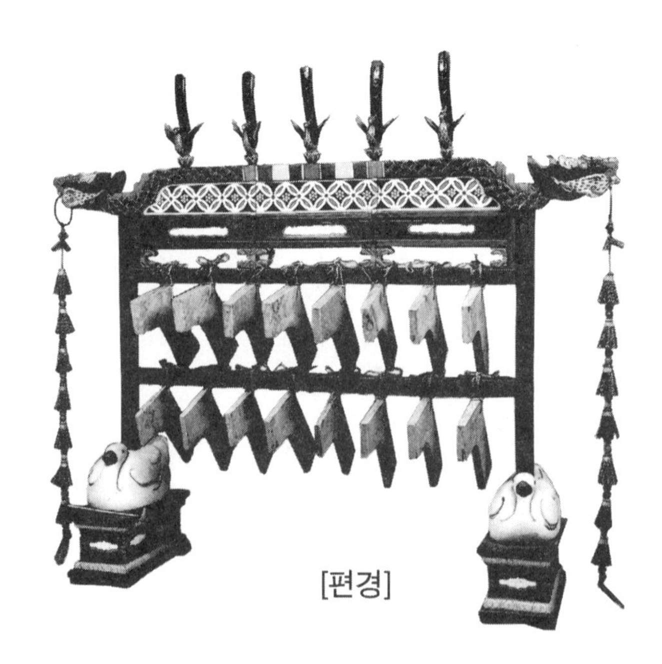
[편경]

[축]

[어]

아악(雅樂)

친히 등가(登歌)、헌가(軒架)를 제사지내다

親祠登歌軒架

登歌金鍾架一在東玉磬架一在西俱北向柷一在金鍾北稍西敔一在玉磬北稍東搏拊二一在柷北一在敔北東西相向一絃三絃五絃七絃九絃琴各一瑟二在金鍾之南

등가(登歌)[11]는 금종가(金鍾架)[12] 하나가 동쪽에 있다. 옥경가(玉磬架)[13] 하나가 서편에 있는데 모두 북쪽을 향하여 둔다. 축(柷)[14] 하나가 금종 북쪽의 약간 서쪽에 있다. 어(敔)[15] 하나가 옥경 북쪽의 약간 동쪽에 있다. 박부(搏拊)[16]가 둘인데, 하나는 축의 북쪽에 있고 하나는 어의 북쪽에 두고 동서로 서로 마주보고 있다. 일현금(一絃琴), 삼현금, 오현금, 칠현금, 구현금 등을 각 하나씩이며 슬(瑟)은 둘, 하나는 금종의 남쪽에서

---

11) 본래 제사와 연향 때 당상(堂上)에서 연창하는 노래를 의미하는 말이었으나, 여기서는 등가에 쓰이는 악기와 악공 및 협률랑(協律郎)과 가공(歌工)의 배치를 설명하고 있다.

12) 쇠북을 달아맨 틀로 타악기(打樂器)이며, 편종을 의미한다.

13) 옥제(玉製)의 경(磬)을 달아맨 틀로 역시 타악기이며 편경을 의미한다.

14) 국악기 중 목부(木部)에 속하는 타악기이다. 축은 음악의 시작을 알리는 악기로 동쪽에 놓는다. 사각형의 통 같이 된 목제 악기로, 그것을 쳐서 소리를 내어 음악의 시작을 알린다.

15) 끝남을 알리는 신호악기로, 흰색을 칠해서 서쪽에 배치한다. 쭈그리고 앉은 범의 형상을 한 등에 27개의 톱니 같은 돌기가 있는 악기로, 나무 채로 그 돌기를 긁어 음악의 종지(終止)를 고한다.

16) 민족 악기의 하나로 절고(節鼓)보다 작게 생겼으며 대(臺)를 겸하여 만든다. 가죽 자루에 겨를 채워서 만든 북같이 생긴 악기로, 그것을 쳐서 음악의 절주(節奏)를 맞춘다.

서상부(西上部)에 있고, 옥경(玉磬)의 남쪽 역시 그 동상부(東上部)에 그렇게 있다.

또 단(壇) 아래 동남 태묘(太廟)[17]일 경우는 앞 기둥 층계 밑에 적(笛)[18] 둘, 지(篪)[19] 하나, 소생(巢笙) 하나, 화생(和笙) 하나가 서상부(西上部)에 한 줄로 있다.

훈(壎)[20] 하나는 적의 남쪽에 있고 소(簫)[21] 하나는 적의 남쪽에 있다.

단 아래 서남에는 적 둘, 지 하나, 소생 하나, 화생 하나가 동상부에 한 줄로 있다. 훈 하나는 적의 남쪽에 있고, 소 하나는 소생 남쪽에 있다.

종・경・축・어・박부・금・슬 등을 연주하는 악공(樂工)[22]은 각각 단 위에 앉고 태묘일 경우는

西上玉磬之南亦如之東上又於壇下東南
太廟則在前楹階下設笛二篪一巢笙一和
笙一爲一列西上塤一在笛南簫一在巢笙
南又於壇下西南設笛二篪一巢笙一和笙
一爲一列東上塤一在笛南簫一在巢笙南
鍾磬柷敔搏拊琴瑟工各坐於壇上太廟則

---

17) 국왕의 시조묘(始祖廟), 즉 그 나라를 창업한 임금을 모신 곳을 말한다.
18) 국악기 중 죽부(竹部)에 속하는 공명악기이다. 음악의 계통으로는 아악기(雅樂器), 연주방법으로는 관악기로 구분한다. 본래 중국 고대의 악기로 한국에는 고려 예종(睿宗) 때 송(宋)나라에서 들여왔으며 문묘제례악에 쓰인다.
19) 적(笛)과 마찬가지로 음악의 계통으로는 아악기(雅樂器)에 속한다. 일찍이 고대 중국에서 사용하였으며 한국에서는 고구려와 백제 때도 쓰였다는 기록이 있다. 고음악기이면서도 부드럽고 고운 음색을 가졌으며 현재 문묘제례악에 쓰이고 있다.
20) 훈(壎)이라고도 쓰며 점토를 구워서 만든다. 중국 고대 토기시대의 유물이며 세계 각지에 흩어져 있는 원시적인 악기로 한국에는 1116년(고려 예종 11) 중국 송나라에서 들어왔다. 저울추・계란・공 등 여러 가지 모양의 것이 있으나 우리나라의 훈은 저울추 모양에 속한다. 음색은 어두운 편이며 낮고 부드러운 소리를 지녔다. 문묘제례악에 쓰이고 있다.
21) 봉소(鳳簫)라고도 한다. 중국에서는 순제(舜帝) 때부터 사용하였다고 한다.
22) 속음(俗音)은 아공, 악기를 연주하는 악사(樂士)를 말한다.

在堂上前楹間塤篪笙笛簫工並立於壇下
太廟則在前楹階下樂正一人在鍾磬間北
向協律郞一員在樂簴之西東向歌工四人

高麗史卷七十 十一

在柷敔間俱東西相向 軒架三方各設編
鍾三編磬三東方編磬起北編鍾間之東向
西方編鍾起北編磬間之西向北方編磬起

당(堂) 위 앞 기둥 사이에 앉는다.

훈·지·생·적·소 등을 연주하는 악공(樂工)은 단 아래에 서고, 태묘(太廟)에서는 앞 기둥 계단 층계 밑에 선다.

악정(樂正)[23] 한 사람이 종과 경 사이에서 북향하고, 협률랑(協律郞)[24] 하나가 악거(樂簴)[25] 서쪽에서 동쪽을 보고 있다.

가공(歌工)[26] 넷이 축(柷)과 어(敔) 사이에 있어서 동쪽과 서쪽에서 서로 향한다.

헌가(軒架)는 세 방향에 각각 편종(編鍾) 셋, 편경(編磬)[27] 셋을 설치한다.

동쪽의 편경(編磬)은 북쪽 편종(編鍾) 사이의 동향에서 배열을 시작한다. 서쪽 편종은 북쪽 편경(編磬) 사이의 서향에서 배열을 시작하고 북쪽의 편경은

23) 악공의 대표자로 악기의 연주를 주도한다. 품계는 정4품 또는 종4품, 정원은 1~2명, 음악 이론을 연구하거나 국왕이 친히 제사를 드릴 때 등가와 헌가에 참여하였다. 1308년 충선왕이 성균관을 설치하면서 종4품 관직으로 1인을 두었다.

24) 음악 전체를 총관하는 책임자로 협률랑을 맡는 악사(樂師)는 악공과 악생 가운데서 선발했으며, 궁중 행사에서 음악을 연주할 때 이들을 이끌고 연주의 지휘와 감독을 담당하였다.

25) 종·경 등을 달아매는 나무로, 세로 세워놓은 것. 거기에는 장식으로 보통 짐승의 형상을 만들어 붙인다.

26) 궁중의 연례나 제례 때 노래를 부르던 악사로, 이 중 아이들은 가동(歌童)이라 하였고 성인은 가공(歌工)이라 하였는데, 역대 아악이나 속악의 진설도설(陳設圖說)에 '가(歌)'로 표시되어 있는 곳이 곧 이 가공을 가리키는 부분이다.

27) 편종·편경은 음향의 고저를 달리하는 크고 작은 종·경 여러 개씩을 한 틀에 걸어서 만든 타악기(打樂器)를 말한다.

서쪽 편종의 북향에서 배열을 시작한다.

식립고(植立鼓)28) 둘 중 하나는 악현(樂懸)29) 동남(東南)에 서 있고 하나는 악현 서남(西南)에 서 있다.

축(柷)과 어(敔)를 북쪽 헌가(軒架)30) 안에 설치하는데, 축은 동쪽에 있고 어는 서쪽에 있다.

슬(瑟) 열 넷은 두 줄이 되는데, 한 줄은 축(柷)의 동쪽에 있고 한 줄은 어(敔)의 서쪽에 있다.

일현금 일곱은 왼쪽에 넷, 오른쪽에 셋, 삼현금 열, 오현금 열 둘, 칠현금 열 넷, 구현금 열 넷은 다 좌우로 나뉘어 있다.

소생(巢笙) 열 넷, 소(簫)31) 열 넷, 우생(竽笙) 열 둘,

西編鍾閒之北向植立鼓二一於樂懸東南
一於樂懸西南設柷敔於北架內柷在東敔
在西瑟十四爲二行一行在柷東一行在敔
西次一絃琴七左四右三次三絃琴一十次
五絃琴十二次七絃琴十四次九絃琴十四
並分左右次巢笙十四次簫十四次竽笙十

28) 틀에 고정시켜 세워놓게 만든 북을 말한다.

29) 종·경 등속을 거는 틀. 여기서는 편종과 편경을 거는 틀을 말한다.

30) 이 헌가도 역시 편종과 편경의 틀을 말한 것으로, 북쪽 가(架) 안은 북단(北端)의 편종과 편경의 사이를 가리키는 것이다.

31) 국악기 중 죽부(竹部)에 속하는 관악기이다. 한국에는 1114년(고려 예종 9) 안직승(安稷承)이 송나라에서 돌아올 때 들여왔다는 기록이 있다. 그러나 고구려 고분벽화에도 소의 그림이 보인다. 현재 한국에서 쓰고 있는 소는 16개의 관(管)을 가졌으나 원래는 12관·24관 등 여러 종류가 있었다고 한다. 취법(吹法)은 틀의 머리를 두 손으로 잡되 낮은 음이 오른쪽으로 놓이게 하며 음률에 따라 한 관 한 관 찾아 김을 불어넣는다. 음역은 현재 문묘제례에 쓰이고 있는 까닭에 12율 4청성(十二律四清聲)으로 조율한다.

二次篪十六次塤十四次笛十四竝分左右
晉鼓一在樂笙間小南北向樂正一人在柷
敔之前北向歌工十二人次柷敔東西相向
列爲四行左右各二行協律郞一員在樂簴
之西北東向文舞四十八人執籥翟武舞四
十八人執干戚俱爲六佾文舞分立於表之

지 열 여섯, 훈 열 넷, 적 열 넷은 모두 좌우로 나뉘어 있다. 진고(晉鼓)[32] 하나가 소생 사이 약간 남쪽에서 북쪽으로 향한다. 악정(樂正) 한 사람이 축과 어 앞에서 북쪽으로, 가공 열 두 사람이 다음에 축과 어의 동쪽과 서쪽에서 서로 마주보고 네 줄로 열을 짓고 있는데 좌우에 각각 두 줄씩이다.

협률랑 하나가 악거(樂簴)의 서북쪽에서 동쪽으로 향한다. 문무(文舞)[33] 마흔 여덟 사람이 약(籥)[34]과 적(翟)을 잡고 있고, 무무(武舞)[35] 마흔 여덟 사람이 간(干)[36]과 척(戚)[37]을 잡고 있는데, 다 육일무[38]를 이루고 있다. 문무는 표(表)[39]의

32) 사각형 나무틀에 수직으로 세운 기둥 중간에 가로 고정시킨 북으로, 기둥 위에는 몇 개의 새 모양의 장식이 달려 있다. 국악기 중 혁부(革部)에 속하는 타악기이다. 북의 일종으로 음악의 계통으로는 아악기에 속한다. 음악이 시작되기 전에 1번, 음악이 끝날 때 3번 친다. 또한 음악의 중간에서도 절고(節鼓)와 함께 매 구절 끝마다 2번씩 치기도 한다.

33) 태평을 상징하는 대무(隊舞)로 왼손에 약(籥) 피리를 잡고, 오른손에 적(翟) 즉 꿩 깃을 들고 대열을 이뤄가며 춤춘다.

34) 죽부(竹部)에 속하는 관악기이다. 중국 고대의 악기로 한국에는 1116년에 들여왔다. 옛날 갈대로 만들었기 때문에 위약이라 하였다. 어렵고도 복잡한 운지법(運指法) 때문에 속도가 매우 느리거나 장식음이 없는 음악에만 쓸 수 있다.

35) 용맹 감투(敢鬪)하는 무열(武烈)을 형용하는 대무(隊舞)로 왼손에는 간 즉 방패를, 오른손에는 척(戚) 즉 전투용 도끼를 잡고 대열을 이뤄가며 동작을 한다.

36) 간척무(干戚舞)·일무(佾舞) 때 무무인(武舞人)이 왼손에 쥐고 춤을 추었다.

37) 종묘제례나 문묘제례 때 추는 일무(佾舞)에서 쓰는 무구(舞具)이다. 종묘제례나 문묘제례 때 추는 춤인 일무에서 무무(武舞)를 추는 사람이 오른손에 들고 추며, 왼손에는 방패인 간(干)을 들어 조화를 이루게 한다. 장단에 맞추어 춤을 추던 무인은 오른손에 든 도끼모양의 이 무구로 왼손의 간을 내리친다.

38) 무대(舞隊)의 대열이 여섯 줄임을 나타내는 말로 천자는 팔일무, 제후는 육일무였음을 말한다.

39) 표지(標識)로 세운 기(旗)를 말한다.

좌우에 각각 삼일(三佾)씩 나누어 서 있고 문무를 인도하는 두 사람이 독(纛)40)을 잡고 문무대원 앞에서 동서에서 서로 마주보고 있다.

무무를 인도하는 자는, 정(旌)41)을 잡은 두 사람, 도(鞉)42)를 잡은 두 사람, 단탁(單鐸)43)을 잡은 두 사람, 쌍탁(雙鐸)을 잡은 두 사람, 금순(金錞)44)을 든 네 사람, 금순(金錞)을 치는 두 사람, 요(鐃)45)를 잡은 두 사람, 정(鉦)46)을 잡은 두 사람, 상(相)47)을 잡은 두 사람, 아(雅)48)를 잡은 두 사람이 헌가의 동서에 나뉘어져 북쪽으로 향한다. 북 상부를 보고 서있고 무무(武舞)대원은 그 뒤에 있다.

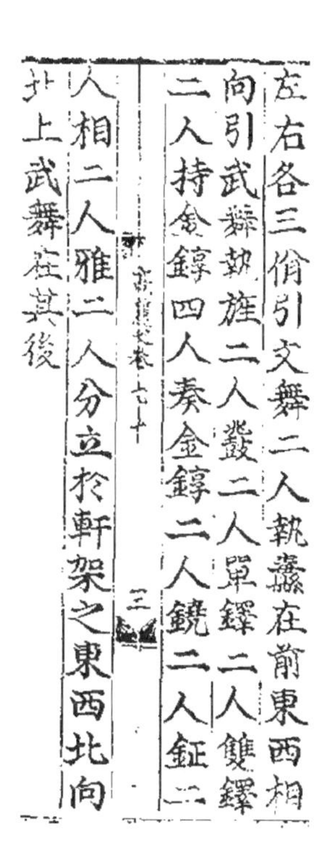

左右各三佾引文舞二人執纛在前東西相
向引武舞執旌二人鼗二人單鐸二人雙鐸
二人持金錞四人奏金錞二人鐃二人鉦二
人相二人雅二人分立於軒架之東西北向
北上武舞在其後

40) 깃을 드리운 기를 말한다.

41) 장목기로 깃 자른 것 여러 개를 이어서 드리운 기를 말한다. 음악에 쓰이는 의물(儀物)의 하나 둥글고 큰 유소(流蘇) 셋을 긴 대에 드리워 무무(武舞)에 썼다.

42) 도(鞉)로도 쓴다. 북 자루를 쥐고 북을 흔들면 북 좌우에 달아놓은 끈에 달린 소구(小球)가 고면(鼓面)을 울리게 된 작은 북을 말한다.

43) 탁(鐸)은 요령(搖鈴)으로 혀, 즉 쇠를 쳐서 소리를 나게 하는 소구(小球)가 하나인 것과 둘인 것으로 단·쌍이 구별되는 것으로 생각된다. 혹 요령이 하나만으로 된 것을 단탁, 둘을 한 자루에 단 것을 쌍탁이라 하는지도 모른다.

44) 사발종으로 들통쇠 같은 것에 걸어서 그 중간을 나뭇대 복판에 매달아 그 나뭇대 양쪽을 두 사람이 들고 그것을 치는 사람이 따로 따라다닌다. ∩모양의 손잡이 아래로 방울 같은 것이 달려서 흔들 때 소리를 내는 악기. 쇠로 만들어졌다.

45) 요발을 말한다.

46) 징을 말한다.

47) 가죽에 겨를 넣어서 만든 북 같은 타악기로, 음악의 절주(節奏)를 맞추는 데 쓰인다. 박부와 같은 종류의 것이지만 작다.

48) 칠통(漆筒)같이 생긴 양끝이 좁아든 목제 타악기로, 겉을 양가죽으로 싸고 거기에 성긴 무늬가 베풀어져 있고, 그 줄의 끈이 달려 있다.

有司攝事登歌軒架

登歌鍾架一在東磬架一在西柷一在鍾北稍西敔一在磬北稍東搏拊二一在柷北一在敔北東西相向一絃三絃五絃七絃九絃琴各一瑟一在鍾架之南西上磬架之南亦如之東上又於壇下東南太廟則泰階西設笛一篪一巢笙一和笙一爲一列西上塤一

유사(有司)가 대행할 때의 등가(登歌)와 헌가(軒架)

등가(登歌)는 종가(鐘架)[49] 하나가 동쪽에 있고 경가(磬架)[50] 하나가 서쪽에 있다. 축(柷) 하나가 종(鐘)의 북쪽에 약간 서편에 있고, 어(敔) 하나가 경(磬)의 북쪽 약간 동편에 있다.

박부(搏拊) 둘이 하나는 축(柷) 북쪽에 있고 하나는 어(敔) 북쪽에 있어 동서에서 서로 마주 보고 있다.

일현금 · 삼현금 · 오현금 · 칠현금 · 구현금 등 각각 하나씩과 슬(瑟) 하나가 종가의 남쪽 서상부에 있고, 경가(磬架)의 남쪽에도 역시 그렇게 있는데 그 동상부에 있다.

또 단(壇) 아래 동남에는 태묘일 경우 태계(泰階)[51] 서쪽에 적(笛) 하나, 지(篪) 하나, 소생(巢笙) 하나, 화생(和笙) 하나를 그 서상부에 한 줄로 설치한다. 훈(塤) 하나는

49) 편종을 의미한다.

50) 편경을 의미한다.

51) 종묘 중앙에 있는 큰 계단을 말한다. 상계(上階) · 중계(中階) · 하계(下階)가 있다. 이는 각각 별을 상징하여 상계의 상성(上星)은 천자(天子)를, 하성(下星)은 여주(女主)를 나타낸다. 중계의 상성은 제후(諸侯)를, 하성은 경대부(卿大夫)를, 하계의 상성은 원사(元士)를, 하성은 서인(庶人)을 나타낸다.

적(笛)의 남쪽에 있고, 소(簫) 하나는 소생(巢笙)의 남쪽에 있다.

또 단 아래 서남[52]에는 적(笛) 하나, 지(篪) 하나, 소생(巢笙) 하나, 화생(和笙) 하나를 그 동상부에 한 줄로 설치한다.

훈(塤) 하나는 적(笛)의 남쪽에 있고, 소(簫) 하나는 소생 남쪽에 있다.

종(鍾)[53] · 경(磬)[54] · 축(柷) · 어(敔) · 박부(搏拊) · 금(琴) · 슬(瑟) 등을 연주하는 악공(樂工)은 각각 단 위에 앉는다.

훈(塤) · 지(篪) · 생(笙) · 적(笛) · 소(簫) 등을 연주하는 악공은 모두 단 아래에 선다.

악정(樂正) 한 사람이 축(柷)과 어(敔) 앞에서 북쪽으로 향해 있다.

가공(歌工) 두 사람이 축(柷)과 어(敔) 사이에서 동서(東西)로 서로 마주보고 있다.

협률랑(協律郎) 하나가 악거(樂簴)의 서쪽에서 동쪽으로 향하고 있다.

在笛南簫一在巢笙南又於壇下西南設笛一篪一巢笙一和笙一爲一列東上塤一在笛南簫一在巢笙南鍾磬柷敔搏拊琴瑟工各坐於壇上塤篪笙笛簫工竝立於壇下樂正一人在柷敔之前北向歌工二人在柷敔閒東西相向協律郎一貟在樂簴之西東向

52) 시방(十方)은 동방 · 동남방 · 남방 · 서남방 · 서방 · 서북방 · 북방 · 동북방과 위쪽으로 상방, 아래쪽으로 하방을 통틀어 이르는 말이다. 곧 사방(四方)과 사우(四隅)와 상하(上下)를 통틀어 일컫는다.

53) 편종(編鍾)을 말한다. 국악기 중 금부(金部)에 속하는 유율타악기(有律打樂器)이다. 이 악기는 본래 중국 고대의 대표적인 악기로, 음역은 12율4청성(十二律四淸聲)에 이르며 음색은 웅장하고 날카로운 금속성을 낸다.

54) 경(磬)은 보통 편경을 가리킨다. 편경은 음정이 다른 16개의 경석을 깎아 틀에 매단 악기이고, 특경은 1개의 경석을 틀에 매단 악기이다. 편경(編磬)은 유율타악기(有律打樂器)로 본래 중국 고대의 대표적인 악기이다. 1116년(예종 11) 송나라의 대성아악(大晟雅樂)과 함께 들어왔다.

軒架三方各設編鍾一編磬一東方編鍾起南編磬次之東向西方編磬起南編鍾次之西向北方編鍾起東編磬次之北向設柷敔於北架内柷在東敔在西瑟四爲二行一行在柷東一行在敔西次一絃琴二三絃琴二五絃琴二七絃琴二九絃琴二竝分左右

헌가는 삼방(三房)에 각각 편종(編鍾) 하나와 편경(編磬) 하나를 설치한다.

동방의 편종은 남쪽에서 시작하여 편경이 그 다음에 오는데 동쪽을 향하고 있다.

서방의 편경은 남쪽에서 시작하여 편종이 그 다음에 오는데 서쪽을 향하고, 북방의 편종은 동쪽에서 시작하여 편경이 그 다음에 오는데 북쪽을 향한다.

축(柷)과 어(敔)를 북가(北架) 안에 설치하는데, 축은 동쪽에 있고 어는 서쪽에 있다.

슬(瑟)[55] 넷이 두 줄을 이루는데, 한 줄은 축의 동쪽에 있고, 한 줄은 어의 서쪽에 있다.

다음 일현금[56] 둘, 삼현금 둘, 오현금 둘, 칠현금 둘, 구현금 둘이 다 좌우로 나뉘어 있다.

---

55) 긴 오동나무통에 25개의 줄을 건 악기로 아악기에 든다. 항상 금(琴)과 함께 편성되기 때문에 사이좋은 부부를 가리키는 "금슬이 좋다"라는 말을 낳기도 하였다.

56) 거문고라고도 한다. 오동나무와 밤나무를 붙여서 만든 울림통 위에 명주실을 꼬아서 만든 6줄을 매고 술대로 쳐서 소리를 낸다. 소리가 깊고 장중하여 예로부터 '백악지장(百樂之丈)'이라 일컬어졌으며, 학문과 덕을 쌓은 선비들 사이에서 숭상되었다. 지금도 줄풍류[絃樂靈山會相]를 비롯하여 가곡반주・거문고산조 등에서 출중한 멋을 나타내고 있다. 기원은 《삼국사기》에, 중국 진(晋)나라에서 보내온 칠현금을 제이상(第二相) 왕산악(王山岳)이 본디 모양을 그대로 두고 그 제도를 많이 고쳐 만들었다고 한다. 이때 100여 곡을 지어서 연주하였더니 검은 학이 날아들어 춤을 추었기에 현학금(玄鶴琴)이라는 이름이 붙었고, 뒤에 '학'자를 빼고 '현금'이라 하였다고 한다.

다음에 소생(巢笙) 둘, 소(簫) 넷, 지(篪) 넷, 우생(竽笙) 둘, 훈(塤) 넷, 적(笛)[57] 넷 등을 모두 좌우로 나누어 둔다.

그리고 진고(晉鼓) 하나가 소생 사이 약간 남쪽에서 북쪽을 향하고 있다. 악정 한 사람이 종과 경 사이에서 북쪽을 향하고, 가공 네 사람이 축과 어 사이에서 동서로 서로 마주보고 있다.

문무(文舞) 서른 두 명이 약(籥)[58]과 적(翟)[59]을 잡고 있고, 무무(武舞)[60] 서른 두 명이 간(干)과 척(戚)을 잡고 있다. 문무(文舞)[61]는 표(表)의 좌우에 나뉘어 서 있고, 문무(文舞)[62]를 인도하는 두 사람은 독(纛)을 잡고 문무대(文舞隊) 앞에서 동서로 서로 마주보고 있다. 무무(武舞)[63]를 인도하는 자는, 정(旌)[64]을 잡은 두 사람, 도(鐸)를 잡은 두 사람,

次巢笙二簫四篪四竽笙二塤四笛四竝分
左右晉鼓一在巢笙間小南北向樂正一人
在鍾磬間北向歌工四人在柷敔間東西相
向文舞三十二人執籥翟武舞三十二人執
干戚文舞分立於表之左右引文舞二人執
纛在前東西相向引武舞執旌二人鐸二人

57) 저는 가로로 불게 되어 있는 관악기를 통틀어 이르는 말이다. 비슷한 말로는 상관(象管)·적(笛)·횡적(橫笛) 등이다.

58) 황죽(黃竹)으로 만든 중국 고대의 악기. 단소처럼 생겼으며 구멍은 세 개 또는 여섯 개이고 세로로 불게 되어 있는데, 고려 때 우리나라에 들어와서 지금은 문묘 제례악에 쓴다.

59) 문무(文舞)를 추는 사람이 왼손에 잡고 춤을 추던 기구를 말한다. 나무로 만든 용머리에 자루를 맞추고, 용머리의 입에는 다섯 층의 꿩의 꽁지를 달았다. 무적(舞翟).

60) 궁중에서 아악을 연주할 때 악생들이 무관(武官)의 복색을 차려입고 추는 춤이다.

61) 궁중에서 아악을 연주할 때 악생들이 문관(文官)의 복색을 차려입고 추는 춤이다.

62) 문무를 이끌어 나가는 사람이다.

63) 무무(武舞)를 이끌어 나가는 사람이다.

64) 춤출 때 쓰는 의물의 하나이다. 둥글고 큰 유소 셋을 긴 대에 드리워 무무(武舞)를 인도할 때 앞세웠다.

單鐸二人雙鐸二人持金錞四人奏金錞二人鐃二人分立於軒架之東西北向北上武舞在其後

睿宗十一年六月乙丑王字之還自宋徽宗詔曰三代以還禮廢樂毁朕若稽古述而明之百年而興乃作大晟千載之下聿追先王比律諧音遂致羽物雅正之聲誕彌率土以

단탁을 잡은 두 사람, 쌍탁을 잡은 두 사람, 금순(金錞)을 든 네 사람, 금순을 연주하는 두 사람, 요(鐃)를 잡은 두 사람이 헌가의 동서로 나뉘어 북향하여 북상부(北上部)를 보고 서 있고 무무(武舞)는 그 뒤에 있다.

예종(睿宗) 11년 6월 을축(乙丑)일에 왕자지(王字之)[65]가 송(宋)나라로부터 돌아올 때 휘종(徽宗)이 보낸 조서(詔書)[66]에 말하였다.

“삼대(三代)[67] 이후에 예(禮)가 폐기되고 악(樂)이 훼손(毁損)되었다. 짐은 옛날을 상고하고 이것을 정리하여 밝혀 놓으니 음악이 백 년 만에 부흥되었다. 이에 대성악을 제작하게 되었는바 천 년이나 지난 오늘날 선왕의 옛 법을 따라 율(律)을 고르고 음(音)을 맞추어 드디어 우물(羽物)[68]의 아정(雅正)한 성음을 이룩하였으니, 온 천하에 가득 차서 이것으로

65) 왕자지(王字之, 1066~1122)는 고려시대의 문신으로 예종 때 병마판관(兵馬判官), 전중소감(殿中少監) 등을 지냈고 이부상서(吏部尙書) 때 송나라에서 대성아악(大晟雅樂)을 가지고 왔다. 이후, 참지정사(參知政事)・호부판사(戶部判事) 등을 지냈다.

66) 제왕(帝王)의 선지를 일반(一般)에게 알릴 목적으로 적은 문서(文書)를 말한다.

67) 하, 은, 주 시대를 말한다.

68) 날짐승을 말한다.

빈객(賓客)들을 편안하게 하고 먼 땅에서 온갖 사람들을 기쁘게 하노라. 멀리 떨어져 있는 너희 나라는 동해(東海)에 자리 잡고 있으면서 하리(下吏)에게 청명(請命)하노라고 사신(使臣)을 조정에까지 보내왔으니, 이는 옛날의 제후(諸侯)같이 교화(敎化)[69]가 존엄하고 덕이 대단한 것이로다.

음악을 상으로 내리어 헌거(軒簴)를 보내 너희를 하늘의 복을 내리노라. 무릇 풍속(風俗)을 바꾸는 데는 이 음악만한 게 없으니 가서 이 명(命)을 공경되어 받들어 나라를 다스리면 비록 짐은 서로 멀리 떨어져 있을망정 다 같이 대화(大和)를 이룩한다면 그 역시 훌륭한 일이 아니겠는가! 그래서 이제 대성아악(大晟雅樂)[70]을 하사(下賜)하노라."

安賓客以悅遠人逖惟爾邦表玆東海請命
下吏有使在庭古之諸侯敎尊德盛賞之以
高麗史卷七十
樂肆頒軒簴以作爾祉夫移風易俗莫若於
此往祗厥命御于邦國雖疆殊壤絶同底大
和不其美歟今賜大晟雅樂

---

69) 임금이 내리는 명령을 말한다.

70) 송나라 휘종이 고려 예종 11년(1116) 송나라에 갔던 고려 사신들을 통하여 대성아악의 연주에 필요한 아악기와 곡보(曲譜) 등을 보내주었다. 이후 고려의 악인들이 사신을 따라 중국에 가서 아악의 연주법을 배우고 돌아 왔다. 이 음악은 예종 11년 10월에 왕이 친히 태묘에서 제사지낼 때 처음 올려진 후, 원구(圓丘 : 天神)·사직(社稷 : 地神)·선농(先農 : 農神)·선잠(先蠶)·공자묘 등의 제사와 그밖의 연향에 광범위하게 사용되었다. 그러나 시간이 지남에 따라 악기가 손상되고 또 우리 민족의 취향에 잘 맞지도 않아 점점 침체, 쇠퇴하게 되고 많은 변화를 겪게 된다. 고려의 대성아악은 변화된 모습으로 조선에 전해진다. 조선시대 세종대에 이르러 아악을 새롭게 제정하게 되는데, 이때 대성아악을 따르지 않고 송나라 이전인 중국의 주(周)시대와 당우(唐虞) 삼대의 옛 아악의 제도를 따르게 됨으로써 우리나라에서의 대성아악은 사실상 막을 내리게 되었다. 그러나 대성아악은 세종대 아악의 모체가 되었다고 볼 수 있다.

등가(登歌)의 악기(樂器)

登歌樂器

編鍾正聲一十六顆中聲一十二顆各紅線條結全擔床全樂架事件搭腦一條頰柱二條中正聲串各二條脚桄二條脚趺二隻耀葉板五段五珠流蘇二件五色線結造各鈒花鍍金鍮石華月一副流珠三十顆盤子七

편경(編磬)은 정성(正聲) 16과, 중성(中聲) 12과마다 홍선조결(紅線條結)[71]로 갖추고, 담상(擔床)도 완전히 갖추어야 한다.

악가의 부속품은 탑뇌(搭腦) 1조, 협주(頰柱)[72] 2조, 중(中)·정성곶(正聲串) 각2조, 각광(脚桄)[73] 2조, 각부(脚趺)[74] 2척(隻), 요엽판(耀葉板) 5단(段), 오주유소(五珠流蘇)[75] 2건은 오색선결(五色線結)로 엮어 만든다.

각 삽화(鈒花)를 도금한다.

유석(鍮石)으로 된 화월(華月) 1부(副), 유주(流珠) 30개, 반자(盤子) 7개,

---

71) 붉은 실을 땋아서 만든 연결용 끈으로 여기서는 편종을 악가에 달아맬 때에 쓰는 끈을 말한다.

72) 악가의 양측 기둥이다. 그 위 끝은 탑뇌로 고정되어 있고 두 아래 끝은 흔히 동물의 조각으로 된 받침이 있다.

73) 협주 끝에 각부(脚趺)를 고정시키는 데 쓰이는 횡목을 말한다.

74) 협주를 안정시키기 위해 그 끝에다 다는, 동물이 도사리고 앉은 형상의 물건을 말한다.

75) 현수물을 단 줄인데, 5색 실로 되어있고, 거기에 구슬이 꿰어져 있다.

홍선조(紅線條)가 완전하고 패(牌)[76] 1면(面), 각퇴(角槌)[77] 1대(對)로 되어 있다.

편경(編磬)은 정성 16매(枚), 중성 12매마다 홍선조결과 담상(擔床)[78]이 완전히 갖추어야 한다.

악가(樂架) 사건은 탑뇌 1조(條), 협주 2조, 중(中)·정성곶(正聲串) 각2조, 각광 2조, 각부 2척(隻), 요엽판(耀葉板) 5단(段), 오주유소(五珠流蘇) 2건은 오색선결로 엮어 만들었다.

각 삽화(鈒花)를 도금하고, 유석(鍮石)으로 된 화월(華月) 1부(副), 유주(流珠)[79] 30개, 반자(盤子)[80] 7개, 홍선조가 완전하고 패 1면, 각퇴 1대로 되어 있다.

금(琴)은 일현·삼현·오현·칠현·구현 등이 각각 두 면씩이고, 슬(瑟)은 두 면인데 각각 전면이 보장(寶粧)[81]되어 있는 현안주(絃鴈株)[82]와 홍금친현(紅錦襯絃)에 도금한 은탁자 네 개 씩이 홍선으로 묶여 있다.

지(篪)는 중·정성의 것이

箇紅線條全牌一面角槌一對編磬正聲一
十六枚中聲一十二枚各紅線條結全擔床
全樂架事件搭腦一條頰柱二條中正聲串
各二條脚桄二條脚趺二隻耀葉板五段五
珠流蘇二件五色線結造各鈒花鍍金鍮石
華月一副流珠三十顆盤子七箇紅線條全
牌一面角槌一對琴一絃三絃五絃七絃九
絃各二面瑟二面各遍地寶粧絃鴈柱幷紅
錦襯絃金鍍銀鐸子四箇紅線條結篪中正

76) 악기 이름을 쓴 표지판을 말한다.
77) 편종을 치는 데 쓰는 각제(角製) 망치를 말한다.
78) 편종·편경 등 악기를 운반할 때 쓰는 용구를 말한다.
79) 유소(流蘇)에 끼운 구슬을 말한다.
80) 쟁반을 말한다.
81) 자개·골편(骨片)·옥석(玉石) 등을 박아 장식한 것을 말한다.
82) 현악기의 줄을 고르는 제구로 현악기의 줄을 금주(琴柱)에 나란히 받쳐 알맞게 조이는데, 그 기둥에 늘어진 줄 이 기러기의 줄진 모양과 비슷한 데서 안주(雁柱)라는 명칭이 생겼다.

聲各二管各鍍金銀絲札纏二道紅絃一十
道篴中正聲各二管各鍍金銀絲札纏二道
紅絃一十三道簫中正聲各二面並綵畫飛
鳳鍍金鈒花鐸子四箇花環鈯鉞結子巢笙
中正聲各二鑽各鍍金銀鈒花稜𨀁頂鍍金
銀束子和笙中正聲各二鑽各鍍金銀鈒花

각각 두 개 씩 인데 도금한 은사찰전(銀絲札纏)[83] 두 줄과 홍현(紅絃) 열세 줄이 있다.

적(篴)은 중(中)·정성(正聲)의 것이 각각 두 개 씩 인데 도금한 은사찰전(銀絲札纏) 두 줄과 홍현(紅絃) 열 세 줄이 있다.

소(簫)는 중(中)·정성(正聲)의 것이 각각 두 개 씩인데, 채색으로 그린 나는 봉새와 도금(鍍金)한 삽화(鈒花)[84]에 탁자(鐸子) 네 개와 화환굴월결자[85]가 있다.

소생(巢笙)은 중(中)·정성(正聲)의 것이 각각 이 찬씩인데[86] 도금한 은삽화릉(銀鈒花稜)과 두정[87]에 도금한 은속자(銀束子)가 있다.

화생(和笙)은 중(中)·정성(正聲)의 것이 각각 두 개씩인데, 도금한 은삽화릉(銀鈒花稜)

83) 은색줄로 된 것으로 죄어 매는 제구를 말한다.
84) 요엽판에 아로새긴 무늬를 말한다.
85) 꽃무늬가 베풀어진 고리로 된 배목을 매는데 쓰는 매듭을 말한다.
86) 생(笙)을 헤아릴 때 쓰는 양사(量詞)를 말한다.
87) 소생(巢笙)의 관(管)이 모여든 끝 부분을 말한다.

두정에는 도금(鍍金)한 은속자(銀束子)를 메웠다.

훈(壎)은 중(中)·정성(正聲)의 것 각각 이 매씩인데, 금으로 새겨 넣은 꽃과 봉새가 있다.

박부(搏拊)는 두 개에 각각 꽃과 봉새가 채색으로 그려져 있고 홍선조(紅線條)로 완전히 갖추어야 한다.

축(柷) 하나는 오채간금좌(五綵間金座)[88]가 완전하고 또 도금(鍍金)한 은삽화릉(銀鈒花稜)이 있다.

퇴 자루와 어(敔) 하나는 오색 채색에 금색이 섞인 받침이 완전하고 비단으로 싼 자루를 한 알자(戞子)[89]를 갖추었다.

휘번(麾幡)[90] 하나는 금박을 뿌려 빛을 낸 간자(竿子)[91]를 갖추었다.

稜㪷頂鍍金銀束子壎中正聲各二枚各縷
金花鳳搏拊二面各綵畫花鳳紅線條全柷
一隻五綵間金座全幷鍍金銀鈒花稜槌一
柄敔一隻五綵間金座錦裹柄戞子全麾幡
一首銷金生色竿子全

88) 5색으로 색칠한 사이에 금을 장식한 받침대를 말한다.
89) 어(敔)를 긁는 채로 연주를 할 때 쓰는 기구를 말한다.
90) 지휘하는 깃발 기(旗)를 말한다.
91) 상례(喪禮)에 사용하는 장례용(葬禮用) 용구인 복완(服玩)의 하나이다. 장대[竿]를 가로놓고 나무로 용두(龍頭)를 새기고 기둥 두 개를 세워 네모나게 얽는데, 기둥 아래 모두 받침이 있었으며, 붉은 칠을 하였다.

軒架樂器

編鍾九架每架正聲一十六顆中聲一十二
顆各紅線條結全擔床全樂架事件每架用
搭腦一條頰柱二條中正聲串各二條脚桄
二條脚趺二隻耀葉板五段五珠流蘇二件
五色線結造各鍮石華月一副流珠三十顆
盤子七箇紅線條全牌一面角槌一對紫紬

헌가(軒架)의 악기(樂器)

편종(編鍾)은 아홉 가(架)로, 매가(每架)에 정성(正聲) 16과, 중성(中聲) 12과마다 홍선조결(紅線條結)로 갖추고 담상(擔床)도 완전히 갖추어야 한다.

악가(樂架)의 부속품으로는 매가(每架)에 다음의 것을 쓴다.

탑뇌(搭腦)[92] 1조, 협주(頰柱) 2조, 중(中)·정성곶(正聲串)[93] 각각 2조씩, 각광(脚桄) 2조, 각부(脚趺) 2척, 요엽판 5단, 오주유소(五珠流蘇) 2건은 오색천으로 엮어 만든다.

유석(鍮石)으로 만든 화월(華月) 일부가 달려있다. 유주(流珠) 30개, 반자(盤子) 7개는 홍선조결이 완전하며, 패(牌) 1면, 각퇴(角槌) 1대, 자주조(紫紬條)

---

92) 악가의 두 기둥 위에 가로질러 고정시킨 횡목(橫木)으로, 그 양단(兩端)은 두 기둥 밖에까지 나가 위로 굽어 올라가 있고, 그 두 끝에는 보통 용(龍) 머리의 조각이 달려 있는데, 용의 입에는 현수물(懸垂物)이 장식으로 걸려 있다.

93) 편종과 편경은 다 악가에 중성종·중성경 1단과 정성종·정성경 1단 각 2단씩으로 편성되어 있는데, 그 종이나 경을 달아맨 협주 중간에 고정되어 있는 횡목을 천이라 한다.

2조(條), 철정궤 4개, 흑칠 교상(黑漆交床) 1척(隻), 청색 조결(條結) 등으로 구성되었다.

편경(編磬)은 아홉 가(架)로, 매가에 정성 16매, 중성 12매마다 홍선조결로 갖추고 담상도 완전히 갖추어야 한다.

악가의 부속품으로는 매가에 다음의 것을 쓴다.

탑뇌(搭腦) 1조, 협주 2조, 중(中)·정성곶(正聲串)이 각각 2조씩, 각광 2조, 각부 2척, 요엽판(耀葉板)[94] 5단, 오주유소 2건을 오색선으로 엮어 만들었다.

각각 유석(鍮石)으로 만든 화월(華月)[95] 1부씩이 있고, 유주 30개, 반자 7개에 홍선조결이 완전히 갖추어야 한다.

패 1면, 각퇴 1대, 자주조 2조, 철정궤 4개, 흑칠교상 1척에 청색 조결이 되어 있다.

금(琴)은 일현금이 5면, 삼현금이 13면, 오현금이 13면,

條二條鐵釘𨥁四箇黑漆交床一隻青條結
編磬二九架每架正聲一十六枚中聲一十二
枚各紅線條結全擔床全樂架事件每架用
搭腦一條頰柱二條中正聲串各二條脚枕
二條脚趺二隻耀葉板五段五珠流蘇二件
五色線結造各鍮石華月一副流珠三十顆
盤子七箇紅線條全牌一面角搥一對紫紬
條二條鐵釘𨥁四箇黑漆交床一隻青條結
琴一絃五面三絃一十三面五絃一十三面

---

94) 탑뇌의 용머리 현수물 끝에 달린, 양쪽 각 5매씩으로 된 얇고 납작한 장식물을 말한다.

95) 탑뇌 현수물의 첫 번째 것으로, 가운데가 둥글고 거기에 몇 개의 장식이 붙어 있다. 양쪽에 한 개씩 달려있다.

七絃一十六面九絃一十六面瑟四十二面
各寶粧兩頭鍮石鐸子紅線條結絃鴈柱勇
紅錦襯絃篪中正聲各二十四管各紅絃札
纏一十三道篴中正聲各二十四管各紅絃
札纏一十五道簫中正聲各二十二面綵畫
雲鶴紅線結子鍮石鐶巢笙中正聲各二十

칠현금이 16면, 구현금이 16면이다.

슬(瑟)은 42면, 각각 보장된 양두(兩頭)의 유석(鍮石) 탁자(鐸子)가 홍선조결(紅線條結)되어 있고, 현안주용(絃鴈柱勇)과 홍금(紅錦)을 받친 현이 있다.

지(篪)는 정성(正聲)과 중성(中聲)이 각각 24관(管)씩 인데, 각각 홍현(紅絃)으로 13줄 묶어 싸맸다.

저(篴)는 중(中)·정성(正聲)의 것이 각각 24관씩인데, 각각 홍현찰전 15도씩이 있다.

소(簫)는 중(中)·정성(正聲)의 것이 각각 22면씩인데 구름에 나는 학(鶴)[96]이 채색으로 그려져 있고 홍선(紅線)으로 매듭과 유석으로 쇠고리[97]가 있다.

소생(巢笙)은 중(中)·정성(正聲)의 것이 각각 21찬씩,

96) 학은 두루미를 뜻하는데, 깨끗하고 고귀한 것을 상상한다. 학은 흰색의 몸통과 검은 색 머리 때문에 고고한 인품을 지닌 선비의 상징으로 여겨진다. 학은 날짐승 중에서 가장 오래 산다고 하여 십장생의 하나로 알려져 있다. 옛 병풍과 도자기에 자주 등장하는 새가 되었다.

97) 환(環)을 말한다.

우생(竽笙)[98]은 중(中)·정성(正聲)의 것이 각각 15찬씩 구성되었다.

훈(壎)은 중(中)·정성(正聲)의 것이 14매씩인데 각각 구름에 나는 학(鶴)이 채색(彩色)으로 그려져 있다.

진고(晉鼓)는 일면으로 5가지 채색으로 구름에 나는 봉황을 장식해 그린 고좌(鼓竿)·홍견욕과 고간 2조, 그리고 퇴와 패(牌)가 완전히 갖추어야 한다.

입고(立鼓)는 2좌(座)인데, 매 좌에 각각 십자사자좌(十字師子座)가 완전히 갖추어야 한다.

입고(立鼓) 1면, 비고(鼙鼓)[99] 1면, 응고(應鼓)[100] 1면, 고승(鼓乘) 1, 고곡(鼓斛) 1, 방륜(方輪) 1, 원륜(圓輪) 1, 고간(鼓竿) 1, 액(額) 2도(道), 백로자(白鷺子) 1척, 조목연화좌(彫木蓮花座)가 완전히 갖추어야 한다.

一攢竽笙中正聲各一十五攢壎中正聲各
一十四枚各綵畫雲鶴晉鼓一面五綵裝畫
雲鳳鼓座紅絹褥幷鼓竿二條槌幷牌全立
鼓二座每座各十字師子座全立鼓一面鼙
鼓一面應鼓一面鼓乘一鼓斛一方輪一圓
輪一鼓竿一額二道白鷺子一隻彫木蓮花

98) 아악에 쓰이는 관악기이다. 중국 묘족(苗族)이 만들었다는 악기로, 팔음(八音) 중 포부(匏部)에 속한다. 옛날에는 관수(管數)에 따라 따로 화(和)·생(笙)·우(竽) 등의 이름이 있었으나, 지금은 이 종류의 악기를 통틀어 생황이라고 한다. 이 악기에 김을 불어넣는 통은 옛날에는 박통[匏]을 썼으나 뒤에 나무통으로 바꾸어 쓰게 되었으며 이 통의 위쪽 둘레에 돌아가며 구멍을 뚫고, 거기에 죽관(竹管)을 돌려 꽂았다. 그리고 죽관 위쪽 안에는 길쭉한 구멍을 뚫어 그것을 막으면 소리가 나고, 열면 소리가 나지 않게 하였다. 《악학궤범(樂學軌範)》에 전하는 고구려·백제 및 조선시대의 생황류는 만드는 법과 부는 법에 어두워 현재는 만드는 사람이 없고 연주법도 바르지 못하다.

99) 본래 전진(戰陣)에서 말을 타고 치는 소형(小型)의 북을 말한다.

100) 북통에 고리가 달려 그것을 틀에 달아 메고 치게 된 북을 말한다.

座全木槌三柄七珠流蘇四件五綵線結造
各鍮石華月一副流珠四十二顆盤子七箇
竿子條索全紫紬條四條鐵釘塅四箇牌一
面柷一隻平畫山水并槌全敔一隻五綵裝
畫座并戞子全麾幡一首生色并竿子全抹
碌梯一具抹碌高脚一具鐵槌二柄紫絹緣

목퇴(木槌) 삼 병(柄), 칠주유소(七珠流蘇) 네 건(件)이 5채선으로 엮어 만들어졌다.

각각 유석으로 만든 화월 1부, 유주(流珠)[101] 42개, 반자(盤子) 7개씩이며, 간자조삭(竿子條索)이 완전히 갖추어야 한다.

자주조 사조, 철정궤 4개, 패(牌) 1면 등으로 구성되었다.

축(柷) 일척에 산수(山水)가 평평하게 그려져 있고, 퇴가 완전히 갖추어야 한다.

어(敔) 일척에 오채로 장식해 그린 받침과 알자(戞子)가 완전히 갖추어야 한다.

휘번(麾幡) 일수에 빛깔 낸 것과 간자(竿子)[102]가 완전히 갖추어야 한다.

말록(抹碌)[103] 일구, 말록(抹碌) 고각(高脚) 일구, 철퇴(鐵槌) 두 자루

101) 유소(流蘇)에 끼우는 구슬로 옛날 기(旗)나 가마 따위의 술 끝에 다는 구슬을 말한다.

102) 상례(喪禮)에 사용하는 장례용(葬禮用) 용구인 복완(服玩)의 하나이다. 장대[竿]를 가로놓고 나무로 용두(龍頭)를 새기고 기둥 두 개를 세워 네모나게 얽는데, 기둥 아래 모두 받침이 있었으며, 붉은 칠을 하였다.

103) 녹청(綠靑)을 칠한 사다리를 말한다.

자견연등심석(紫絹緣燈心蓆)[104] 육십 령(領)이다.

이상 사항의 것은 모두 악가(樂架)를 배설하는데 쓰이는 제구다.

악(樂)·무(舞)에 통용하는 집경(執擎) 법물(法物)[105]은 문무(文舞)를 인도하는 색장(色長)이 잡는 은두장자(銀頭杖子) 합 2조, 무무(武舞)에 통용하는 정(旌) 2조에 대(袋)가 완전히 갖추어야 한다.

문무(文舞)의 약(籥)과 적(翟)은 각각 36건, 무무(武舞)의 독(纛) 2건, 그 위에 휘번(麾幡) 2수와 대(袋)가 완전히 갖추어야 한다. 도고(鼗鼓) 2면, 요령(鐃鈴) 2병, 쌍두탁(雙頭鐸) 2병, 금순(金錞) 2척에 각각 가와 좌·손잡이·매홍조(梅紅條)가 완전히 갖추어야 한다.

상고(相鼓) 2면에 각각 매홍조 1조씩. 금정(金鉦) 2면에 권조퇴(圈條槌)[106]가 완전히 갖추어야 한다.

아고(雅鼓) 2면, 무무(武舞)의

燈心蓆六十領四項並係排設樂架通用樂
舞執擎法物引文舞色長執銀頭杖子共二
條武舞通用旌二條袋全文舞籥翟各三十
六件引武舞纛二件上有麾幡二首袋全鼗
鼓二面鐃鈴二柄雙頭鐸二柄金錞二隻各
架幷座手把梅紅條全相鼓二面各梅紅條
一條金鉦二面圈條槌全雅鼓二面武舞干

104) 등심초(燈心草)로 엮은 자리인데, 자주 비단으로 선을 둘렀다.
105) 들고 나서는 물건들을 말한다.
106) 땋은 끈으로 둥근 머리를 싼 징채를 말한다.

戈各三十六件衣冠舞衣等樣各一副舞色長一副紫繡抹額一條紫絁繡鸞袍一領引武舞一副武弁冠一頂緋繡抹額一條緋絁繡鸞衫一領錦臂鞲一對白絹抹帶一條銅革帶一條烏皮履一緉文舞武舞執旌纛一副平冕冠一頂皀絁繡鸞衫一領銅革帶一條烏皮履一緉黑漆表竿四條

간과(干戈) 각 36건(件)가 소용된다.

의관은 춤옷 같은 것이 각 일 부씩인데 무색장(舞色長) 일 부, 자수 말액(紫繡抹額)[107] 일 조, 자시수란포(紫袍繡鸞袍)[108] 일 령 등이 있다.

무무(武舞)를 인도하는 자의 의관 일 부는 무변관(武弁冠)[109] 일 정, 비수말액(緋繡抹額) 일 조, 비시수란삼(緋絁繡鸞衫) 일 령, 금비구(錦臂鉤)[110] 일 쌍, 백견 말대(白絹抹帶) 일 조, 동혁대(銅革帶) 일 조, 오피리(烏皮履)[111] 일 량, 문무와 무무에 잡는 정독(旌纛) 일 부, 평면관(平冕冠) 일 정, 조시수란삼(皀絁繡鸞衫) 1령, 동혁대(銅革帶) 일 조, 오피리(烏皮履) 일 량, 흑칠표간(黑漆表竿) 4조 등이 소용된다.

---

107) 자수한 마래기를 말한다.

108) 자주 비단에 난새를 수놓아 만든 도포. 비시(緋絁)는 붉은 비단이다. 조시(皀絁)는 검은 비단을 말한다.

109) 옛 중국에서 무관(武官)들이 쓰던 관(冠)을 말한다. 가죽 또는 녹(鹿)비로 만들었다.

110) 팔소매를 단출하게 죄어매는 비단으로 만든 겉토시를 말한다.

111) 검은 가죽으로 만든 신발을 말한다.

등가(登歌)와 헌가(軒架)가 음악을 절주하는 절도(節度)

원구친사(圜丘親祀)[112]에서는 왕이 문을 들어와 뇌세(罍洗)에 갔다가 단에 올라갔다 내려와 요위(燎位)를 가서 바라보고 대차로 돌아오는데 헌가에서 정안지곡(正安之曲)을 연주한다.

왕이 음복하면 등가에서 희안지곡(禧安之曲)과 황종궁을 연주한다. 영신(迎神)에는 헌가에서 협종궁(夾鍾宮)의 경안지곡(景安之曲)을 세 차례, 황종각(黃鍾角) · 대주치(大簇徵) · 고세우(姑洗羽)를 각각 한 차례씩 연주하고, 문무를 여섯 차례 거행한다.

송신(送神)에는 협종궁의 영안지곡(永安之曲)을 연주하고 무무를 한 차례 거행한다. 옥폐(玉幣)의 전[113]을 올리고 상제(上帝)[114]에 작헌하면 등가에서 가안지곡(嘉安之曲)을, 배위(配位)[115]가

登歌軒架樂迭奏節度

圜丘親祀王入門詣罍洗升降壇詣望燎位還大次軒架奏正安之曲王飮福登歌作禧安之曲並黃鍾宮迎神軒架奏夾鍾宮景安之曲三成黃鍾角大簇徵姑洗羽各一成文舞作六成送神夾鍾宮永安之曲武舞一成奠玉幣酌獻上帝登歌作嘉安之曲配位及

112) 국왕이 직접 동지(冬至)에 천단에서 하늘을 제사하는 일이다. 흙을 둥그렇게 언덕처럼 높이 쌓아 올려 하늘을 상징하는 천단을 만드는데 그것을 원구라 한다.

113) 옥폐(玉幣)의 전(奠)이란 옥물(玉物) 등 고귀한 폐백을 제단에 괴어놓음으로써 지극한 숭앙의 정을 나타내는 제사의 절차를 말한다.

114) 천계(天界)를 주재(主宰)하는 최고신(最高神)을 말한다.

115) 주신(主神)는 상제(上帝)를 말한다. 주신의 좌우에 종사되는 신위(神位)를 말한다. 친제와 동등하게 제사 지내는 왕의 시조를 말한다.

五帝仁安之曲徹籩豆肅安之曲並大呂宮
進俎軒架奏豐安之曲文舞退武舞進皆奏
崇安之曲亞終獻武安之曲並黃鐘宮有司
攝事同唯入門詣洗位升降壇詣望燎位飮
福並不奏樂

오제(五帝)[116]에 미치면 인안지곡(仁安之曲)을 변두(籩豆)[117]를 물리면 숙안지곡(肅安之曲)을 연주하는데, 모두 대려궁(大呂宮)에 의한다.

진조(進俎)[118]에는 헌가(軒架)에서 풍안지곡(豐安之曲)을 연주한다.

문무(文舞)가 물러나고 무무(武舞)가 나오는데 숭안지곡(崇安之曲)을 연주하고 아(亞)・종헌(終獻)[119]에는 무안지곡(武安之曲)을 연주하는데 모두 황종궁(黃種宮)에 의한다.

유사(有司)[120]가 대신할 때에도 같으나, 다만 문을 들어오고 세위(洗位)에 나가고 단에 올라갔다 내려오고 요위(燎位)[121]를 가서 바라보고 음복(飮福)하고 하는 데는 음악(音樂)을 연주하지 않는다.

---

116) 동방(東方)의 창제(蒼帝), 남방(南方)의 적제(赤帝), 중앙(中央)의 황제(黃帝), 서방(西方)의 백제(白帝), 북방(北方)의 흑제(黑帝)등을 말한다.

117) 제물을 괴는 데 쓰는 제기(祭器)를 말한다.

118) 제물을 드린다는 의미를 말한다.

119) 아헌은 제사 때 두 번째에 술잔을 올리는 일, 종헌은 마지막으로 술잔을 올리는 절차를 말한다.

120) 주관 관리를 말한다.

121) 하늘을 제사할 때에 땔나무를 불태우는 자리를 말한다.

사직(社稷)[122] 영신(迎神)[123] · 송신(送神)[124]할 때 헌가(軒架)에서 임종궁(林鍾宮)의 영안지곡(寧安之曲)을 연주하고, 영신(迎神)에는 문무(文舞)를 여덟 차례, 송신(送神)에는 무무(武舞)를 한 차례 거행한다.

옥백(玉帛)의 전을 올리고 작헌(酌獻)[125]할 때 등가(登歌)에서 응종궁(應鍾宮)의 가안지곡(嘉安之曲)을 연주한다.

진조(進俎)에는 헌가(軒架)에서 풍안지곡(豊安之曲)을 연주하고, 문무(文舞)가 나가고 무무(武舞)가 들어오는 데는 다 숭안지곡(崇安之曲)을 연주한다.

아(亞) · 종헌(終獻)에는 무안지곡(武安之曲)을 연주하는데 모두 대주궁(大簇宮)에 의한다.

社稷迎送神軒架奏林鍾宮寧安之曲迎文
高麗史卷七十 十
舞八成送武舞一成奠玉帛酌獻登歌作應
鍾宮嘉安之曲進俎軒架奏豊安之曲文舞
出武舞入皆奏崇安之曲亞終獻皆奏武安
之曲並大簇宮

122) 토지의 신과 곡신(穀神)을 모셔놓는 곳이다. 여기서는 그 제사를 말한다.

123) 신은 제사하는 대상의 영(靈)으로 상상적인 절차에 따라, 제사를 시작할 때는 신의 강림을 맞이하고 끝나면 신이 올라가는 것을 보내는 형식을 취한다. 제사 때 신을 맞아들이는 것을 말한다.

124) 제사가 끝난 다음에 신을 보낸다.

125) 술을 잔에 부어서 신에게 드리는 절차를 말한다.

太廟禘祫享時享臘享王入門詣盥洗位升
降階還大次軒架奏正安之曲進俎豐安之
曲文舞退武舞進皆奏崇安之曲酌獻奏諸
室之曲亞終獻皆奏武安之曲並無射宮諸
室之曲太祖曰太定惠宗曰紹聖顯宗曰興

태묘(太廟)에서의 체협향(禘祫享)·시향(時享)[126]·납향(臘享)[127]이 있다.

왕이 문을 들어와 관세위(盥洗位)[128]에 갔다가 계단을 올라갔다 내려와 대차로 돌아오는데 헌가(軒架)[129]에서 정안지곡(正安之曲)을 연주한다.

진조에는 풍안지곡(豊安之曲)을 연주하고, 문무(文舞)가 물러나고 무무(武舞)가 들어가고 하는 데는 모두 숭안지곡(崇安之曲)을 연주한다.

작헌(酌獻)에는 제실의 곡(諸室之曲)을 연주하고, 아(亞)·종헌(終獻)에는 무안지곡(武安之曲)을 연주하는데 모두 무야궁(無射宮)에 의한다.

여러 실(室)의 곡(曲)은 이러하다.

태조(太祖)는 태정(太定), 혜종은 소성(紹聖), 현종은 흥경(興慶),

126) 매년 음력 2월, 5월, 8월, 11월에 사당에서 지내는 제사를 말한다.

127) 납일(臘日)에 1년 동안의 농사 기타의 일을 고하는 제사로 납평제(臘平帝)라고도 한다. 납일은 동지(冬至) 후의 셋째 미일(未日)을 말한다.

128) 제향 때에 제관이 손을 씻도록 정하여 놓은 곳을 말한다.

129) 궁중의 연례악(宴禮樂)이나 원구(圜丘)·사직(社稷) 태묘·문묘제례 때 쓰는 음악을 연주하던 무대로 등가악은 대뜰 위에서, 헌가악은 대뜰 아래서 아뢰는 풍악이다. 이 때 등가악에 편성되는 악기를 등가악기, 헌가악에 편성되는 악기를 헌가악기라고 한다. 그러나 일반적으로 등가·헌가는 각기 여기에 편성되는 관현악단을 가리킨다. 헌현(軒懸)에서 유래한 말로 고제(古制)에 의하면 천자는 궁현(宮懸)·제후는 헌현(軒懸)이라 하여 예악(禮樂)에 의한 정치를 상징하기 위해 실내에 임금이 남면(南面)할 자리를 남겨놓은 3면에 각종 악기를 법도에 따라 배설하는 것을 말한 것이다. 헌가는 여기서는 당상(堂上)의 등가(登歌)와 별도로, 하부(下部)에 배설한 악무(樂舞)의 진용(陣容)을 말한 것이다. 등가와 헌가는 각각 다른 악곡(樂曲) 및 가무를 말아서 연주한다.

문종은 대명(大明), 순종은 익선(翼善), 선종은 청녕(淸寧), 숙종은 중광(重光), 예종은 미성(美成), 인종은 이안(理安)이다.

영신에는 황동궁의 흥안지곡을 세 차례, 대려(大呂)·대주(大簇)·응종(應鍾)[130]에 의한 것 각각 두 차례씩을 연주하고, 문덕지무(文德之舞)를 아홉 차례 거행한다.

송신(送神)에는 황종궁의 영안지곡(寧安之曲)을 연주하고 무무(武舞)를 한 차례 거행한다.

관창(祼鬯)[131]에는 등가에서 순안지곡(順安之曲)을 연주하고, 변두(籩豆)[132]를 물리는 데는 공안지곡(恭安之曲)과 협종궁을, 음복에는 희안지곡(禧安之曲)을 연주한다.

유사(有司)가 대신할 때에도 같으나 다만 작헌(酌獻)에는 등가(登歌)에서 협종궁을 연주한다. 문을 들어오고 관세위(盥洗位)에 나가고 층계를 올라갔다 내려오고, 음복(飮福)하고 하는 데는 다 음악을 연주하지 않는다.

廢文宗曰大明順宗曰翼善宣宗曰淸寧肅
宗曰重光睿宗曰美成仁宗曰理安迎神奏
黃鐘宮興安之曲三成大呂大簇應鍾各二
成文德之舞作九成送神黃鐘宮寧安之曲
武舞一成祼鬯登歌作順安之曲徹籩豆恭
安之曲並夾鐘宮飮福作禧安之曲有司攝
事同唯酌獻登歌作夾鐘宮入門詣盥洗位
升降階飮福並不奏樂

130) 대려(大呂)는 12율(律) 중의 음려(陰呂)의 하나로 대주(大喉)는 양률(陽律), 응종(應鐘)은 음려(陰呂)를 말한다.

131) 울창주(鬱鬯酒)를 헌제(獻帝)하고 끝나면 그 술을 땅에 부어 신(神)의 강림을 바라는 제례(祭禮)를 말한다.

132) 제사에 쓰는 그릇을 말한다.

先農親享王入門詣罍洗升降壇詣望瘞位
高麗史卷七十 十一
詣耕籍位還大次軒架奏正安之曲進俎豐
安之曲文舞退武舞進皆奏崇安之曲奠幣
登歌作明安之曲酌獻成安之曲飮福禧安
之曲徹籩豆肅安之曲亞終獻軒架奏武安
之曲並大簇宮迎送神奏姑洗宮凝安之曲
迎文德之舞三成送武舞一成有司攝事同

선농(先農)133)을 친향할 때에는 왕이 문을 들어와 뇌세(罍洗)134)에 나갔다가 단135)을 올라갔다 내려와 예위(瘞位)136)를 가서 바라보고 경적위(耕籍位)137)에 나갔다가 대차(大次)138)에 돌아오는 데 헌가에서 정안지곡(正安之曲)을 연주한다.

진조에는 풍안지곡을, 문무가 물러나고 무무가 들어오고 하는 데는 모두 숭안지곡(崇安之曲)을 연주한다.

폐의 전을 드리는 데는 등가(登歌)에서 명안지곡(明安之曲)을 연주한다. 작헌에는 성안지곡(成安之曲)을, 음복에는 희안지곡(禧安之曲)을, 변두를 물리는 데는 숙안지곡(肅安之曲)을 연주한다.

아(亞)·종헌(終獻)에는 헌가(軒架)에서 무안지곡(武安之曲)을 연주한다. 이상 제곡은 모두 대주궁에 의한다.

영·송신에는 고세궁(姑洗宮)의 응안지곡(凝安之曲)을 연주하고, 영신에는 문덕지무(文德之舞)를 세 차례, 송신에는 무무를 한 차례 거행한다.

유사(有司)가 대신할 때에도 같으나,

133) 처음 농사를 가르친 신으로 동양에서는 신농씨(神農氏)를 선농(先農)으로 받드는 것이 통례를 말한다.

134) 제사를 지낼 때 참례하는 사람이 손을 씻도록 그릇에 물을 담아놓은 곳을 말한다. 뇌(罍)는 세수 그릇을 말한다.

135) 선농단(先農壇)을 말한다.

136) 선농(先農)을 상징하는 제터를 마련한 자리를 말한다.

137) 농사를 권장(勸奬)하기 위하여 임금이 신하를 거느리고 적전(籍田)을 가는 자리를 말한다. 적전은 국왕이 몸소 경작하는 밭을 말한다.

138) 국왕이 머무는 자리를 말한다.

다만 문을 들어와 뇌세위(罍洗位)에 나갔다가 단을 올라갔다 내려와 예위(瘞位)를 가서 바라보고, 음복(飮福)하고 할 때에는 모두 음악을 연주하지 않는다.

선잠(先蠶)[139]에 영신(迎神)은 헌가(軒架)에서 격안지곡(格安之曲)을 연주하고 문무(文舞)를 세 차례 거행한다.

송신(送神)에는 정안지곡(靖安之曲)을 연주하고 무무(武舞)를 한 차례 거행하는 데 모두 고세궁(姑洗宮)에 의한다.

폐의 전을 드리는 데는 등가(登歌)에서 용안지곡(容安之曲)을 연주하고 작헌에는 화안지곡(和安之曲)을 연주한다.

진조에는 헌가(軒架)에서 풍안지곡(豐安之曲)을 연주한다. 문무(文舞)가 물러나고 무무(武舞)가 들어오고 하는 데는 모두 환안지곡(桓安之曲)을 연주한다.

아(亞)・종헌(終獻)에는 흠안지곡(歆安之曲)을 연주하는데, 이상 여러 곡은 모두 남려궁(南呂宮)에 의한다.

唯入門詣罍洗位升降壇詣望瘞位飮福並
不奏樂
先蠶迎神軒架奏格安之曲文舞三成送神
靖安之曲武舞一成並姑洗宮奠幣登歌作
容安之曲酌獻和安之曲進俎軒架奏豐安
之曲文舞退武舞進皆奏桓安之曲亞終獻
歆安之曲並南呂宮

139) 처음으로 양잠(養蠶)하는 법을 시작하였다는 신으로 선잠(先蠶)에도 여러 설이 있으나, 우리 땅에서는 황제(黃帝)의 비(妃)로 알려진 서릉씨(西陵氏)를 받들었던 것으로 전해진다.

文宣王廟迎送神軒架奏姑洗宮凝安之曲
迎文舞三成送武舞一成奠幣登歌作明安
之曲酌獻成安之曲並夾鍾宮進俎軒架奏
豐安之曲文舞出武舞入皆奏崇安之曲亞
終獻武安之曲並無射宮

문선왕묘(文宣王廟)[140]에는 영·송신은 헌가(軒架)에서 고세궁의 응안지곡을 연주한다.

영신에는 문무(文舞)를 세 차례, 송신(送神)에는 무무(武舞)를 한 차례 거행한다.

폐의 전을 드릴 때에는 등가(登歌)에서 명안지곡을, 작헌에는 성안지곡(成安之曲)[141]을 연주하는데 모두 협종궁(夾鍾宮)[142]에 의한다.

진조에는 헌가(軒架)에서 풍안지곡(豐安之曲)을, 문무(文舞)가 나가고 무무(武舞)가 들어오고 하는 데는 모두 숭안지곡(崇安之曲)을, 아(亞)·종헌(終獻)에는 무안지곡(武安之曲)을 연주하는데 모두 무야궁(無射宮)에 의한다.

140) 공자(孔子)를 제사하는 묘당(廟堂). 문묘(文廟)·공자묘(孔子廟)라고도 일컫는다. 당(唐)나라 현종(玄宗)이 개원(開元) 27년에 공자를 문선왕(文宣王)으로 추봉(追封)하였다.

141) 고려 시대 악곡(樂曲)의 이름이다. 선농(先農)·문선왕묘(文宣王廟)의 제향에서 작헌(酌獻) 때 연주하였는데, 선농에서는 대주궁(大簇宮)으로, 문선왕묘에서는 협종궁(夾鍾宮)으로 연주한다.

142) 협종을 중심음인 궁(宮)으로 삼은 악곡이다. 과거 동양의 전통 음악은 궁(宮)·상(商)·각(角)·치(徵)·우(羽)의 5음(音)을 기본으로 하고, 이 음의 기준을 잡기 위하여 6률(律)과 6려(呂)를 사용하였는데, 6율은 양률(陽律)을 의미하고 6려는 음률(陰律)을 의미하는데, 이는 본래 소리의 고저 장단이 다른 관(管)의 음조의 종류를 의미한다. 6률은 황종(黃鐘)·태주(太簇)·고선(姑洗)·유빈(蕤賓)·이칙(夷則)·무역(無射)이고, 6려는 대려(大呂)·협종(夾鐘)·중려(中呂)·임종(林鐘)·남여(南呂)·응종(應鐘)임. 6률 중의 궁은 악보상의 도에 유사하다. 과거 동양에서 음악을 작곡하거나 연주하기 위해서는 6률과 6려 중에서 어느 하나의 음조를 5음 중의 어느 하나와 결합하여 이를 기준으로 정한 후에야 다른 음의 고저 장단이 결정되었다.

헌가(軒架)의 음악을 독주(獨奏)하는 절도(節度)

軒架樂獨奏節度
迎詔書及賜勞王與衆官拜冊太后太后升降座冊後宴群臣王升降座群臣入門進酒冊王后王太子王升降座冊使副以下行禮官入門及出受冊後會賓冊使副勸花使筵伴舉酒進食王太子加元服王升降座賓贊

조서(詔書)와 사로(賜勞)를 영접하는데 왕과 여러 관원이 배례(拜禮)할 때, 태후(太后)를 책봉(冊封)하는데 태후가 자리에 오르고 내릴 때 연주한다.

책봉(冊封)한 후 군신(君臣)을 향연(饗宴)할 때, 왕이 자리에 오르고 내릴 때, 군신(君臣)이 문을 들어와 술을 드릴 때 연주한다.

왕후(王后)와 왕태자(王太子)를 책봉하는데 왕이 자리에 오르고 내릴 때, 책봉 정(正)·부사(副使) 이하 행례관(行禮官)이 문을 들어오고 나갈 때, 책(冊)[143]을 받은 빈객(賓客)을 만날 때, 책봉 정(正)·부사(副使)·권화사(權花使)·연반(筵伴)[144]이 술을 들어 올리고 식사를 드릴 때, 왕태자에게 원복(元服)[145]을 가하는데 왕이 자리에 오르고 내릴 때 연주한다.

빈찬(賓贊)[146]이

143) 봉록(封綠)·작위(爵位) 등을 수여할 때 내리는 칙명(勅命)을 적은 것을 말한다.
144) 연석에서 시종을 드는 사람을 말한다.
145) 성인(成人)이 되는 의식인 관례(冠禮)에 쓰는 관(冠)을 말한다.
146) 행례(行禮)를 돕는 사람을 말한다.

入門及出王太子升降階就階東南位詣受
制位至阼階下位賓入門及升降階太子擧
醴冠訖會賓賓贊勸花使莚伴擧酒進食冊
王子王姬陳而不作冊訖會賓冊使副勸花
使莚伴擧酒進食進上國表箋王及衆官拜
元正冬至上國聖壽節望闕賀王詣拜位升
降座王及衆官拜王受元正冬至節日賀王
升降座元會王升降座擧酒太子令公宰臣

.문을 들어오고 문을 나갈 때, 왕태자가 층계를 오르고 내릴 때, 층계 동남의 위에 갈 때, 수제위(受制位)[147]에 나갈 때, 조계(阼階)[148] 밑의 위에 이르렀을 때, 빈객이 문을 들어오고 층계를 오르고 내릴 때, 태자가 예(醴)[149]를 들어 올리고 가관이 끝날 때, 빈객을 만날 때, 빈찬·권화사·연반이 술을 들어 올리고 식사를 드릴 때 연주한다.

왕자(王子)와 왕희(王姬)를 책봉하는 데는 진설(陳設)만 해놓고 연주하지 않고 책봉이 끝나 빈객을 만날 때, 책봉(冊封) 정·부사·권화사·연반이 술을 들어 올리고 식사를 드릴 때, 상국[150]의 표전을 드리는데 왕과 여러 관원이 배례할 때, 원정·동지(冬至)·상국의 성수절에 망궐(闕賀)[151]하의 의식을 행하는데 왕이 신위[152]에 나가고 자리를 오르고 내리고 왕 및 여러 관원이 배례할 때에 연주한다.

왕이 원정과 동지의 절일(節日)의 하례를 받는데 왕이 자리를 오르고 내릴 때, 원회(元會)[153]에 왕이 자리를 오르고 내릴 때와 술을 들어올릴 때와 태자(太子)·영공(令公)·재신(宰臣)이

147) 국왕이 내리는 제문(制文)을 받는 자리를 말한다.
148) 동쪽 층계로 고례(古禮)는 이 조계(阼階)에서 주인이 빈객을 맞는 것으로 되어 있다.
149) 단술로 관례 때에 관자(冠者)가 드는 술을 말한다.
150) 중국을 말한다.
151) 황제 등의 경사가 있을 때 궁궐 쪽을 바라보고 배하(拜賀)하는 의식을 말한다.
152) 신령(神靈)이 의지할 자리를 말한다.
153) 설날 대궐 안에서 거행하는 조회를 말한다.

문을 들어올 때에 연주한다.

왕태자(王太子)가 원정(元正)[154]과 동지(冬至)[155]에 군신(群臣)의 하례(賀禮)를 받는데 태자(太子)가 자리를 오르고 내릴 때에 연주한다.

삼사(三師)[156] · 삼소(三少)[157] · 빈객(賓客)[158] 이하(以下) 궁신(宮臣)이 문을 들어오고 나갈 때에 연주한다.

왕태자(王太子)[159]가 절일(節日)[160]에 궁관(宮官)의 하례(賀禮)를 받고 또 만나는데 연주한다.

태자(太子)가 자리 및 층계를 오르고 내릴 때와 계단에서 오르내릴 때에 술을 들어 삼사(三師) · 삼소(三少) · 빈객(賓客)들이 문에 들어올 때와 나갈 때 및 계단을 오르내릴 때에 삼사(三師) 이하(以下)의

入門王太子元正冬至受群臣賀太子升降
座三師三少賓客以下宮臣入門及出王太
子節日受宮官賀幷會太子升降座及階樂
酒三師三少賓客出入門升降階三師以下

154) 정월 초하루로 설날을 말한다.

155) 대설(大雪)과 소한(小寒) 사이에 들며 태양이 동지점을 통과하는 때인 12월 22일이나 23일경이다. 북반구에서는 일 년 중 낮이 가장 짧고 밤이 가장 길다. 동지에는 음기가 극성한 가운데 양기가 새로 생겨나는 때이므로 일 년의 시작으로 간주한다.

156) 고려시대 왕의 최고 고문직을 말한다. 성종 때 관제(官制) 개편에 따라 둔 것으로 태사(太師) · 태부(太傅) · 태보(太保) 등을 통틀어 이르는 말이다. 3공(公:太衛 · 司徒 · 司空)과 함께 왕의 최고 고문직으로, 실무에는 종사하지 않았으며, 적임자가 없으면 공석(空席)으로 두었다. 품계는 정1품관, 정원은 각 1명씩이었다. 충렬왕 때 폐지하였다가 1356년(공민왕 5) 다시 설치한 것을 1362년에 없앴다.

157) 고려 시대의 소사(少師) · 소부(少傅) · 소보(少保) 등을 아울러 이르는 말한다. 고려 시대에, 태자부(太子府)에 둔 종이품 벼슬로 충렬왕 3년(1277)에 세자이사로 고쳤다.

158) 고려 시대에 둔, 동궁(東宮)의 벼슬로 공양왕 때 동지서연(同知書筵)을 고친 것으로, 좌우빈객이 있었다.

159) 고려 때 임금의 대를 이을 아들로 충렬왕(忠烈王) 원(1275)년부터 세자(世子)로 바뀌었다.

160) 임금이 태어난 날을 말한다.

宮官受酒宴群臣王升降座擧酒食群臣受
酒食儀鳳門宣赦王升降座並獨奏軒架樂
睿宗十一年六月庚寅王御會慶殿召宰樞
侍臣觀大晟新樂八月己卯制曰文武之道
不可偏廢近來蕃賊漸熾謀臣武將皆以繕

궁관(宮官)을 주연(酒宴)하는데 왕이 군신(群臣)들에게 잔치를 베푸는 의식에서 왕이 자리를 오르고 내릴 때와 주식(酒食)을 들어 올릴 때, 의봉문(儀鳳門)의 선사(宣赦)[161]에 왕이 자리를 오르고 내릴 때, 이상의 여러 경우에는 모두 헌가(軒架)[162]의 음악을 독주(獨奏)한다.

예종 11년 6월 경인(庚寅)일에 왕이 회경전(會慶殿)에서 재추(宰樞)와 시신(侍臣)들을 불러 대성신악(大晟新樂)을 관람하였다.

8월 기묘(己卯)일에 제서(制書)를 내어 이르러 말하였다.

“문(文)과 무(武)의 도(道)는 어느 한 쪽을 폐해서는 안 된다. 근래에 번적(蕃賊)이 점차 치열하므로 모신(謀臣)과 무장(武將)들은 모두 갑옷을 수선하고

161) 사서(赦書)를 선포하는 의식을 말한다.

162) 헌가악(軒架樂)의 줄인 말이다. 궁중 음악 연주시 악기를 배치할 때 섬돌 아래인 당하(堂下)에 위치하여, 당상(堂上)에 위치하는 등가(登歌)와 짝을 이룬다. 헌가의 악기 편성은 주로 관악기와 타악기가 중심이 되며 양률(陽律)과 음려(陰呂)로 구성된 의식 음악 중 양률을 맡아 연주한다.

병졸을 조련시키는 것을 급무로 하고 있다. 옛날에 제순(帝舜)이 문덕(文德)을 크게 펴고 양계(兩階)에서 간우(干羽)[163]를 춤추게 하였는데 칠십일이 지나자 유묘(有苗)가 귀순해왔다. 짐은 그 일을 심히 사모하고 있다. 하물며 지금 대송황제가 특히 대성악(大晟樂)과 문무무(文武舞)를 내려주었음에 마땅히 종묘에 먼저 천하고 연향에까지 쓰도록 해야 할 것이다."

10월 무진(戊辰)일에 건덕전(乾德殿)[164]에서 대성악을 친열(親閱)하고, 계유(癸酉)일에는 태묘(太廟)에 친관(親祼)을 드리고 대성악(大晟樂)을 추천(推薦)했다.

인종(仁宗) 12년 정월(正月) 을해(乙亥)일에 적전(籍田)의 제사에 처음으로 대성악(大晟樂)을 썼다.

명종(明宗) 18년 2월 임신(壬申)일에 제서(制書)를 내려 악공(樂工)으로 소속을 도피(逃避)해서 함부로 다른 부서에 가있는 자를 본업(本業)으로 돌아가게 하였다.

사신(史臣)이

甲鍊卒爲急昔者帝舜誕敷文德舞干羽于兩階七旬有苗格朕甚慕焉況今大宋皇帝特賜大晟樂文武舞宜先薦宗廟以及宴享
十月戊辰親閱大晟樂于乾德殿癸酉親祼太廟薦大晟樂
仁宗十二年正月乙亥祭籍田始用大晟樂
明宗十八年二月壬申制樂工逃所隸冒居他肆者令還本業史臣

163) 문무와 무무를 칭한 말이다.

164) 고려 시대 전각(殿閣)로 송악산(松嶽山) 남쪽 기슭의 명당(明堂)에 위치한 정궁(正宮)인 연경궁(延慶宮) 서북쪽에 있었으며, 인종 16년(1138) 5월 모든 전각과 궁문(宮門)의 이름을 바꿀 때 대관전(大觀殿)으로 개칭하였다.

曰樂之缺亂甚矣太常近取旨請從聖考代
所行之制有司遷延莫肯施行識者恨之以
謂是樂宋朝以新樂賜睿廟者也本非宋太
祖所制之樂樂之行不久而宋朝亂況辛巳
年本朝儒臣狂瞽擅改而進退其次序錯亂
其上下干戚籥翟致有盈縮不等之差其太

말했다.

“음악이 잔결(殘缺)되고 혼란(混亂)하여진 것이 심하다. 태상(太常)이 근자(近者)에 뜻을 취하여 전왕의 대에 행하던 제도에 따르기를 청원했으나 유사(有司)가 천연시키고 시행하려 들지 않아서 식자(識者)들이 한심스럽게 여겼다.

생각하기를 이 음악은 송(宋)이 그들의 신악(新樂)을 예묘(睿廟)에 내린 것이고 본래 송(宋) 태조(太祖)가 제작한 음악이 아니다.

그 음악이 시행된 지 얼마 되지 않아서 송조는 혼란해졌다.

하물며 신사년(辛巳年)에 본조의 유신(儒臣)과 광고(狂瞽)[165]가 멋대로 고쳐서 그 차서(次序)를 바꾸고 그 상하를 착란(錯亂)시킨 나머지 간척(干戚)[166]과 약적(籥翟)[167]에 불어났다 줄어들었다 하여 영축(盈縮)이 같지 않아 착오를 발생하게 되었다.”

165) 허황된 악사(樂師)를 두고 한 말이다.

166) 둑제(纛祭)의 초헌(初獻)에서 왼손에 간(干), 즉 방패와 오른손에 척(戚), 즉 도끼를 들고 추던 춤을 간척지무(干戚之舞)라고 한다.

167) 약은 피리이며 적은 꿩의 깃을 묶어 무악(舞樂)에서 손에 쥐는 물건을 말한다. 각종의 악(樂)을 행할 때 문무(文舞)는 약, 적을 무무(武舞)는 간척(干戚)을 잡게 하여 배열을 편성한다.

태상편제(太常編制)에 이런 말이 있다.

“송조(宋朝)에서는 오직 의관과 악기만을 부쳐 와서 본조(本朝)에서는 연주하는 방법을 알지 못했다. 승지 서온(徐溫)이 송에 들어가 사사로이 무의(舞儀)를 익히어 전해 가르쳤으니, 그 진퇴(進退)와 소삭(踈數)의 절도는 근거가 없어서 다 믿을 수는 없을 것 같다.

또 악공(樂工)이 처음 왔을 때 행하던 것에 따르기를 원했으나 지금까지 시행한 바가 없다.

비록 주사(主司)가 뜻을 취한다 하더라도 구적(舊籍)이 고쳐지지 않아서 곧 또 처음 같아지고 만다. 팔음(八音)[168] 가운데 사토(絲土)의 두[169] 성음(聲音)은 없어졌다. 가사(歌師)는 단지 악보(樂譜)의 고저(高低)만을 외우고 그 말은 전혀 이해하지 못하니 신인(神人)을 속이는 것이라고 말할 수 있겠다.

또 향악(鄕樂)[170]은 토풍(土風)이다. 무릇 제사(祭祀)에는

常編制有云宋朝唯寄衣冠樂器本朝不知
肄習承旨徐溫入宋私習舞儀而傳教之其
進退踈數之節無所憑依似不可盡信又樂
工願從初來時所行而至今無所施行雖主
司取旨而舊籍未改旋又如初八音之中絲
土二聲闕如也歌師但誦譜之高低略不解
其詞語可謂欺神人也又鄉樂土風也凡祭

168) 금(金)・석(石)・사(絲)・죽(竹)・포(匏)・토(土)・혁(革)・목(木) 등을 말한다.

169) 중국 것이 아닌 이 땅의 지방음악이라는 뜻으로 한 말이다.

170) 삼국 시대 이후 조선 시대까지 사용되던 궁중 음악의 한 갈래로서 일명 속악(俗樂)이라 하는 한국 전통 음악을 지칭한다. 삼국 시대에 당악(唐樂)이 유입된 뒤 외래의 당악과 토착 음악인 향악을 구별하기 위해 명명되었다. 이후 중국과 계속되는 음악 교류를 통해 송나라의 사악(詞樂)이 들어와 기존의 당악에 수용되고, 의식 음악인 아악(雅樂)이 수입된 뒤로 궁중 음악의 갈래는 아악과 당악, 향악으로 나누어져 전승되었다. 향악은 당악의 다른 명칭인 좌방악(左方樂)에 대하여 우방악(右方樂)이라 불리기도 하였다. 조선 시대 이후에는 좌방악이 아악을 지칭하고 향악과 당악이 같이 우방악으로 불리었다. 전해지는 향악으로는 신라의 동경(東京), 백제의 정읍(井邑), 고구려의 내원성(來遠城), 고려의 정과정(鄭瓜亭) 등이 있다.

自始事奏之以迄于終今乃至於亞終獻奏
之未免有偏樂之失登歌但以搏拊節樂實
之以糠不令作聲則無舞明矣詳定擅許爲
舞乃以晉鼓節之樂在前舞在後尊卑相亂
下之聲掩於上矣三月乙酉遣平章事崔世
輔攝事行夏禘用大晟樂酌獻以籥翟亞終
獻並用干戚之舞加以鄕音鄕舞

恭愍王

처음 일부터 연주해서 끝까지 가는 것인데, 지금은 아・종헌에 이르러야 연주하니 치우쳐 거행하는 실수임을 면하지 못한다. 등가는 단지 박부(搏拊)로 음악을 조절하고 거기에 겨[糠]를 채워서 소리가 나지 못하게 하였으니, 춤이 없다는 것이 분명하다. 상정관(詳定官)[171]이 멋대로 춤을 허락하고 진고(晉鼓)로 그것을 조절하게 하였으니, 음악은 앞에 있고 춤은 뒤에 있어 존비가 어지러워 하(下)의 성음이 상(上)을 엄폐하게 된 것이다."

3월 을유(乙酉)일에 평장사 최세보(崔世輔)[172]를 보내서 일을 대행시켜 하체(夏禘)를 행했는데 대성악을 썼고, 작헌(酌獻)[173]에는 약적(籥翟)을 쓰는 문무를 썼으며, 아・종헌에는 모두 간척(干戚)을 쓰는 무무를 썼고, 거기다 향음(鄕音)과 향무(鄕舞)를 추가했다.

공민왕(恭愍王)

171) 법전을 제정하거나 정책 및 제도를 마련하기 위해 설치된 임시기구에서 일하는 전문학자와 관료를 말한다.

172) 최세보(崔世輔, ?~1193)는 고려시대의 무신으로 유시의 변에 혐의를 받고 유배되었다 정중부 등의 난으로 무신이 득세하자 복직, 문하시랑평장사・병부판사・상장군・동수국사를 지냈다. 미천한 출신으로 문맹(文盲)이었다. 1167년(의종 21) 금군(禁軍)의 대정(隊正)으로서 유시(流矢)의 변(變)에 혐의를 받고 남해(南海)에 유배되었다가, 1170년 정중부(鄭仲夫) 등의 난으로 무신이 득세하자 복직, 1184년 문하시랑평장사(門下侍郞平章事)・병부판사(兵府判事)・상장군(上將軍)에 올랐다. 1186년 무관으로서는 최초로 동수국사(同修國史)가 되었는데, 《의종실록(毅宗實錄)》에서 문극겸(文克謙) 등이 의종(毅宗)의 살해 사실을 직필(直筆) 중에 그 전말을 왜곡하게 하는 등 허위사실을 많이 기록하게 했다. 1189년 이부판사(吏部判事)가 되어 많은 뇌물을 받아 거부가 되었고, 이듬해 수태사(守太師)가 되었다.

173) 제사에서 술을 부어 신위(神位) 앞에 드린다는 의식을 말한다.

8년 유월 신묘(辛卯)일에 어사대(御史臺)에서 상언하기를,

"국도(國都)를 옮긴 후부터 악공이 흩어져 가버리고 성음이 폐기되어 없어졌으니, 마땅히 유사로 하여금 새로 악기를 제작하게 하시오."
하여 그에 따랐다.

19년 5월에 성준득(成准得)[174]이 경사(京師)로부터 돌아왔는데, 태조황제가 다음의 악기를 보내주었다.

완전한 편종(編鍾) 16가(架), 편경(編磬) 16, 종가(鍾架)·경가(磬架)와 생(笙)·소(簫)·금(琴)·슬(瑟)·배소(排簫) 한 개씩이다.

7월에 강사찬(姜師贊)[175]을 경사로 보내고, 악공으로 여러 음악에 정통하고 여러 기예를 겸비한 자를 보내서 그 기술을 전습시켜 주기를 청하게 했다.

5월 신미(辛未)일에 강사찬(姜師贊)이 경사로부터 돌아왔다.

八年六月辛卯御史臺上言自國都遷徙之後樂工散去聲音廢失宜令有司新制樂器從之十九年五月成准得還自京師太祖皇帝賜樂器編鍾十六架全編磬十六架全鍾架全磬架全笙簫琴瑟排簫一七月遣姜師贊如京師請樂工精通衆音兼備諸伎者發送傳業二十年五月辛未姜師贊還自京師

174) 성준득(成准得, ?~?)은 고려 후기의 문신이다. 1365년 판도판서를 역임하였다. 1369년 명나라에 성절사로 가서 원나라 노왕에게 출가했다가 원나라가 망할 때 실종된 장녕공주를 찾아줄 것을 주청하였다. 이듬해 명 태조의 친서와 악기, 서적 등을 가지고 장녕공주와 함께 돌아왔다.

175) 강사찬(姜師贊, ?~?)은 고려 공민왕 때의 문신이다. 1370년(공민왕 19) 명(明)나라 태조(太祖)의 책봉사(冊封使)가 다녀가자, 그 답례로 삼사좌사(三司左使)로서 명나라에 가서 책봉사의 파견에 대한 사의를 표하고 탐라(耽羅)문제를 협의하였다. 그리고 명나라 태조에게 음(音)에 정통하고 기예에 뛰어난 악공(樂工)의 파견을 요청하여, 이듬해 태상시(太常寺)의 악공을 데리고 돌아왔다.

帝命太常樂工赴京習業二十一年三月甲寅遣洪師範移咨中書省曰近因兵後雅樂散失朝廷所賜樂器只用於宗廟其餘社稷耕籍文廟所用雅樂內鍾磬並闕今賫價赴京收買九月丙子習太廟樂於毬庭戊寅習太廟樂於毬庭十月庚辰朔習太廟樂於毬庭 恭讓王元年三月乙酉禮曹請朝會用樂從之

황제가 태상(太常)의 악공에게 경사에 가서 기술을 배우라고 명했다. 21년 3월 갑인(甲寅)일에 홍사범(洪師範)[176]을 보내어 중서성에 이자(移咨)[177]하여 말했다.

"근자에 병란을 겪은 후에 아악이 흩어져 없어졌고 조정에서 내려준 악기는 다만 종묘(宗廟)에서 사용할 뿐이고, 그 나머지의 사직(社稷)·경적(耕籍) 및 문묘(文廟)에 쓰는 아악 안에는 종과 경이 다 빠져버렸다. 지금 값을 가지고 경사에 가서 수매하겠다."

9월 병자(丙子)일에 구정(毬庭)에서 태묘악(太廟樂)을 익혔다. 무인(戊寅)에 구정(毬庭)에서 태묘악(太廟樂)을 익혔다. 10월 경진(庚辰) 초하룻날에도 구정에서 태묘악을 익혔다.

공양왕(恭讓王) 원년 3월 을유(乙酉)일에 예조(禮曹)에서 조회(朝會) 때 음악 쓰기를 청했는데 그것에 따랐다.

---

176) 홍사범(洪師範, ?~1373년)은 고려의 문신으로 본관은 남양(南陽). 남양부원군(南陽府院君) 규(奎)의 증손으로, 문하시중 언박(彦博)의 아들이며, 부인은 한산 이씨(韓山李氏)이다. 1354년(공민왕 3) 좌부대언(左副代言)을 제수받고, 1358년 병부상서로서 천추사(千秋使)가 되어 원나라에 가서 황태자의 천추절(千秋節)을 축하하고 이듬해 돌아왔다. 1362년 원나라에서 덕흥군 탑사첩목아(德興君塔思帖木兒)를 고려왕으로 삼으려 한다는 소식이 있자, 이부상서로서 서북면체복사(西北面體覆使)가 되어 그 진위를 조사하였다. 1363년 홍건적의 침입으로 안동으로 피난할 때 전 개성윤(前開城尹)으로서 호종한 공으로 신축호종공신(辛丑扈從功臣)에 2등으로 녹권되었다. 1365년 3월 밀직부사에 임명된 뒤 다음달 원나라에 사신으로 파견되었으나 원의 내란으로 길이 막혀 되돌아왔다. 5월에 남양군(南陽君)에 봉해졌다. 1372년 지밀직사사(知密直司事)로서 명나라에 사신으로 가서 촉(蜀)나라를 평정한 것을 축하하고, 이듬해 8월 돌아오는 도중 허산(許山)에서 태풍을 만나 익사하였다. 시호는 충민(忠愍)이다.

177) 공문서를 말한다.

태묘(太廟)의 악장(樂章)

太廟樂章

睿宗十一年十月新製九室登歌樂章
太祖第一室
正聲太定之曲
受天靈符 寵綏多方 德合三無 功超百王 燕及後昆 承茲積累 於萬斯年 恪修祀事
中聲
應天開基 濡圖克昌 聖德神功 巍巍堂堂 積厚流光 子孫千億 廟皃蒸嘗 永永無極
惠宗第二室

예종 11년 10월에 구실(九室)의 등가악장(登歌樂章)을 새로 제작했다.

태조(太祖) 제1실(室)

정성(正聲) 태정지곡(太定之曲)[178]

하늘의 영부 받아, 이 나라 백성을 총애하였네.
덕은 삼무[179]와 같고, 공은 백왕을 넘어서셨네.
후손 대대로, 그 혜택을 물려받았네.
만년 흘러가도, 제사를 정성으로 받아드오리다.

중성(中聲)

응천한 나라 기초 세우고, 참 되게 이룩하시었네.
성스러운 덕과 신령한 공, 높고 높고 크고 크네.
쌓인 두터운 은덕 광휘 드러내어, 자손이 천억으로 번성하였네.
묘모(廟皃)[180]의 제사, 영세무궁토록 끊어지지 않으리다.

---

178) 고려 태묘악장(太廟樂章)로 예종 11년(1116) 10월에 새로 9실(九室)을 정하고 등가악장(登歌樂章)을 만들었는데, 그 가운데서 제일 처음 곡으로, 태조를 찬양하는 내용으로 되어 있다.

179) 천(天)・지(地)・일월(日月)의 사(私)가 없음을 두고 한 말로 결국 천・지・일월을 말한다.

180) 사당에 들어가면 반드시 선조(先祖)의 생전의 모습을 상상하여 추모(追慕)한다는 뜻에서 사당을 묘모라고도 한다.

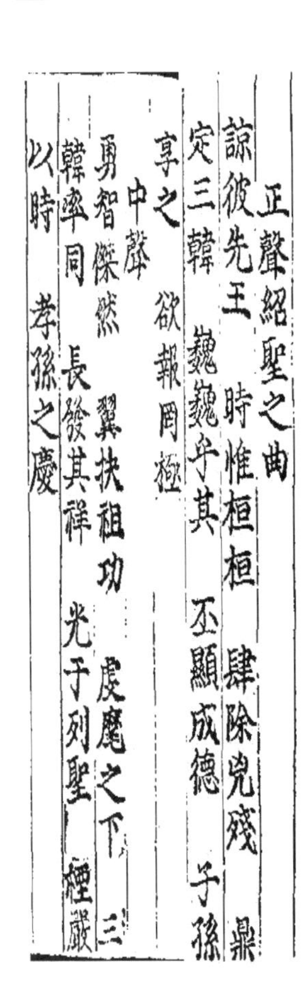
正聲紹聖之曲
諒彼先王 時惟桓桓 肆除兇殘 鼎
定三韓 巍巍乎其 丕顯成德 子孫
享之 欲報罔極
中聲
勇智傑然 翼扶祖功 虔麾之下 三
韓率同 長發其祥 光于列聖 禋嚴
以時 孝孫之慶

혜종(惠宗) 제2실(室)

정성(正聲) 소성지곡(紹聖之曲)[181]

진실로 저 선왕께서는, 정녕 씩씩하시어

흉악한 무리 제거하시고, 삼한을 정정(鼎定)[182]하시었네.

높고 높다. 크고 뚜렷이 이룩한 덕이여.

자손이 제향을 올려, 망극한 은덕에 보답하네.

중성(中聲)

무용과 지혜 뛰어나, 조종의 공 도우셨네.

경건한 휘하에, 삼한이 모두 다 모였네.

길이 그 상서 드러내어, 역대의 성왕에 비추었네.

정결 근엄한 제향 때, 효손[183]의 복 가져오네.

181) 고려 시대 제례의식(祭禮儀式)에서 연주된 아악곡(雅樂曲)의 한 곡명이다. 혜종(惠宗) 11년(1116) 10월 새로이 만든 태묘(太廟)의 등가(登歌) 악장이다.

182) 새로운 왕조를 개창함을 가리킨다. 중국 하(夏) 나라의 우(禹)임금이 9주(州)를 상징하는 아홉 개의 솥[鼎]을 만들었다는 전설이 있었는데, 은(殷)과 주(周) 역시도 모두 이 솥을 국가를 전하는 중요한 기구로 삼아 국도에 두었다고 하는 데서 유래한다.

183) 효행(孝行)이 있는 손자(孫子)를 말한다.

현종(顯宗) 제3실(室)

정성(正聲) 흥경지곡(興慶之曲)[184]

크고 빛나는 조종에, 덕을 하늘에 날아올라
험난함 두루 겪으시고, 성현의 덕을 이어 흥하네.
용산의 옥작[185]으로, 사수의 부경[186]이로다
증손이 효도하고 공경하니, 복록이 찾아드네.

중성(中聲)

성스러운 조종, 숨어 비약하여 원수의 자리 올라
혼란을 다스려 바른 길로, 신령한 무덕과 뛰어난 문덕
왕업을 중흥하여 후손에게, 길을 열어 도와주네.
제향을 드리는 일 변함없어, 자자손손 이어가네.

顯宗第三室
正聲興慶之曲
丕顯烈祖 潛德飛天 累歷艱險 紹興聖賢 龍山玉爵 泗水浮磬 曾孫孝敬 福祿來定
中聲
於穆聖祖 潛躍膺元 撥亂反正 神武睿文 中興王業 啓佑後昆 蒸嘗勿替 子子孫孫

高麗史卷七十 十六

---

184) 고려 시대 태묘(太廟)의 제향 때 연주하던 악곡이다. 예종 11년(1116)에 창제된 4언 16구의 악장이다. 태묘의 제3실인 현종(顯宗)의 초헌(初獻)에 연주한다.

185) 옥으로 만든 술잔을 말한다. '술잔'을 아름답게 일컫는 말이다.

186) 물에 떠있는 돌을 말한다. 물가나 강가에 드러난 돌이 꼭 물에 떠있는 것 같다고 해서 붙여진 말이다.

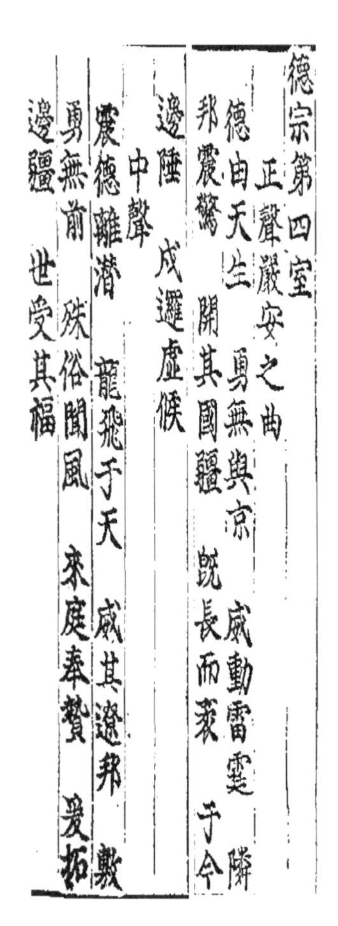

德宗第四室
正聲嚴安之曲
德由天生 勇無與京 威動雷霆 隣邦震驚 闢其國疆 旣長而袤 于今邊陲 戍邏虛候
中聲
震德離潛 龍飛于天 威其遐邦 敷勇無前 殊俗聞風 來庭奉贄 爰拓邊疆 世受其福

덕종(德宗) 제4실(室)

정성(正聲) 엄안지곡(嚴安之曲)[187]

덕은 천성으로 타고나셨고, 무용은 비길 데 없네.

위엄 떨침이 우뢰 같아, 이웃 나라 떨며 놀랐네.

나라 땅 개척하심이, 멀고 또 넓었네.

지금도 변경에서, 빈틈없이 지키네.

중성(中聲)

덕을 떨쳐 잠복 벗어나, 하늘을 용같이 나르신다.

먼 나라를 위압하시어, 무용에 맞서는 자 없었네.

풍속 다른 이방인들 풍문에, 궁정에 예물 바치네.

국경 넓히시고, 대대로 그 복을 받네.

187) 고려 예종(睿宗) 11년(1116) 10월에 제작된 태묘(太廟) 9실(九室)의 등가악장(登歌樂章) 가운데 하나이다. 제4실에 모신 덕종(德宗)의 신위(神位)에 술을 올릴 때 연주하였다. 악보는 전하지 않고 가사만 전하는데 무위(武威)를 떨쳐 이웃 나라를 복종시키고 영토를 확장한 덕종의 치적을 칭송하는 내용을 담고 있다.

정종(靖宗) 제5실(室)

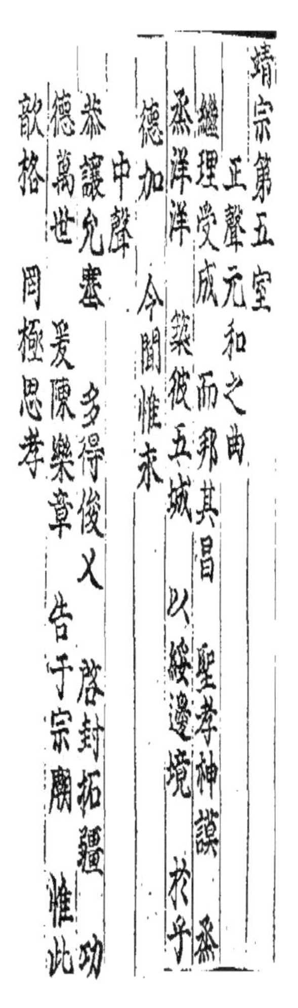
靖宗第五室
正聲元和之曲
繼理受成 而邦其昌 聖孝神謨 烝
烝洋洋 築彼五城 以綏邊境 於乎
德加 今聞惟永
中聲
恭讓允塞 多得俊乂 啓封拓疆 功
德萬世 爰陳樂章 告于宗廟 惟此
歆格 罔極思孝

정성(正聲) 원화지곡(元和之曲)[188]

다스려진 나라 잇고 이룩한 공덕 받으시니, 나라가 창성하였네.

성스러운 효성과 신령한 책모는 두터우시고 훌륭하시네.

다섯 성 쌓으셔서 변경을 편안하게 하시었으니

아아 은덕은 만만에게 가해져 아름다운 소문 영원하리라.

중성(中聲)

공손하고 겸양하시어 준수한 인재 많이 얻으시었네.

나라 땅 넓히시니 공덕이 만세에 빛나는구나.

이에 악장을 늘어놓고 종묘에 고하니

이에 받아들여 주옵소서, 끝없이 흠모하는 효성을

188) 고려 예종(睿宗) 11년(1116)에 태묘 9실(室)의 등가악장(登歌樂章)이 제작되었는데, 그 중 정종(靖宗) 제 5실의 등가(登歌) 악장이다.

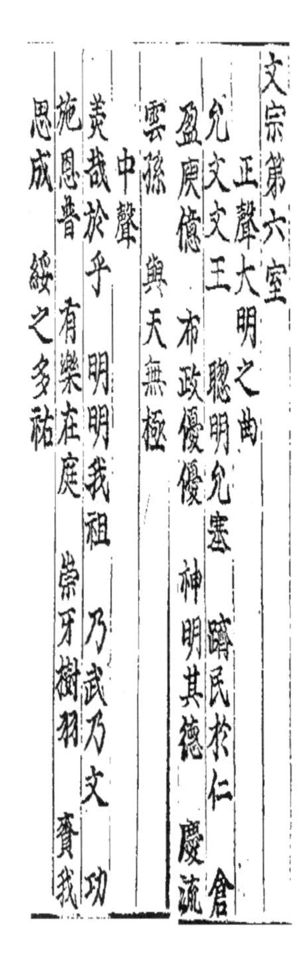
文宗第六室
正聲大明之曲
允文文王 聰明允塞 躋民於仁 倉
盈庾億 布政優優 神明其德 慶流
雲孫 與天無極
中聲
美哉於乎 明明我祖 乃武乃文 功
施恩普 有樂在庭 崇牙樹羽 賚我
思成 綏之多祜

문종(文宗) 제6실(室)

정성(正聲) 대명지곡(大明之曲)[189)]

진실로 문덕 높으신 문왕, 총명 뛰어나셨네.

백성을 인으로 오르게 하사 곳집이 가득 찼네.

정사 펴 심 너그럽고 부드러웠고, 그 덕은 신령하고 밝았나니,

복이 아득한 후손에까지 흘러내려 하늘과 더불어 끝이 없도다.

중성(中聲)

아름답도다. 아아, 밝고 밝으신 우리 조종

무덕과 문덕 높으셔서 공 베풀어지고 은덕 넓게 퍼졌네.

묘정에 음악 마련되었으니 숭아[190)]와 수우[191)]로다.

공덕을 사모하는 마음으로 편안하게 도움 많게 하네.

---

189) 고려 시대 태묘(太廟) 악장의 하나이다. 예종 11년(1116)에 태묘 9실(室) 가운데 문종(文宗) 제6실에서 연주하는 등가악장(登歌樂章)으로 2악장으로 이루어져 있으며, '대명'이라는 이름은 『시경(詩經)』 대아(大雅)에 수록된 문왕(文王)과 무왕(武王)의 덕을 찬미한 8장(章)의 장편시(長篇詩)에서 유래한다.

190) 악기의 부속품으로, 종이나 경을 걸도록 마련한 부분을 말한다.

191) 편종이나 편경의 틀 위에 장식한 나무로 만든 공작을 말한다.

순종(順宗) 제7실(室)

정성(正聲) 익선지곡(翼善之曲)[192]

왕께선 천명 받들어 공순함을 앞세우셨네.

군권을 장악하고 국무를 감리하신 지 삼십여년

빛나는 왕위 계승하여 흥성하려 할 때 구름타고 멀리 가버리셨네.

성덕의 형용이 음악을 통해 흘러나오네.

중성(中聲)

아름다운 선왕, 그 덕은 태자 때부터 드러났네.

온준 문아함 타고난 성품, 자비하고 은혜로움이 날로 드러났네.

백성을 의약으로 구해주셨고, 부왕을 효성스럽게 받드시었네.

때 맞춰 제례를 닦아 묘모를 우러러 보네.

順宗第七室
正聲翼善之曲
惟王奉天 恭順爲先 撫軍監國 三十餘年 繼炤方興 乘雲旣遠 盛德形容 流於歌管
中聲
於穆先王 德由元良 溫文天縱 慈惠日彰 救民以醫 承考惟孝 時修祀儀 式瞻廟貌

192) 고려 시대 태묘악장의 하나이다. 고려의 태묘 중에서 순종묘에 연주되었다. 태묘는 역대 임금들의 신위를 모신 사당으로서, 조선조의 종묘와 영녕전도 태묘이다. 태묘에 올리는 종묘 제사는 고려와 조선의 가장 성대한 제사인 대사(大祀)에 해당하였다. 태묘에 제사할 때는 각각의 임금의 위패에 제사를 드렸으며, 이때 그 임금의 공덕을 찬양하는 가사를 노랫말로 지어 연주하였다.

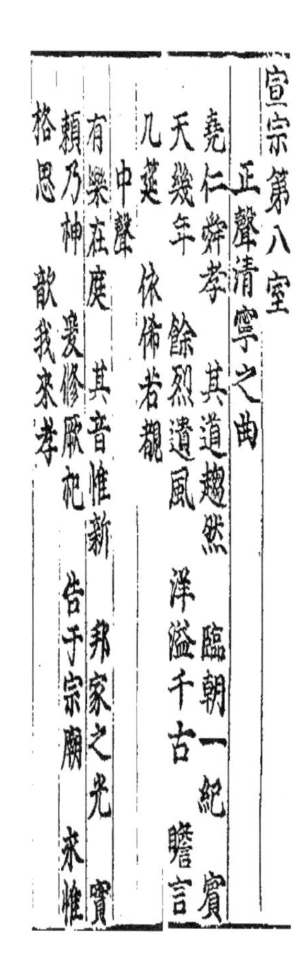
宣宗第八室
正聲清寧之曲
堯仁舜孝 其道趨然 臨朝一紀 賓
天幾年 餘烈遺風 洋溢千古 瞻言
几筵 依俙若覩
中聲
有樂在庭 其音惟新 邦家之光 實
賴乃神 爰修厥祀 告于宗廟 來惟
格思 歆我來孝

선종(宣宗) 제8실(室)

정성(正聲) 청녕지곡(清寧之曲)193)

요의 인이시고 순의 효이시라, 그 도의 감화력은 빨랐네.

조정에 임하신 지 열 두 해, 하늘에 오르신 지 몇 해인가

여열과 유풍은 천고에 넘쳐흘러

궤연194)을 바라보니 어렴풋이 뵙는 것 같네.

중성(中聲)

묘정에 음악 마련되니, 그 소리 새롭네.

국가의 빛은 실로 이 신께 힘입었네.

이에 그 제사 차려 종묘에 고하니

영원토록 이르시어, 우리의 찾아와 효도함을 흠향하소서.

---

193) 고려 시대 태묘(太廟)에서 연주된 제례악의 한 곡명이다. 이 악곡에 맞추어 노래 부른 악장(樂章)은 태묘의 제8실에 모신 선종의 공덕을 찬양하기 위하여 예종 11년(1116) 10월에 창제되었다. 제향 때 등가(登歌)에서 연주된 청녕지곡은 전2장으로 구성되었는데, 하나는 정성(正聲)의 청녕지곡이고, 다른 하나는 중성(中聲)의 청녕지곡이다.

194) 죽은 사람의 영궤(靈几)와 혼백, 신주를 모셔 두는 곳이다.

숙종(肅宗) 제9실(室)

정성(正聲) 중광지곡(重光之曲)[195]

엄숙하신 황고는 의와 인으로 하시어

구가가 우리에게 돌아와, 위령이 신 같으셨네.

나라의 기틀 중흥시키고, 영명한 자손 가지시어

종고로 제향 드려, 제 때에 큰 도움을 맞이하네.

중성(中聲)

아름다운 황고, 청명하심은 하늘을 본 받으셨네.

도를 행하여 경근하여, 마음 사려 깊고 착실하네.

영명하신 책모와 신 같은 결단, 바람같이 시행되고 우레에 울렸네.

우리는 그것을 받아들여 이 복을 받으리다.

肅宗第九室

正聲重光之曲

惟皇肅考 之義之仁 謳歌歸我 威靈如神 重興慶基 保有英胄 鍾鼓享兮 時延純祜

中聲

於鑠皇考 清明憲天 爲道敬勤 秉心塞淵 英謀神斷 風行雷鼓 我其收之 以介斯祜

195) 고려 시대 태묘(太廟)에서 연주된 제례악(祭禮樂)의 한 곡명이다. 이 악곡에 맞추어 노래를 부른 악장(樂章)은 태묘(太廟)의 제9실에 모신 숙종(肅宗)의 공덕을 찬양하기 위하여 예종 11년(1116) 10월에 만들었다. 제향(祭享) 때 등가(登歌)에서 연주된 중광지곡은 전 2장으로 구성되어 있는데, 하나는 정성(正聲)이고, 다른 하나는 중성(中聲)이다.

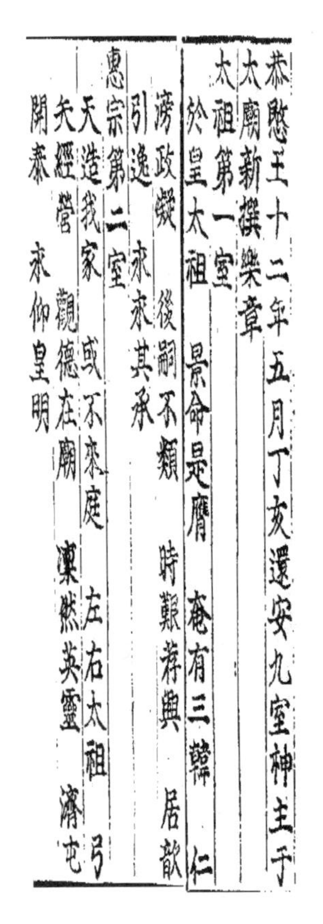
恭愍王十二年五月丁亥還安九室神主于
太廟新撰樂章
太祖第一室
於皇太祖 景命是膺 奄有三韓 仁
滂政凝 後嗣不類 時艱荐興 居歆
引逸 永永其承
惠宗第二室
天造我家 或不來庭 左右太祖 弓
矢經營 觀德在廟 凜然英靈 濟屯
開泰 永仰皇明

공민왕(恭愍王) 12년 5월 정해(丁亥)일에 구실(九室) 신주(神主)를 다시 태묘(太廟)로 모시면서 새로 악장(樂章)을 지었다.

태조(太祖)[196] 제1실(室)

위대하신 태조, 크나큰 천명을 받으셨도다.
삼한을 전부 차지하시고 인정을 널리 펴내셨네.
후사 잘못 되어 때때로 간난이 이어서 일어났네.
흠향하시고 편안케 하사 영원 계승하옵소서.

혜종(惠宗)[197] 제2실(室)

하늘이 우리 집 만들었는데, 혹시라도 누가 궁정에 내복하지 않겠는가.
태조를 측근에서 도우사 궁시를 경영하시었네.
종묘에서 덕을 보옵건대 영령은 늠연하시도다.
구제하시고 태평한 나라 세워, 위대하신 명철 영원히 우러러보네.

196) 태조(太祖, 877~943)는 고려 제1대 왕(재위 918~943)으로 궁예의 휘하에서 견훤의 군사를 격파하였고 정벌한 지방의 구휼에도 힘써 백성의 신망을 얻었다. 고려를 세운 후, 수도를 송악으로 옮기고 불교를 호국신앙으로 삼았으며 신라와 후백제를 합병하여 후삼국을 통일하였다.

197) 혜종(惠宗, 912~945)은 고려의 제2대 왕(재위 943~945)이다. 943년 태조가 죽자 즉위하였으나, 이복동생인 요(堯 : 뒤의 정종)와 소(昭 : 뒤의 광종)가 왕위를 엿보았다. 이 둘은 태조의 제3비 신명순왕후 유씨의 소생으로 충주 지역 호족이었던 유경달(劉兢達)의 외손이었으며 충주 유씨는 혼인을 통해 여러 세력과 밀접한 관계를 유지하고 있었다. 요와 소가 왕위에 도전하고 있음을 눈치챈 왕규는 945년(혜종 2) 이 사실을 왕에게 알렸으나 혜종은 요・소를 벌하지 않았다. 혜종이 요・소에게 아무런 조치를 취하지 않자 불만을 품은 왕규는 왕을 제거하고 자신의 외손자인 광주원군(廣州院君)을 왕으로 세우려고 하였다. 이러한 왕권다툼 속에서 혜종은 이러지도 저러지도 못하다가 945년 병으로 죽었다.

현종(顯宗)[198] 제3실(室)

하늘 큰 사업 도와, 비색함 타개하여 번창 이룩하네.

삼한을 재조하시어, 온갖 절도 무척 밝아졌도다.

위대한 책모 대단히 세차, 지금 더욱 빛나네.

천만년을 두고두고, 우리에 끝없이 복을 주시네.

원종(元宗)[199] 제4실(室)

밝고 밝으신 우리 조종, 덕은 건곤과 합치하네.

크고 뚜렷한 그 덕, 후손들 유복함 내려주네.

정결하게 제사지내어, 서직이 향기롭도다.

이 제사 흠향하시와, 영원히 강녕함 지켜주소서.

顯宗第三室
天扶景業 用否而昌 三韓再造 百度孔彰 丕謨盛烈 迺今彌光 於千萬年 祚我無疆

元宗第四室
明明我祖 德合乾坤 不顯其德 垂裕後昆 克禋克祀 黍稷惟馨 是歆是享 永保康寧

---

198) 현종(顯宗, 992~1031)은 고려의 제8대 왕(재위 1009~1031)이다. 거란 성종의 침입에 참패하였으나 끝내 친조를 하지 않고, 6성 요구도 거절하였다. 다시 거란의 장군 소배압이 침입하자, 강감찬장군이 이를 섬멸하여 물리쳤다. 이후 거란과의 우호관계를 회복하고 기민(飢民) 구제에 힘썼으며 불교와 유교의 발전을 도모하였다. 대장경의 제작에도 착수, 6천 권의 대부분을 완성하게 하였다.

199) 원종(元宗, 1219~1274)은 고려 제24대 왕(재위 1259~1274)이다. 1235년(고종 22) 태자에 책봉되고, 1259년 강화를 청하기 위하여 표(表)를 가지고 몽골에 갔다. 고종이 죽자 1260년 귀국 즉위하였다. 개경으로 환도하려다가, 1269년 임연(林衍)에 의해 폐위되었고 원나라의 문책으로 다시 복위되었다. 최탄(崔坦) 등이 서경(西京)에서 반란을 일으키고 몽골에 투항하자, 몽골은 서경에 동녕부(東寧府)를 두었다. 그 해 몽골에 갔다가, 1270년 귀국하여 개경 환도를 선언하자 배중손(裵仲孫)을 중심으로 삼별초의 항쟁이 일어났으며 여원(麗元) 연합군에 의해 평정되었다. 원나라에서 매빙사(妹聘使)가 오자 결혼도감을 설치, 원성을 샀다.

忠烈王第五室
朝彼元朝 始尙公主 王姬之車 降
于衆土 子孫緜緜 受天之祜 於千
萬年 爲母爲父

忠宣王第六室
念玆先祖 陟降庭止 克陳薄儀 仰
止敬止 爾肴旣嘉 爾酒旣旨 享于
克誠 恩我孫子

충렬왕(忠烈王)[200] 제5실(室)

원조에 조근하시어 처음으로 공주를 얻으시니
왕희의 수레 동토에 내려왔네.
자손은 면면히 뻗어와 하늘의 복 받네.
천만년 두고두고 어머니되고 아버지되네.

충선왕(忠宣王)[201] 제6실(室)

이 선조께서 묘정 오르내리심 생각하옵고
박의로 진설하여 앙모하고 존경함을 나타나네.
안주 좋은데 술 또한 맛 좋네.
정성을 받아 들이사 우리들 손자에게 은혜 베푸소서.

---

200) 충렬왕(忠烈王, 1236~1308)은 고려 제 25대 왕(재위 1274~1308)이다. 원나라 세조의 강요로 일본 정벌을 위한 동로군을 2차례에 걸쳐 파견했으나 실패했다. 원의 지나친 간섭과 왕비의 죽음 등으로 정치에 염증을 느껴 왕위를 선위했으나 7개월 만에 복위해야 했다. 음주 가무와 사냥으로 소일하며 정사를 돌보지 않다가 재위 34년 만인 1308년 죽었다.

201) 충선왕(忠宣王, 1275~1325)은 고려 제 26대 왕(재위 1308~1313)이다. 1298년 왕위에 오르자 정방을 폐지 등 관제를 혁신하고 권신들의 토지를 몰수하였으며 원나라에 대해서도 자주적인 태도를 취했다. 그러나 원나라 사신에게 국새(國璽)를 빼앗기는 사태가 벌어져 선위 7개월 만에 왕위는 다시 충렬왕에게로 돌아갔다. 충선왕은 원나라에 소환되었는데, 이 때 간신 왕유소(王維紹) 등이 충선왕을 아주 폐하고, 그 대신 서흥후(瑞興侯) 전(琠)을 그 후사(後嗣)로 삼으려는 공작을 했다. 1305년 원나라의 성종(成宗)이 죽고, 그 후 황위(皇位) 쟁탈전이 일어났는데, 충선왕은 승자가 된 무종(武宗)을 도왔으므로 그 세력의 힘으로 왕유소 일당과 서흥후 등을 제거하였다. 1308년 심양왕(瀋陽王)에 봉해졌고, 같은 해에 충렬왕이 죽자, 귀국하여 다시 왕위에 올랐다. 복위 후 기강의 확립, 조세의 공평, 인재 등용과 공신자제(功臣子弟)의 중용, 농·잠업의 장려, 동성결혼의 금지, 귀족의 횡포 억제 등 과단성 있는 혁신정치를 단행하였다. 그러나 곧 정치에 싫증을 느껴, 제안대군(齊安大君) 숙(淑)에게 정치를 대행하게 하고 원나라로 가 전지(傳旨)로써 국정을 처리하였다.

충숙왕(忠肅王)[202] 제7실(室)

위대하고 아름다우신 조종, 그 덕이 아름답고 순수하도다.

우리는 그것을 계승하고 좇아 밤낮으로 공경하고 있나이다.

아아, 어찌하여 적을 만나 묘모가 몽진하였나[203]

제사 드려 편안케 하여드리고 권하니 하늘의 좋은 복이 이에 이르네.

충혜왕(忠惠王)[204] 제8실(室)

이 싸움의 평정을 시작하여 침묘[205]가 편안하네.

제향드려 제사하여 영을 편안하게 하시니

크고 드러나신 분, 묘정에 오르내리시는 도다.

흠향하시고 돌보서, 서직이 향기로운 맛 좋은 제사 음식을

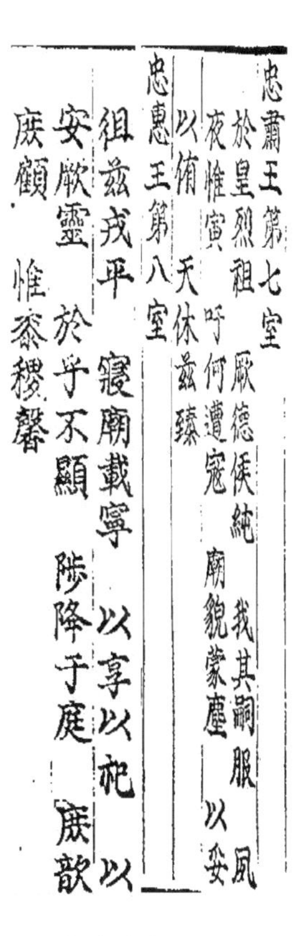
忠肅王第七室
於皇烈祖 厥德侯純 我其嗣服 以夙
夜惟寅 吁何遭寵 廟貌蒙塵 以安
以侑 天休茲臻
忠惠王第八室
徂茲戎平 寢廟載寧 以享以祀 以
安厥靈 於乎不顯 陟降于庭 庶歆
庶顧 惟苾稷馨

---

202) 충숙왕(忠肅王, 1294~1339)은 고려 제 27대 왕이다. 1313년 왕위에 올랐으나 심양왕 고(暠)가 왕위를 노리고 그를 헐뜯어, 5년간 연경에 체류해야 했다. 1325년 귀국하였으나 눈과 귀가 멀어 정사를 못 돌본다는 조적 일당의 거짓 고발 때문에 정사에 더 염증을 느껴 1330년 태자 정에게 왕위를 넘기고 원나라에 갔다. 충혜왕이 폐위되자 1332년 복위하였으나 정사는 잘 돌보지 않았다.

203) 임금이 난리를 당하여 피난 간다. 길을 깨끗이 소제한 다음 거둥하지 못하고 먼지를 뒤집어 쓰면서 간다는 뜻이다.

204) 충혜왕(忠惠王, 1315~1344)은 고려 제 28대 왕이다. 1330년 왕위에 올랐으나 방탕하고 주색을 일삼아 왕위를 다시 부왕 충숙왕에게 넘긴 뒤, 원나라로 돌아가야 했다. 1339년 복위하였으나 방탕한 짓을 일삼았다. 이운 등이 원에 상소를 올린 끝에 1343년 게양으로 귀양을 떠나 그곳에서 죽었다.

205) 침(寢)과 묘(廟). 종묘의 앞 건물을 묘, 뒤의 건물을 침이라 함. 묘에는 조상의 위패(位牌)·존상(尊像)·목주(木主) 등을 안치(安置)하여 때를 잡아 제사를 지냈으며, 침에는 의관(衣冠)·궤장(几杖)을 비치해 두었다. 또한 능묘(陵墓) 옆에 설치하여 제전(祭典)을 행하는 곳이기도 하다.

忠穆王第九室

英明果斷 有赫其光 於乎休矣 懷允不忘 矧當撥亂 宗禋是張 顧我明禋 惟誠之將

恭愍王十六年正月丙午幸徽懿公主魂殿告錫命仍設大享敎坊奏新撰樂章

충목왕(忠穆王)[206] 제9실(室)

영명 과단 하시어 그 광휘 찬란하네.

아름답도다, 마음속에 진실로 잊지 않네.

하물며 난리 평정하시어 종묘의 깨끗한 제사 되었음에랴.

우리의 밝고 깨끗한 제사 돌보서, 오직 정성을 이어받겠나이다.

공민왕 16년 정월 병오(丙午)일에 왕이 휘의 공주(徽懿公主)[207] 혼전(魂殿)에 가서 석명(錫命)을 고하고 이어 대향(大享)을 차렸는데 교방(敎坊)에서 신찬(新撰)한 악장(樂章)[208]을 연주하였다.

---

206) 충목왕(忠穆王, 1337~1348)은 고려 제 29대 왕(재위 1344~1348)이다. 원나라에 볼모로 가 있다가, 1344년(충혜왕 복위 5) 선왕이 죽자 원나라에서 개부의동삼사 정동행중서성 좌승상 상주국(開府儀同三司征東行中書省左丞相上柱國)의 벼슬을 받고 귀국하여 즉위하였다. 그러나 나이가 8세였으므로 덕녕공주가 섭정을 했다. 보흥고·내승·응방 등을 철폐하고 서연(書筵)을 열었다. 또한 권신들이 독점하였던 녹과전(祿科田)을 소유자들에게 반환하였다. 1347년(충목왕 3) 정치도감(整治都監)을 설치하여 각 도(道)에 양전(量田)을 실시하였으며, 이어 충렬왕·충선왕·충혜왕 등 삼조실록(三朝實錄)의 편찬에 착수하였다. 1348년 진제도감(賑濟都監)을 설치하여각 도에 양전(量田)을 실시하였으며, 진제도감을 설치하여 굶주린 백성을 구제하는 등 많은 선정을 베풀었다. 그러나 재위 4년 만에 죽었다.

207) 중국 원(元)나라 위왕(魏王)의 딸로 고려 공민왕(恭愍王)과 결혼하여 왕비가 되었다. 난산 끝에 죽었는데 그녀가 죽은 뒤 공민왕은 정사를 돌보지 않았다고 한다.

208) '악부(樂府)'라고도 한다. 궁중의 제전(祭典)이나 연례(宴禮) 때 주악(奏樂)에 맞추어 부르던 가사(歌詞)이다. 건국의 성업(聖業)과 선대 임금의 위업 및 공덕을 기리고 금상(今上)의 만수 및 자손의 번성을 송축(頌祝)한 내용으로, 특히 조선의 창업을 칭송한 것이 대부분이다.

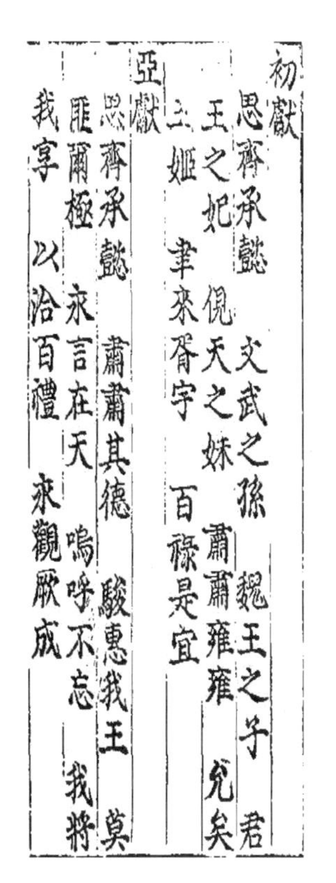
初獻
思齊承懿 文武之孫 魏王之子 君
王之妃 俔天之妹 肅肅雍雍 允矣
王姬 聿來胥宇 百祿是宜
亞獻
思齊承懿 肅肅其德 駿惠我王 莫
匪爾極 永言在天 嗚呼不忘 我將
我享 以洽百禮 來觀厥成

초헌(初獻)[209]

점잖고 공경되어 사시려던 휘의공주님, 문무 황제의 손녀시오.

위왕의 따님이시며 군왕의 비이시라.

더없이 준귀하신 몸이시온데 조신하시면서 부드러우시니 정녕 왕자의 따님다우시도다.

이 고장에 오셔서 자리 잡고 사시었으니 온갖 복록 누려 마땅하도다.

아헌(亞獻)[210]

점잖고 공경되이 사시려던 휘의공주님, 경건하신 그 덕성

우리 임금 지극히 사랑하심은 빠짐없이 극진하시었도다.

영언 하늘에 올라 계시니, 아아 잊지 못하겠네.

나 나아가 몸소 제향드리고, 온갖 예를 흡족하게 갖추어 영원토록 이룩하신 덕 살피리로다.

---

209) 종묘・문묘 등의 제사를 지낼 때 첫 번째 술잔을 올리는 제순(祭順)이다. 춤과 음악이 따르는데 종묘 때는 등가(登歌)에서 《보태평지악(保太平之樂)》을 연주하면 일무(佾舞:무용)로 《보태평지무(保太平之舞)》가 연행된다. 문묘 때는 등가에서 《남려궁(南呂宮)》을 연주하고 일무로 문무(文舞)를 연행한다.

210) 전통 제례의 순서에서 삼헌(三獻) 중 두 번째로 술잔을 올리는 일이다. 아헌 때 술잔을 올리는 제관을 아헌관이라고 한다. 아헌관으로는 보통 기제사(忌祭祀) 등 일반 제사에서는 제주의 부인이 잔을 드리게 되고, 종묘・문묘의 제례나 특정한 행사를 치르기 위하여 서제(序祭)로 지내는 제사에서는 초헌관 다음으로 중요한 역할을 하는 사람이 잔을 드리게 된다.

三獻
嗚呼承懿 德音不已 勉勉我王 聿
追祀事 樂既和奏 以妥以侑 神嗜
飲食 日監在茲 胡臭亶時
四獻
明明承懿 允恭允明 淑慎爾止 厥
類惟彰 於論伐鼓 以禋以祀 以假
以享 賚我思成 穆穆厥聲

삼헌(三獻)[211]

아 휘의공주님, 훌륭하신 말씀 그치지 않으셨다.

열성에 찬 우리 임금, 제사의 절차 차리셨나니

음악을 부드럽게 연주하여 편히 모셔 권해드리니 신은 음식을 즐기시도다.

나날이 이곳을 살피시나니, 어찌 꽃다운 내음 드리는 정성 제때를 어기리요.

사헌(四獻)[212]

명철하신 휘의공주님, 진실로 공손하시고 진실로 명랑하시고

착하고 근신함에 머무시어, 그 가르침 뚜렷이 드러나네.

절주 맞추어 쇠북을 쳐서 정결하게 제사드려 강림하여 흠향하시게 하나니

나에게 생각하는 뜻 이룩함 내려주시거니와 아름답기도 하다. 그 소리는.

211) 삼헌이란 술잔을 세 번 올리는 일을 말하는데, 초헌(初獻)·아헌(亞獻)·종헌(終獻)이 그것이다.

212) 네 번째 술잔을 올리는 일이다.

오헌(五獻)[213]

북을 둥둥 울리어 우리 휘의공주님 즐겁게 해 드리나니

혹은 노래하고 혹은 북을 쳐, 경과 관악기의 소리 간간이 섞이네.

뚜렷이 강림하심 늦지 않으심은 우리의 좋은 음악 생각하시어서요,

큰 복을 도우려 하심이라, 모든 범절 갖추어 틀린 것 적으리라.

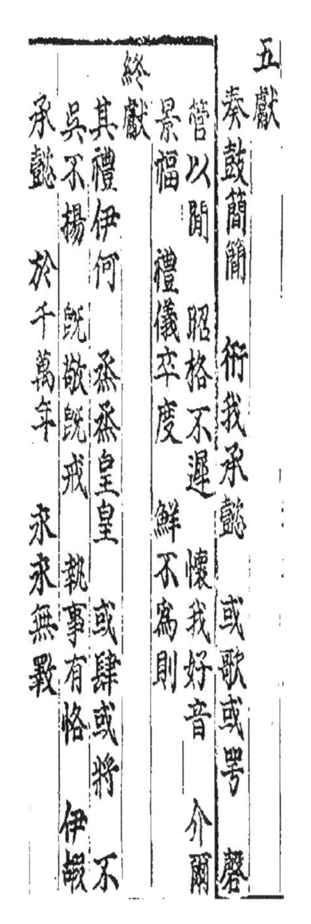

五獻

奏鼓簡簡 衎我承懿 或歌或咢 磬管以間 昭格不遲 懷我好音 介爾景福 禮儀卒度 鮮不爲則

終獻

其禮伊何 烝烝皇皇 或肆或將 不吳不揚 旣敬旣戒 執事有恪 伊嘏承懿 於千萬年 永永無斁

종헌(終獻)[214]

그 예는 어떠한가, 후하고 아름답도다.

혹은 제물을 올려놓고 혹은 가지고 나가기도 하나니,

와글대지도 않고 소리치지도 않네.

경건한데다 조심스럽나니 제사지냄 공경스럽도다.

훌륭하신 승의 공주님이시여, 천만년 두고두고 영영 마음 풀지 마소서.

213) 다섯 번째 술잔을 올리는 일이다.

214) 나라 제사(祭祀)에서나 그 밖의 제사(祭祀) 지낼 때에 아헌한 다음에 하는 것으로, 술잔을 신위에 올린다.

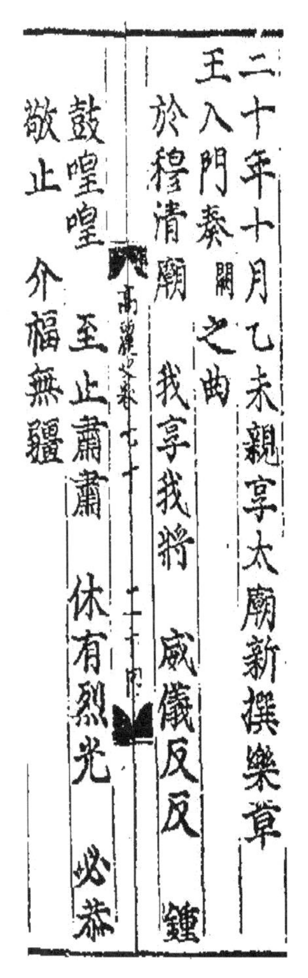
二十年十月乙未親享太廟新撰樂章
王入門奏闕之曲
於穆淸廟 我享我將 威儀反反 鍾
鼓喤喤 至止肅肅 休有烈光 必恭
敬止 介福無疆
高麗史志卷七十 二十四

공민왕 20년 10월 을미(乙未)일에 왕이 친히 태묘(太廟)에 제향을 드리고 새로 악장(樂章)을 지었다.

왕이 문으로 들어가면 곡을 연주한다.[215]

아름답도다. 청묘(淸廟)[216]나
제향드리려 몸소 나아가나니
위의는 신중하고
쇠북과 북은 우렁차도다.
머무를 곳에 이름은 엄숙도 하고,
장엄한 품은 밝은 빛 드러나네.
반드시 공경스럽나니
북의 도움 그지없도다.

215) 빠진 글자가 있다. 원문에 궐자가 있는 표시[闕]를 한다.
216) 청묘(淸廟)는 맑고 밝은 덕을 지닌 사람을 제사하는 집이라는 뜻으로 종묘(宗廟)를 좋게 말한 것이다.

왕이 관세(盥洗)하면 곡을 연주한다.[217]

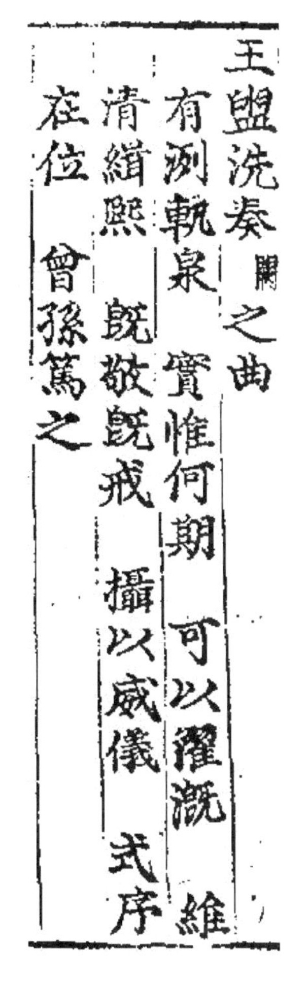
王盥洗奏闕之曲
有冽軌泉 實惟何期 可以濯溉 維
清緝熙 既敬既戒 攝以威儀 式序
在位 曾孫篤之

궤천[218]의 물 엄청나게 차지만, 사실 무엇을 기대할까

빨아내고 물대주고 할 수 있나니, 맑고 광명하도다.

경건하고 조심스럽게 위의로써 돕는구나.

서열에 따라 자리하고 있나니 증손이 힘쓰는도다.

217) 빠진 글자가 있다. 원문에 궐자가 있는 표시[闕]를 한다.

218) 길을 따라 흘러내리는 물로, 여기서는 관세용수(盥洗用水)를 말한다.

王升殿降殿奏 闕 之曲

於穆清廟 載見辟王 明明黼黻 肅肅班行 苾芬是潔 登降偕臧 何以賜我 萬壽無疆

왕이 전[219]에 오르고 내릴 때 곡을 연주한다.[220]

아아 아름답도다. 청묘,
처음 군왕 뵈오니
밝고 밝은 보불,
엄숙한 자리
풍기는 향기 깨끗하고
오르내림 모두 좋도다.
무엇을 우리에게 내려주시려는가,
만수무강이리라.

219) 종묘의 제단이 마련되어 있는 대청을 전(殿)이라 하였다.
220) 빠진 글자가 있다. 원문에 궐자가 있는 표시[闕]를 한다.

왕이 소차에 들고 날 때 곡을 연주한다.221)

이토록 효경스러우신
소차인들 감히 잊으랴.
들고남이 절도 있고
위의 매우 드러나네.
정한 제사하고 아악222)은
벅차게 울려나네.
무엇으로 우리를 편안하게 해주시려나,
백 가지 상서 내려주시리라.

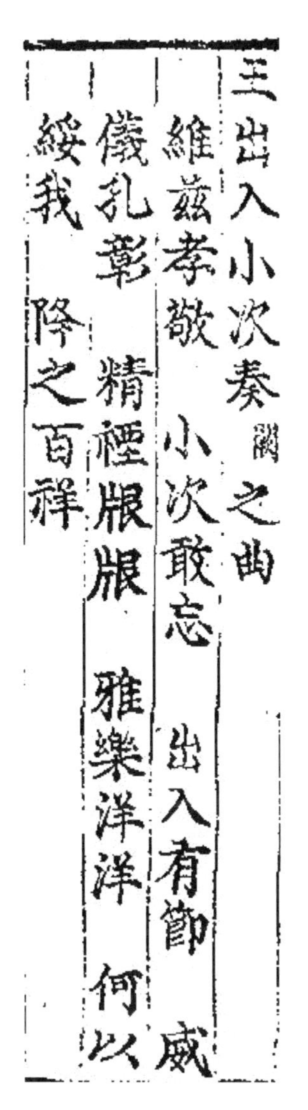
王出入小次奏闕之曲
維茲孝敬 小次敢忘 出入有節 威
儀孔彰 精禋祗祗 雅樂洋洋 何以
綏我 降之百祥

221) 빠진 글자가 있다. 원문에 궐자가 있는 표시[闕]를 한다.
222) 한국에는 1116년(고려 예종 11) 송나라 휘종(徽宗)이 《대성아악》과 여기에 쓰일 등가(登歌)·헌가(軒架)에 딸린 아악기 일습 및 아악에 수반되는 문무(文舞)·무무(武舞) 등의 일무(佾舞)에 쓰이는 약·적(翟)·간(干)·과(戈) 36벌과 이러한 의식에 쓰이는 의관(衣冠)·무의(舞衣)·악복(樂服)·의물(儀物) 등 모든 것을 갖추어 보냄으로써 아악의 역사가 시작되었다.

迎神奏闕之曲
維精維純 盛服齊明 感通肸蠁樂
焉九成 僾乎有聞 烝烝孝誠 神之
格思 來燕來寧

신을 맞이할 때 곡을 연주한다.[223]

정하고 순결하게 받드는 제사에,
차려입은 제복 깨끗하도다.
사무치게 느껴오며 떨쳐나는
음향 풍류 구성이[224]
어렴풋이 들리나니 대단한 효성
신 강림하시어 즐거워하시고
편안해지는구나.

---

223) 빠진 글자가 있다. 원문에 궐자가 있는 표시[闕]를 한다.

224) 아홉 곡을 연주하는 일을 말한다. 옛 음악의 완정(完整)한 한 주회(周回)로 한 곡이 끝나는 것을 1성(成)이라 한다. 성(成)은 말하자면 지금 교향악(交響樂) 등의 악장(樂章)을 말한다.

폐를 드릴 때 곡을 연주한다.[225)]

인륜은 차례가 있나니,
보답함이 아니라 가까이함이로다.
효도하자는 생각 그치지 않고
엄격하도록 맑고 순결하네.
오직 공경스럽게 폐드리나니,
좋은 옥 늘어놓았도다.
운가하여 이르심이 메아리 같고,
좋은 상서 있는 대로 다 나타나네.

奠幣奏闕之曲
彝倫攸序 匪報維親 孝思不匱 有
嚴清純 惟恭奉幣 嘉玉載陳 感格
如響 休祥畢臻

225) 빠진 글자가 있다. 원문에 궐자가 있는 표시[闕]를 한다.

司徒奉俎奏闕之曲
於薦腏往 籩豆大房 或肆或將 以
孝以享 誰其尸之 曾孫之將 旣右
享之 惠我無疆

사도가 조두를 받들 때 곡을 연주한다.[226]

큰 소를 드리오며,
변두와[227] 대방을[228] 쓰는도다.
제물을 올려놓고 혹은 가지고 나가기도 하여
효성있게 제향을 드리옵나니
그 누가 이 제사 주관하는가,
증손이 이를 받는구나.
이를 받으시어 복을 주시니
우리를 사랑하심 그지없도다.

226) 빠진 글자가 있다. 원문에 궐자가 있는 표시[闕]를 한다.
227) 변(籩)은 과일이나 포를 담는 제기(祭器)로, 대를 엮어 만들었다. 두(豆)는 식혜·김치 등을 담는 제기로, 나무로 만들었다.
228) 옥(玉)으로 만든 제기로, 희생(犧牲)의 반체(半體)를 올려놓는 데 쓰인다.

제1실에서 곡을 연주한다.[229]

第一室奏之曲
於乎皇王 受命傳將 遂荒大東 四
方之綱 克開厥後 繼序其皇 於萬
斯年 降福無疆

아아 위대하신 임금님,
천명을 받으시자 온 고장 두루 와 도우셨네.
이 동떨어져 있는 큰 동쪽의 나라,
사방에서 종주로 받들었네.
그 뒤를 개척할 수 있어 그 조종의 위업
이어받아 세워나갔도다.
이같이 만년토록 장수하시고
복을 내림 끝없을지어다.

아! 위대하신 우리 대왕
천명을 받아 나라를 두시니
동방에 건국된 이 나라
온 천하의 본이라
후손에게 기초를 개척하여 주셔서
대대로 왕위를 계승하였네
천만 년 흘러가도
무궁한 복록 내려 주시리

229) 제1실에 주악하는 곡, 빠진 글자가 있다. 원문에 궐자가 있는 표시[闕]를 한다.

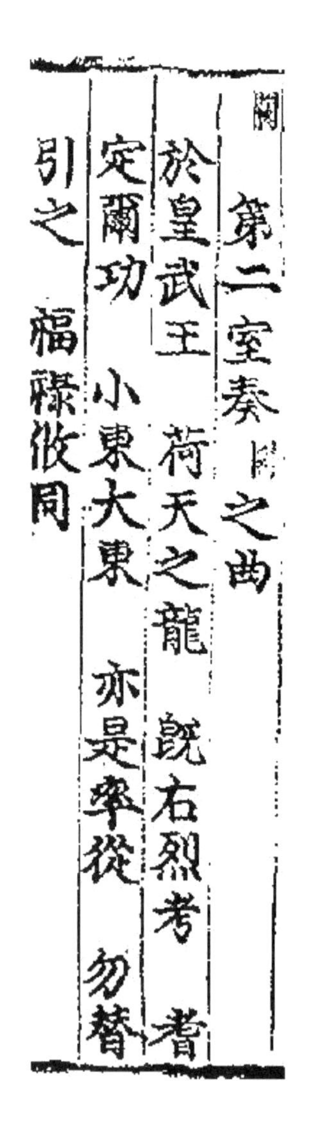
闕
第二室奏闕之曲
於皇武王 荷天之龍 旣右烈考 耆
定爾功 小東大東 亦是率從 勿替
引之 福祿攸同

제2실에서 곡을 연주한다.[230]

아아 위대하신 무왕은
하늘의 뜻 받든 용이시로다.
빛나는 공훈으로 부왕을 도우셨고,
만년에는 그 공업 정립하셨네.
작은 나라 큰 나라,
역시 다 복종하였나니
폐하지 말고 길이 이어나갈지니,
복록이 같이 따르리로다.

230) 제2실에 주악하는 곡, 빠진 글자가 있다. 원문에 궐자가 있는 표시[闕]를 한다.

제3실에서 곡을 연주한다.[231]

아름다우시도다 위대하신 부왕,
그 광명한 은덕 받게 되리라.
문덕 있으시고 무덕 갖추사
위령[232] 빛내 드러내시었나니
위무 떨치시고 대업 세우시어,
정책 써서 성공 가져왔네.
만년 천년토록 우리 후생을 보우하소서.

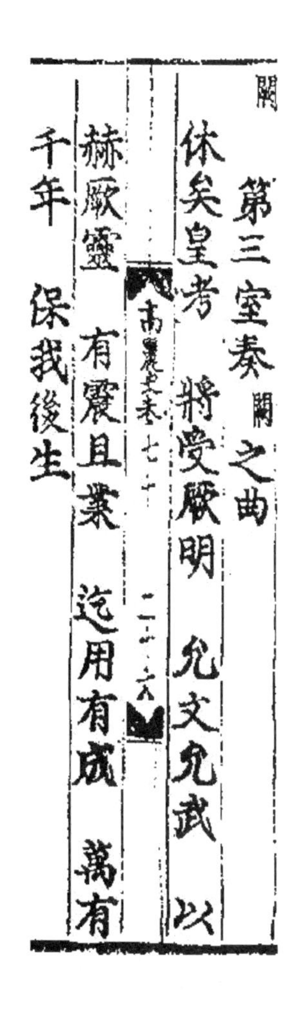
闕
第三室奏闕之曲
休矣皇考 將受厥明 允文允武 以
高麗史卷七十 二十六
赫厥靈 有震且業 迄用有成 萬有
千年 保我後生

231) 제3실에 주악하는 곡, 빠진 글자가 있다. 원문에 궐자가 있는 표시[闕]를 한다.
232) 천자(天子)의 위광(威光)을 말한다.

闕

第四室奏闕之曲

允王維后 穆穆皇皇 天命匪懈 萬
民所望 夙夜敬止 祀事孔明 綏我
眉壽 自天降康

제4실에서 곡을 연주한다.[233]

정녕 임금 되시기에 마땅하오니,
아름답고 위대하네.
천명 그대로 지켜지어
온 백성 바라보는 바이시로다.
새벽부터 밤늦도록 경건하여
제사의 행사 심히 분명하네.
우리의 노인네를 편안케 하려
하늘로부터 강녕 내리도다.

233) 제4실에 주악하는 곡, 빠진 글자가 있다. 원문에 궐자가 있는 표시[闕]를 한다.

제5실에서 곡을 연주한다.[234]

아아 위대하신 임금님,
그 덕 아름다워 온갖 복록 모여드네.
정녕 하늘의 아들이시라,
대대로 덕을 쌓아 좋은 끝맺어
자손들 천억 편안히 쉬는구나.
영원토록 쇠하지 않는 효성스런 마음
아아 한정 없도다.

闕
第五室奏闕之曲
皇王烝哉 百祿是遒 允也天子 世
德作休 子孫千億 優游爾休 來言
孝思 於乎悠哉

234) 제5실에 주악하는 곡, 빠진 글자가 있다. 원문에 궐자가 있는 표시[闕]를 한다.

제6실에서 곡을 연주한다.[235)]

第六室奏闕之曲
勉勉我王 不顯其德 宣昭義問 順
帝之則 王此大邦 臨下有赫 貽厥
孫謀 以介景福

부지런하신 우리 왕, 그 덕이 크고 뚜렷하네.

예의를 물어 밝히 드러내시고 상제의 법칙에 따르시었네.

이 큰 나라에 왕자로 군림하사, 아래 백성의 임하심 빛이 났네.

그 자손에 책모 내려주사 큰 복을 받게 하시었도다.

235) 제6실에 주악하는 곡, 빠진 글자가 있다. 원문에 궐자가 있는 표시[闕]를 한다.

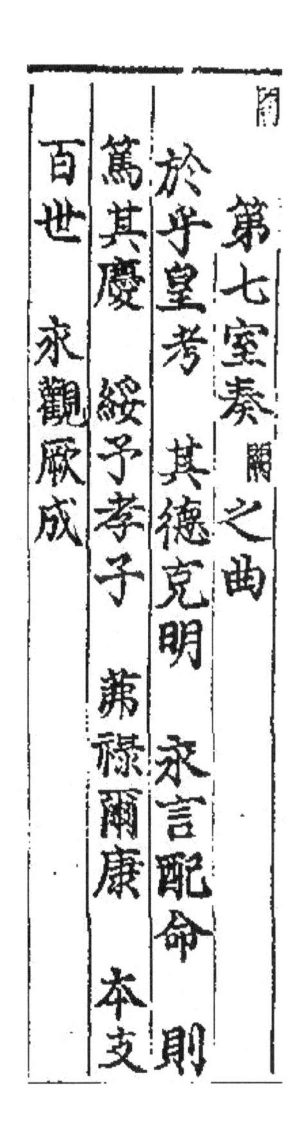
第七室奏闕之曲
於乎皇考 其德克明 永言配命 則
篤其慶 綏予孝子 茀祿爾康 本支
百世 永觀厥成

제7실에서 곡을 연주한다.[236)]

아아 황고는
그 덕이 극명하도다.
영원토록 천명을 도와
그 복을 후히 내리게 하시네.
나 효자를 편안케 하여주시고
복록을 누리고 안업하게 하시네.
본가와 지파가 백대토록
영원히 그 이룩한 공 보게 되리라.

236) 제7실에 주악하는 곡, 빠진 글자가 있다. 원문에 궐자가 있는 표시[闕]를 한다.

王飮福奏釐成之曲
閟宮有侐 祀事孔明 神嗜飮食 賚
我思成 酌彼康爵 孝孫有慶 於萬
斯年 受福無疆

왕이 음복(飮福)하면 이성지곡을 연주한다.

비문은[237] 정적한데 제사하는 일 명랑하네.

신은 음식을 즐기사 우리에게 이룩하신 공 생각하게 하시는구나.

저 빈 술잔에 술부어 울리니, 효손에 복이 있네.

만년토록 끝없이 복을 받으리로다.

---

237) 종묘의 문을 말한다.

문무(文舞)[238]가 물러나고 무무(武舞)[239]가 들어오면 숙녕지곡을 연주한다.

文舞退武舞進奏肅寧之曲
嗟嗟烈祖 赫赫厥聲 允文允武 保
我後生 植其露羽 干戈戚揚 萬舞
有奕 展也大成

아아 위열이 뛰어나신 조종, 그 성세 혁혁하네.

진실로 문덕 높으시고 무덕 높으사, 우리들 뒤에 난 자들 보호시네.

노우 세우고 간과 과와 척양 잡고서

만무[240] 아름답거니 진실로 대성을 상징한 것이로다.

---

238) 태평을 상징하는 대무(隊舞)로 왼손에 약(籥) 피리를 잡고, 오른손에 적(翟) 즉 꿩 깃을 들고 대열을 이뤄가며 춤춘다.

239) 용맹 감투(敢鬪)하는 무열(武烈)을 형용하는 대무(隊舞)로 왼손에는 간 즉 방패를, 오른손에는 척(戚) 즉 전투용 도끼를 잡고 대열을 이뤄가며 동작을 한다.

240) 대규모의 대무(隊舞)를 말한다.

송나라에서 새롭게 하사한 악기(樂器)

宋新賜樂器

睿宗九年六月甲辰朔安稷崇還自宋徽宗
詔曰樂與天地同流百年而後興功成而後
作自先王之澤竭禮廢樂壞由周迄今莫之
能述朕嗣承累聖基緖永惟盛德休烈繼志

예종(睿宗) 9년 6월 갑진(甲辰)일에 안직숭(安稷崇)[241]이 송나라에서 돌아왔다.

송(宋) 휘종(徽宗)의 조서(詔書)에 이르기를 말하였다.

"악(樂)은 천지와 함께 흐르는 것으로, 백년 이후에 일어나고 공이 이룩된 이후에 생겨나는 도다. 선왕의 은택이 고갈하여 예가 폐기되고 악이 파괴되어서부터는 주대에서 오늘날에 이르기까지 선왕의 악을 조술하지 못했도다. 짐이 역대 성왕의 기업을 계승하여 오래오래 성덕의 훌륭한 공훈을 생각하여 그 뜻을 계승하고,

241) 안직숭(安稷崇, 1066~1135)은 본관이 동주(洞州)이고, 초명은 직서(稷諝)이다. 태자태부(太子太傅) 충조(忠祚)의 아들이다. 1098년(숙종 3) 송나라에 사신으로 가는 윤관(尹瓘)을 수행하여 발달된 문물을 견학하고 돌아왔다. 왕이 그의 재주를 아껴 '직숭(稷崇)'이라는 이름을 내렸다. 1114년(예종 9) 서두공봉관(西頭供奉官)으로 송나라에 사신으로 갔다가 휘종으로부터 공후(空候)·박판(拍板)·비파(琵琶)·쟁(箏) 등의 여러 신악기와 곡보(曲譜) 및 지결도(指決圖) 등을 받아 가지고 옴으로써 송나라의 대성아악을 전하였다.

그 사업을 조술하고 그 이룩한 공을 고하고자 유사에게 조명을 내려 몸으로 표준을 삼고 그 표준에 따라 정(鼎)을 주조하고 음악을 제작하여 그것을 천지(天地)와 종묘(宗廟)에 천(薦)하게 하였던 바 우물(羽物)[242]이 제때에 맞게 나왔도다.

무릇 지금의 음악은 옛날의 음악과 같으므로 짐이 없애지 않고 아정(雅正)한 악성을 지금의 음악에 펴넣어 처음으로 천하에 반포하여서 백성의 심지를 부드럽게 해주었노라.

경은 바깥 땅을 보유하고 있으면서 의를 사모하여 동화해왔다.

사신이 와서 새로운 소리를 듣기를 원하니 그 성심을 가상하게 여겨서 하사품을 내리기로 하였노라. 지금

述事告厥成功乃詔有司以身爲度由度鑄
鼎作樂薦之天地宗廟羽物時應夫今之樂
猶古之樂朕所不廢以雅正之聲播之今樂
肇布天下以和民志卿保有外服慕義來同
有使至止願聞新聲嘉乃誠心是用有錫今

242) 꿩 깃 따위로 악무(樂舞)에 쓰인다.

因信使安稷崇回俯賜卿新樂鐵方響五架
幷卓子槌子朱漆縷金架子錦裹冊條金鍍
銀鐸子條結紫羅夾帊紫絹單帊全石方響
五架幷卓子槌子朱漆縷金架子錦裹冊條
金鍍銀鐸子條結紫羅夾帊紫絹單帊全琵

신사 안직숭(安稷崇)의 귀국 편에 경에게 다음의 신악(新樂)을 내리노라."

철방향(鐵方響)[243] 오가(五架)와 아울러 탁자(卓子)·퇴자(槌子)·주칠루금가자(朱漆縷金架子)·금과책조(錦裹冊條)·금도은탁자(金鍍銀鐸子)·조결(條結)·주라협파(紫羅夾帊)·자견단파(紫絹單帊)가 완전히 갖추어졌다.

석방향(石方響)[244] 오가(五架)와 아울러 탁자(卓子)·퇴자(槌子)·주칠루금가자(朱漆縷金架子)·금과책조(錦裹冊條)·금도은탁자(金鍍銀鐸子)·조결(條結)·주라협파(紫羅夾帊)·자견단파(紫絹單帊)가 완전히 갖추어졌네.

243) 철제(鐵製)로 된 방향(方響)을 말한다. 방향은 타악기로, 장방형(長方形) 16편인데 각 편의 두께의 차이로 음(音)의 고하를 가려 1가에 두 줄로 비스듬히 달아놓고 자그마한 망치로 쳐서 소리를 내게 되어 있다. 방향은 본래 강철로 만들었으나 후에 석제(石製)와 옥제(玉製)도 나오게 되었다.

244) 석제(石製)로 된 방향(方響)을 말한다.

비파(琵琶)는 4면(面) 외에 도금한 유석봉구(鍮石鳳鉤), 주칠 누금가자(朱漆縷金架子), 금도 은탁자(金鍍銀鐸子), 조결(條結), 누금발자(縷金撥子)245), 자라 협대(紫羅夾袋) 등이 완전히 갖추어졌다.

오현금(五絃琴)은 2면(面) 외에 금도유석봉구(金鍍鍮石鳳鉤), 주칠누금가자(朱漆縷金架子), 금도 은탁자(金鍍銀鐸子), 조결(條結), 누금발자(縷金撥子), 자라협대(紫羅夾袋) 등 부속 완전히 갖추어졌다.

쌍현금(雙絃琴)은 4면(面) 외에

琶四面金鍍鍮石鳳鉤朱漆縷金架子金鍍
銀鐸子條結幷縷金撥子紫羅夾袋全五絃
二面金鍍鍮石鳳鉤朱漆縷金架子金鍍銀
鐸子條結幷縷金撥子紫羅夾袋全雙絃四

245) 금을 아로새겨 넣어 장식한 것으로 현악기의 현을 튀기는 데 쓰는 제구를 말한다.

面金鍍鍮石鳳鉤朱漆縷金架子箏四面并
卓子並縷金各金鍍銀鐸子條結銷金生色
襯絃紫羅夾袋全箜篌四座並縷金觱篥二
十管金鍍銀絲札纏各用紫羅夾袋一匣盛
紅羅褥子紫羅夾複子全笛二十管篪二十

금도유석봉구(金鍍鍮石鳳鉤), 주칠누금가자(朱漆縷金架子) 등이 있다.

쟁(箏)은 4면(面) 외에 탁자(卓子)는 모두 금으로 가는 모양이다. 각종 금도은탁자(金鍍銀鐸子), 조결(條結), 소금[246]생색(銷金生色), 츤현(襯絃), 자라 협대(紫羅夾袋) 등이 완전히 갖추어 진다.

공후(箜篌)는 4좌(座) 모두 금으로 가는 모양이다.

필률(觱篥)은 20관(管) 도금한 은실로 감싸 묶었으며 각종 자라협대(紫羅夾袋) 한 갑에 담은 것과 홍라욕자(紅羅褥子), 자라협복자(紫羅夾複子)

적(笛)은 20관(管), 지(篪)는 20관(管)

246) 인물을 그릴 때, 그 옷에 금박으로 무늬를 그린다는 뜻이다.

소(簫)는 10면 주칠누금(朱漆縷金)으로 장식하였고 금도 은탁자(金鍍銀鐸子), 조결(條結), 각종 자라협대[247](紫羅夾袋) 한 갑에 담은 것과 홍라욕자(紅羅褥子), 자라협복자(紫羅夾複子) 완전히 갖추어졌다.

포생(匏笙)[248]은 10찬(攢) 외에 금도금속자(金鍍金束子), 각종 자라협대(紫羅夾袋) 2갑에 담은 것과 홍라욕자(紅羅褥子), 자라협복(紫羅夾複) 완전히 갖추어졌다.

훈(壎)은 40매(枚), 세 갑에 담은 것

대고(大鼓)는 하나 동유(桐油) 칠하고 전체 꽃을 그렸다. 그 외에 받침, 고퇴(鼓槌) 자견의(紫絹衣) 완전히 갖추어졌다.

管簫一十面朱漆縷金裝金鍍銀鐸結子各
用紫羅夾袋一匣盛紅羅褥子紫羅夾複全
匏笙一十攢金鍍金束子各用紫羅夾袋二
匣盛紅羅褥子紫羅夾複全壎四十枚三匣
盛大鼓一面桐油遍地花并座鼓槌紫絹衣

247) 귀중한 물건이나 문건을 넣어 두는 자그마한 전대를 말한다.

248) 생황(笙簧)의 일종으로 관악기이며, 16관(管), 좌우 각 8관씩으로 되어 있다.

全杖鼓二十面金鍍鍮石鉤條索幷杖子紫單絹帊複全栢板二串金鍍銀鐸結子一匣盛紅羅褥子紫羅夾複全曲譜一十冊黃綾裝䙡紫羅夾帊全指訣圖一十冊黃綾裝䙡紫羅夾帊全是年十月丁卯親祫于太廟兼用宋新樂

장고(杖鼓)는 20면(面) 외에 도금한 유석 고리(金鍍鍮石鉤)와 실줄(條索), 장자(杖子)[249], 자단견(紫單絹) 파복(帊複) 완전히 갖추어졌다.

백판(栢板)[250]은 두 꼬치 외에 도금은탁결자(鍍金銀鐸結子) 한 갑에 담은 것, 홍색 비단 방석, 자라협파 완전히 갖추어졌다.

곡보(曲譜)는 10책 황릉장치[251]와 자라협파(紫羅夾帊) 완전히 갖추어졌다.

지결도(指訣圖)는 10책 황릉장치와 자라협파 완전히 갖추어졌다.

예종 9년 10월 정묘(丁卯)일에 왕이 태묘(太廟)에서 친협(親祫)을 거행할 때에 겸하여 송(宋)나라에서 보낸 신악(新樂)도 사용하였다.

249) 장고 채를 말한다.
250) 나무 판(板) 여러 쪽을 한 끝을 끈으로 묶어서 만든 박자판(拍子板)을 말한다.
251) 황색 능라(綾羅)로 선을 두른 것을 말한다.

고취악(鼓吹樂)을 쓰는 절도(節度)

用鼓吹樂節度
祀圜丘先農享太廟燃燈八關會鑾駕出宮
鼓吹陳而不作及還振作迎詔書及賜勞設
於國門外詔書至導行振作至宮庭而止冊
太后王麗正宮遣使引冊振作至大觀殿門
而止元子誕生王降詔陳於別殿門外導詔

원구(圜丘)를 제사할 때, 선농(先農)과 태묘(太廟)에 제향을 드릴 때, 연등회(燃燈會)·팔관회(八關會)[252)]·난가(鑾駕)[253)]가 출궁할 때 고취는 진설만 해놓고 연주하지 않다가 돌아올 때에 연주한다. 조서(詔書) 및 사로(賜勞)[254)]를 영접할 때 국문 밖에 준비했다가 조서가 오면 행렬을 인도하면서 연주하고 궁정에 이르러서 그친다.

옥려정궁에서 태후를 책봉하는데 사자를 보내 책을 인도할 때 연주하고 대관전문에 이르러서 그친다. 원자(元子)가 탄생하여 왕이 조서를 내릴 때 별전문(別殿門) 밖에 준비했다가 조서를 인도하며

252) 고려 태조 왕건이 신라의 유풍을 계승하여 행한 토속신에 대한 제사이다. 매년 11월 15일에 행해졌으며 고려 말까지 계속되었는데, 본래 속인(俗人)이 하루만이라도 엄숙히 팔관재계(八關齋戒)를 지키기 위해 열린 법회였으나, 고려에 와서는 이에 그치지 않고 널리 천신(天神)·산신(山神)·천신(川神)·용신(龍神) 등 여러 토속신에 대한 제사도 겸하면서 전몰장병(戰歿將兵)의 명복을 비는 종합적인 종교 행사의 성격을 띠게 되었다. 토속신앙과 불교가 융합된 것으로, 원래는 토속신인 천령(天靈)·오악(五岳)·대천(大川) 등에게 제사하던 제전이다. 개경(11월 15일)·서경(10월 15일)에서만 거행되는 이 행사 때 왕은 법왕사 또는 궁중에서 하례를 받고 지방관 및 외국 사신의 선물을 받았으며, 그에 따라 무역이 성해졌다.

253) 왕의 행차를 말한다.

254) 사신에게서 황제의 선물을 받는 의식을 말한다.

奏振作至延德宮門而止王太子納妃王降
詔設於殿門外導詔書振作出泰定門入麗
景門至麗正門而止公主下嫁王降詔陳於
殿門外導詔書振作至公主宮門而止進上
國表箋列於庭中導表箋振作至國門外而

연주하고 연덕궁문에 이르러서 그친다.

왕태자(王太子)가 비(妃)를 들이는데 왕이 조서를 내릴 때 전문(殿門) 밖에 준비했다가 조서를 인도하며 연주하고 태정문을 나가서 여경문으로 들어가 여정문에 이르러서 그친다.

공주(公主)가 하가(下嫁)하는데 왕이 조서를 내릴 때 전문 밖에 진설하여 조서를 인도하며 연주하고 공주의 궁문에 이르러 그친다.

상국(上國)에 표전(表箋)[255]을 드릴·때 궁정 가운데 늘어서 표전을 인도하며 연주하고 국문 밖에

255) 표문(表文)과 전문(箋文)을 아울러 이르는 말이다. 임금이나 왕후, 태자에게 올리던 글이다. 중국 한나라 때 이후 신년, 탄신일 등 기념일에 맞추어 축하하는 목적으로 시작되었으며 대체로 사륙변려체로 쓰였다. 우리나라에서는 고려시대 이후에 사용되었다.

이르러서 그친다.

노인사설(老人賜設)에는 대관전 문 밖에 갈라서 있어 왕이 합문(閤門)의 악차(幄次)까지 나올 때, 의봉문의 악차까지 돌아올 때, 끝으로 좌우(左右) 동락정(同樂亭)까지 올 때 모두 연주하여 인도자와 수종자가 모두 오면 그친다. 노인이 화주를 받을 때 또 연주하여 받는 것이 끝나면 그친다.

의봉문(儀鳳門)에 사서(赦書)[256]를 선포할 때 대관문 밖에 진설하고, 왕이 의봉문 상루까지 나올 때 연주하고 인도자와 수종자가 돌아갈 때에도 역시 그렇게 한다.

장수를 파견해서

止老人賜設分列於大觀殿門外王出至閤
門幄次還至儀鳳門幄次遂至左右同樂亭
並振作導從旣至而止老人受花酒又作受
訖而止儀鳳門宣赦書陳於大觀殿門外王
出至儀鳳門上樓振作導從還亦如之遣將

256) 죄를 용서하는 대사령을 말한다.

出征闕還於晝亭環列導元帥振作還至廣
化門而止

志卷第二十四

출정시켰다가 군대가 주정(晝亭)에 돌아오면 늘어세워 원수(元帥)를 인도하며 연주하여 광화문(廣化門)까지 돌아오면 그친다.

지(志) 권 제24

악(樂) 이(二)[257]

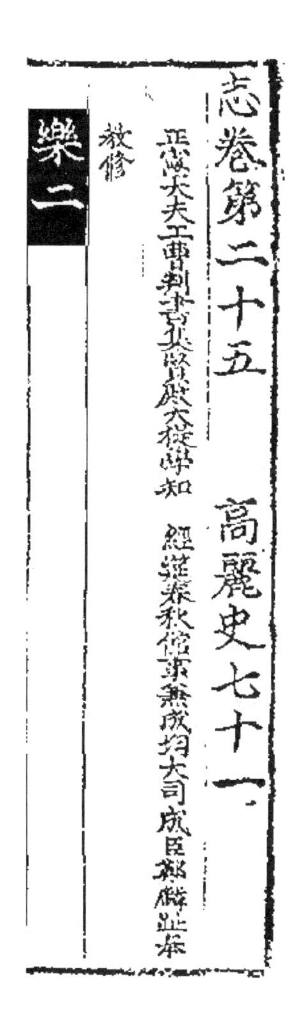

高麗史七十一

志卷第二十五

正憲大夫工曹判書集賢殿大提學知經筵春秋館事兼成均大司成臣鄭麟趾奉

敎修

樂二

257) 고려사(高麗史) 71권 지(志) 권(卷) 제 25 악(樂) 2 정헌대부(正憲大夫) 공조판서(工曹判書) 집현전대제학(集賢殿大提學) 지경연춘추관사(知經筵春秋館事) 겸(兼) 성균대사성(成均大司成) 신(臣) 정인지(鄭麟趾)가 왕의 교서를 받들고 편수하였다.

| 제2부 |

당 악 (唐樂)

[당피리]

[통소]

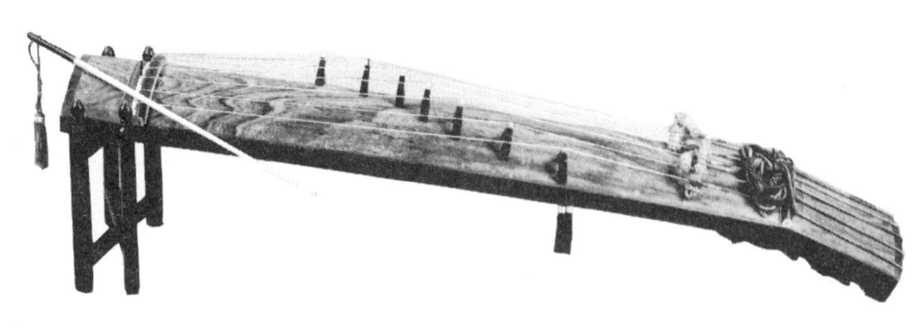

[아쟁]

[당비파]

당악(唐樂)

唐樂

唐樂高麗雜用之故集而附之

당악은 고려 때에 섞어서 사용하였으므로 이것을 모아서 첨부한다.

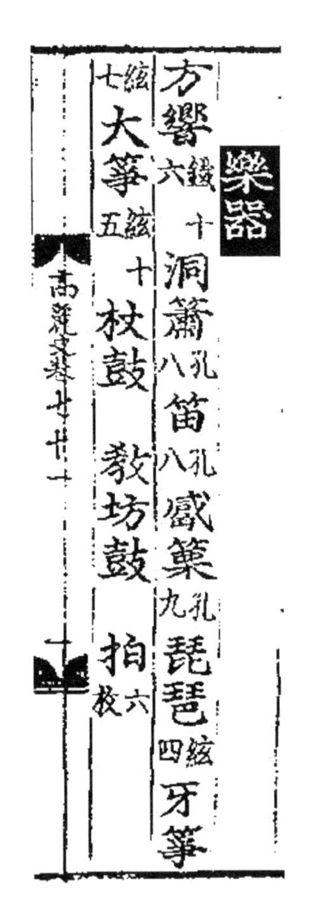
樂器
方響鐵十六 洞簫八孔 笛八孔 觱篥九孔 琵琶四絃 牙箏七絃 大箏絃十五 杖鼓 教坊鼓 拍六枚

高麗史卷七十一

악기(樂器)

방향(方響)[1], 통소(洞簫)[2], 적(笛)[3], 필률(觱篥)[4], 비파(琵琶)[5], 아쟁(牙箏)[6], 대쟁(大箏)[7], 장고(杖鼓), 교방고(敎坊鼓), 박(拍)[8],

1) 철제 16매로 당악기에 속하는 타악기이며, 상하 2단으로 된 가자(架子)에 직사각형의 강철판을 여덟개씩 벌여놓고, 도 개의 채로 쳐서 소리를 낸다.
2) 8구멍으로 당악기에 속하는 피리이며, 정악(正樂)용의 것은 가는 대로 만들며, 입김을 불어넣는 아귀가 있고, 지금은 향악기의 독주 악기로 널리 쓰인다.
3) 8구멍
4) 9구멍
5) 4줄로 현악기의 하나이며, 길이가 60~90cm 가량의 둥글고 긴 타원형이다.
6) 7줄로 전면은 오동나무, 후면은 밤나무로 만든다.
7) 15줄
8) 6매로 타악기이며, 여섯 장의 홀(笏)모양의 나무쪽 위에 구멍을 뚫어서 녹비(綠肥) 끈을 꿰었다. 두 손으로 마주 잡고 벌렸다 오그렸다 하며 소리를 내어서, 풍류의 시종(始終)과 음절, 지속을 지휘한다.

헌선도(獻仙桃)

獻仙桃

舞隊(皂衫)率樂官及妓(樂官黑衣幞頭 妓黑衫紅帶)立于南樂官及妓重行而坐妓一人爲王母左右各一人爲二挾齊行橫列奉蓋三人立其後引人丈二人鳳扇二人龍扇二人雀扇二人尾扇二人左右分立奉旌節八人每一隊間立

춤추는 대열[9]에 악관(樂官)과 기녀(妓女)[10]들을 인솔하고 남쪽에 서고 악관과 기녀들은 두 줄로 앉는다. 기녀 한 명이 왕모(王母)가 되고 그 좌우에 한 명씩 협무 두 명이 왕모와 나란히 서서 횡렬을 이룬다.

개 차비 3명이 그 뒤에 서고 인인장(引人杖) 2명, 봉선(鳳扇)[11] 2명, 용선(龍扇)[12] 2명, 작선(雀扇) 2명, 미선(尾扇)[13] 2명이 좌우로 갈라서고 정절(旌節) 차비 8명이 매개 대열 사이에 선다.

---

9) 검은 홑옷을 입는다.

10) 악관은 검은 옷에 복두(幞頭)를 쓰고 기녀는 검은 적삼에 붉은 띠를 띤다.

11) 긴 자루 끝에 부채 모양을 만들고 봉황(鳳凰)을 수놓거나 그려 넣은 의장(儀仗)의 하나로 조선(朝鮮) 시대(時代) 때 임금이 거동(擧動)하는 노부(鹵簿)에 따라가는 것으로, 소여(小輿) 뒤의 월부(鉞斧) 다음에 봉선 6개를 든 사람이 좌우(左右)에서 따랐다.

12) 자루가 미선(尾扇)처럼 되었는데, 부채의 면은 나무로 하고 쌍룡(雙龍)을 그리었다. 전체(全體)의 길이 2.3m 가량이며 빛은 검거나 붉음을 말한다.

13) 정재(呈才) 때에 쓰던 의장(儀仗)의 하나이다.

樂官奏會八仙引子奏竹竿子二人先舞蹈
而入左右分立樂止口號致語曰邈在龜臺
來朝鳳闕奉千年之美寶呈萬福之休祥敢
冒宸顔謹進口號訖左右對立樂官又奏會
八仙引子奏威儀十八人如前舞蹈而進左

악관이 회팔선인자(會八仙引子)를 주악하면 죽간자(竹竿子) 차비 2명이 먼저 춤추면서 들어와서 좌우로 갈라 서면 주악이 멎고 다음과 같은 축하의 말씀[14]을 올린다.

"머나먼 선경에서 대궐을 찾아온 것은 천년 선과(仙果)를 받들어 만복을 드리고저 감히 존안(尊顔)을 뵈옵고 삼가 축하를 올리려 합니다."

이것이 끝나면 좌우 편으로 마주 보고 선다.

악관이 또 회팔선 전주곡을 주악하면 위의(威儀) 차비 18명이 전과 같이 춤추면서 앞으로 나와서 좌우 편으로 갈라선다.

14) 구호(口號)와 치어(致語)를 말한다.

왕모 3명과 봉개(奉盖) 3명이 춤추면서 앞으로 나와 정해진 자리에 서면 주악이 멎는다.

악관 1명이 선도반(仙桃盤)을 받들고 기녀(妓女)[15] 1명에게 주면 그 기녀는 왕모에게 받들어 전한다.

왕모는 소반(盤)을 받들고

헌선도원소가회사(獻仙桃元宵嘉會詞)[16]를 다음과 같이 부른다.

右分立王母三人奉盖三人舞蹈而進立定
樂止樂官一人奉仙桃盤授妓一人擇年少者妓
傳奉進王母王母奉盤唱獻仙桃元宵嘉會
詞曰

15) 나이 어린 기녀를 골라서 정한다.
16) 정월 보름날 밤 축하회를 말한다.

元宵嘉會賞春光盛事當年憶上陽堯顙
喜瞻天北極舜衣深拱殿中央懽聲浩蕩
連韶曲和氣氤氳帶御香壯觀大平何以
高麗史卷七十一 十二
報蟠桃一朶獻千祥

정월 보름 명절 밤에
봄을 즐기는 놀음 놀이
성대할손 옛날의 상양궁[17]
일을 추억케 하는구나.
용안을 왕좌에 반가이 바라보니
곤룡포 입으시고 궁전 가운데 좌정하셨네.
한 없는 환성은 아름다운 곡조와 어울려졌고
가득 찬 화기 속에 어향 연기 어렸네.
장관이로세 태평성대 무엇으로 갚으랴
반도 한 송이로 천만 가지 경사 드리나는구나.

17) 중국 당나라 때에, 고종이 낙양에 지은 궁전을 말한다.

노래가 끝나면 악관이 헌천수(獻天壽)[18]를 주악하고 왕모 3명은 일난풍화사(日暖風和詞)를 부른다.

해는 따뜻하고 바람은 조화롭고
봄날은 더욱 느리니 바로 이것이 태평의 시절.
우리는 봉래섬에서 용모와 맵시를 단장하고
내려와 단서에 하례 드립니다.
다행히 연석을 만나니 참으로 좋은 연회.
천위에 접근하게 됨을 기뻐하옵니다.
신선의 수명은 영원하니,
임금님께서 신선과 같이 만년의 수명을 누리기를 바랍니다.

訖樂官奏獻天壽慢王母三人唱日暖風和
詞曰
日暖風和春更遲是太平時我從蓬島整
容姿来降賀丹墀 幸逢燈夕眞佳會喜
近天威神仙壽筭遠無期獻君壽萬千斯

18) 만조(慢調)를 말한다.

訖樂官仍奏獻天壽令嗺子
閬苑人間雖隔遙聞聖德彌高西離仙境
下雲霄來獻千歲靈桃 上祝皇齡齊天
久猶舞蹈賀賀聖朝梯航交湊四方來端
拱來保宗祧

끝나면 악관이 이어 헌천수(獻天壽) 영(令)[19]을 주악한다.

선경과 인간 세상 다르오나
높으신 성덕 멀리서도 들었기로
서녘에서 선경 떠나 인간 세상 내려와
천년 선도 드리나이다.

당신의 만수무강 비오며
춤과 환희로써 성대를 축하하나이다.
이웃 나라 사절단 사방에서 밀려 오니
국운이 태평하여 길이 융성하오리다.

19) 최자조(嗺子調)를 말한다.

주악이 끝나면 악관이 또 금잔자(金盞子)[20]를 주악하는데 왕모는 대열에서 나오지 않고 둘레를 돌면서 춤추고 그것이 끝나면 주악도 멎는다.

이때 왕모가 조금 앞으로 나오면서 소매를 들고 여일서장사(麗日舒長詞)를 부른다.

화창한 날이 길어지니 푸른 기운이 돋고
상서로운 기운은 서울 안 궁궐에 가득 찼네.
하늘에 오색 구름이 펼친 곳에
붉고 푸른 전각이 솟아 있네.
큰 잔치 처음 열리니 비단에 수놓은 장막은
여기 저기 벌여 있네.
정월 보름 좋은 날
군신이 함께 모여 태평 시절 즐기네.

訖樂官又奏金盞子慢王母不出隊周旋而
舞訖樂止王母少進奉袂唱麗日舒長詞曰
麗日舒長正葱葱瑞氣遍滿神京九重天
上五雲開處丹樓碧閣崢嶸盛宴初開錦
帳繡幕交橫應上元佳節君臣際會共樂

20) 만조(慢調)를 말한다.

昇平 廣庭羅綺紛盈動一部笙歌盡新
聲蓬萊宮殿神仙景浩蕩春光邐迤王城
高麗史卷七十一 三十
烟收雨歇天色夜更澄清又千尋火樹燈
山參差帶月鮮明

넓은 궁정에 미인들 분주히 오가는데
일련의 풍악 곡조도 다 새롭도다.
봉래[21] 궁전은 선경일시 분명 한데
왕성에 잇닿은 봄빛 호탕도 하구나.
비 멎자 구름 흩어지니
개인 날씨에 밤은 더욱 맑도다.
높은 나무에 어슷비슷 달아 놓은 등불은
달빛에 어리어 유난히 선명하도다.

21) 중국 전설에서 나타나는 가상적 영산으로 동쪽 바다의 가운데에 있으며, 신선이 살고 불로초와 불사약이 있다고 한다.

끝나고 왕모가 물러서면 악관이 금잔자(金盞子) 영(令)[22]을 주악하고 두 협무(挾舞)[23]가 춤추며 나왔다가 물러가서 먼젓번 자리에 돌아가면 주악이 멎고 두 협무가 동풍보난사(東風報暖詞)를 부른다.

동풍에 실려 오는 따사로운 기운,
도처에 화창한 기운 부드럽고 흥겨워,
높고 높게 봉궐(鳳闕) 일어서 있어
오산(鼇山)은 만 길토록 다투어 구름 끝에 치솟아 있네.

어여쁜 기녀가 연주하는 새 곡조
반(半)이지만 훈(塤)이요 지(篪)인데
좌석 가득 대관들 취하고 배불러
녹명시를 노래하네.

끝나면 악관이 서자고(瑞鷓鴣)[24]를 세 번 주악한다. 주악이 끝나면 왕모가 조금 앞으로 나와서 해동금일사(海東今日詞)를 부른다.

訖退立樂官奏金盞子令唯子兩挾舞舞進舞
退復位樂止兩挾舞唱東風報暖詞曰
東風報暖到頭嘉氣漸融怡巍巍鳳闕起
鼇山萬仞爭聳雲涯 梨園弟子齊奏新
曲半是塤篪見滿筵簪紳醉飽頌鹿鳴詩
訖樂官奏瑞鷓鴣慢三成訖王母少進唱海
東今日詞曰

22) 최자조(嗺子調)를 말한다.
23) 왕모의 보조역을 말한다.
24) 만조(慢調)를 말한다.

海東今日太平天喜望龍雲慶會筵尾扇
初開明黼座畫簾高捲罩祥烟 梯航交
湊端門外玉帛森羅殿陛前妾獻皇齡千
萬歲封人何更祝遐年

해동의 오늘날은 태평 시절이네.

군신과 함께 경회의 잔치를 기뻐서 바라보나니

미선(尾扇)[25] 갓 펴지는 곳에 임금의 앉는 자리 밝아지고

발을 높이 걸었는데 상서(祥瑞)러운 기운 자욱이 차 있네.

먼 외국의 사신 번갈아 단문(端門) 밖에 모여들고

각종 옥백이 궁중 앞에 그득히 놓여져 있네.

첩이 천만세의 황령(皇齡) 바치나니

봉인(封人)이 무엇하러 또 장수를 빌 것인가?

---

25) 대궐에서 정재(呈才) 때 쓰던 의장(儀仗)으로 자루가 긴 부채 모양을 말한다.

끝나고 제자리로 돌아가면 악관이 서자고(瑞鷓鴣)[26]를 주악한다. 양편의 협무가 나란히 서서 춤추며 나갔다가 춤추며 물러선다. 제자리로 가면 주악이 멎는 동시에 양 협무가 북포동완사(北暴東頑詞)를 부른다.

북포동완(北暴東頑) 무리들도 성의를 표명하고
의를 사모하여 앞을 다퉈 내조하네.
새로운 군덕(君德) 날로 더욱 밝으시니
노랫소리 거리에 찼도다.
천하태평 다른 일 없거니
만백성과 함께 동산에 놀이하네.
해마다 맞이하는 정월 보름날에
만년 축하의 술을 취하도록 마시소서.

訖復位樂官奏瑞鷓鴣慢嗺子兩挾舞齊行舞
進舞退復位樂止兩挾舞唱北暴東頑詞曰
北暴東頑納欵慕義爭來日新君德更明
哉歌詠載衢街 清寧海宇無餘事樂與
民同燕春臺一年一度上元回願醉萬年
杯

高麗史樂 七十一 四

26) 만최자조(慢嗺子調)를 말한다.

樂官奏千年萬歲引子奉威儀十八人回旋
而舞三匝退復位樂止奉竹竿子少進致語
日歛霞裾而少退指雲路以言旋再拜階前
相將好去訖樂官奏會八仙引子竹竿子舞
蹈而退奉蓋王母各三人亦從舞蹈而退奉
威儀十八人亦如之

악관(樂官)이 천년만세(千年萬歲) 전주곡을 주악하면 위의(威儀) 차비 18명이 세 바퀴 돌면서 춤추고 나서 제자리로 물러간다.

그러면 주악도 멎고 죽간자(竹竿子) 차비가 조금 앞으로 나와서 송덕의 말씀을 말한다.

"옷매무시 바로 잡고 조금 물러서서 구름길 가리키며 돌아갈 하직의 말씀드리며 뜰 앞에서 재배(再拜)하고 서로 작별하나이다."

끝나면 악관이 회팔선인자(會八仙引子)를 주악하고 죽간자가 춤추면서 물러가고 개(盖) 차비와 왕모 각 3명들도 뒤를 따라 춤추며 물러가고 위의 차비 18 명도 역시 그와 같이 한다.[27]

---

27) 「헌선도(獻仙桃)」는 고려 문종 때 들어온 당악정재(唐樂呈才)의 하나이다. 정월 대보름날 밤에 가회(嘉會)를 열어 임금의 만수무강을 기원하였는데, 그 내용은 왕모(王母)가 선계(仙界)에서 내려와 선도(仙桃)를 드리는 줄거리로 되어 있다. 춤은 『고려사』 악지에는 왕모 1인, 협무(挾舞) 1인으로 구성되어 있고 주위에 의장대가 있으며, 음악은 당악만을 사용한 것으로 나와 있다. 잡희에 가까웠으나 조선 말기까지 전승되었다. 조선 성종 때에는 향악을 연주할 악공을 취재할 때 시험 종목으로 이용되기도 하였다.

수연장(壽延長)

춤추는 대열과 악관 및 기녀들의 의관과 행동 절차는 앞의 헌선도(獻仙桃)와 같다.

악관이 연대청인자(宴大淸引子)를 주악하면 기녀 2명이 죽간자(竹竿子)를 받들고 발을 구르며 나와서 앞에 서고 주악이 멎으면 축하의 말씀이 시작된다.

"무지개 발 전각을 둘러 경사를 알리고 서기(瑞氣)와 채운이 저 용안을 비치이네. 만국이 귀순하여 경의를 표하여 오고, 이원악부(梨園樂府)는 중강(中腔)[28]을 주악하네."

끝나면 좌우로 갈라선다.

악관이 또 연대청(宴大淸) 전주곡을 주악하면 기녀

壽延長

舞隊樂官及妓衣冠行次如前儀樂官奏宴
大淸引子妓二人奉竹竿子足蹈而進立于
前樂止口號致語曰虹流遶殿布禎祥瑞氣
雲霞映聖光萬方歸順來拱手梨園樂部奏
中腔訖左右分立樂官又奏宴大淸引子妓

28) 당악의 곡명을 말한다.

十六人分四隊隊四人齊行舞蹈而進立定
唱中腔令彤雲暎彩色詞曰
彤雲暎彩色相暎御座中天簇簪纓萬花
鋪錦滿高庭慶敞需宴懽聲 千齡啓統
樂功成同意賀元珪豐擎寶觴頻擧俠群

英萬萬載樂昇平

16명이 4열로 갈라서 네 명이 한 대로 된다. 행렬을 지어 춤추면서 전진하여 예정한 자리에 자리 잡고 중강령(中腔令)으로 동운영채색사(彤雲暎彩色詞)를 부른다.

붉은 구름과 채색 빛은 서로 비추는데
임금님 자리는 중천에 솟아 있고
벼슬아치는 빽빽이 모여 있네.
온갖 꽃[29]은 비단 펼친 듯 깔려
높은 뜰에 가득 차 있고
경사로운 잔치에 환성이 높도다.

천년의 왕통 열어 공 이룩됨 즐거워하고
같은 뜻으로 상원 하례하며 규풍을 드네.
보상 자주 드는 의기있는 영걸들
만만년 길이길이 태평을 즐기리.

29) 만화(萬花)를 일컫는 말이다. 만화방초(萬花芳草)의 줄임말이다.

악관이 중강령(中腔令)[30]을 주악하면 각 대오들은 돌면서 춤을 세 차례 반복한다.

끝나면 각 대열의 첫머리 사람이 한 명씩 대열에서 떨어져 나와 네 명이 모여 마주 서기도 하고 등지기도 하면서 춤춘다.

춤이 끝나면 물러가 앉아 머리를 숙이고 손으로 땅을 짚고 있으며 각 대열의 둘째 번 사람이 전자와 같이 하고 각 대열의 세번째 사람과 네번째 사람이 역시 전자와 같이 한다.

이렇게 한 차례 돌고 나서 처음 대열 형태로 되어 북쪽을 향하여 선다.

악관이 파자령(破字令)을 주악하면 각 대열의

樂官奏中腔令各隊回旋而舞三匝訖各隊
頭一人隊隊分立爲四人或面或背而舞訖
退坐俛頭以手控地各隊第二人如前儀訖
各隊第三人亦如之各隊第四人亦如之循
環而畢如前儀向北立樂官奏破字令各隊

30) 중강(中腔)은 본래 임금에게 술을 올릴 때 연주되던 음악의 하나였으므로, 중강령도 그러한 경우는 연주되었다.

四人不出隊一面一背而舞奉袂唱破字令
青春玉殿詞曰
青春玉殿和風細奏簫韶絶續瑞遶行雲
飄飄戲泛金尊流霞豔溢瑞日暉暉臨
丹扆廣布慈德宸遊遐邇願聽歌聲舞綴萬
萬年仰瞻宴啓

네 명이 자기 대열을 떠나지 않고 한 패는 마주 서고 또 한 패는 등지고 춤을 추면서 소매를 받들고 파자령(破字令)[31]으로 청춘옥전사(青春玉殿詞)를 부른다.

청춘 옥전(玉殿)에 화창한 바람 솔솔 부네.
소소(簫韶)를 연주하는 소리 끊어졌다 이어졌다.
서기에 둘러싸여 지나가는 구름 훨훨 날아가네.
금잔에 부은 유하주(流霞酒) 곱게 넘쳐흐르고
서기 띤 해 단폐에 비추도다.
인자한 덕 널리 펴서 원근에 떨치니
노래 소리와 춤추는 모습 듣기 원하네.
만만년 길이길이 잔치 열림을 우러르리.

31) 당악정재에서 춤의 반주 음악중에 하나가 파자령이다.

樂官奏中腔令竹竿子二人少進于前口號致語曰大平時節好風光王殿深深日正長花雜壽香薰綺席天將美祿泛金觴三邊眞枕投戈戟南極明星獻瑞祥欲識聖朝多樂事梨園新曲奏中腔訖樂官又奏中腔令如前儀足蹈而退各隊四人亦從舞蹈而退

악관이 중강령을 주악하면 죽간자 2명이 조금 앞으로 나와 축하의 말씀을 드린다.

태평 시절의 풍광도 좋을시고
궁전은 깊고 깊어 유달리 해도기네.
꽃향기, 비단 자리에 풍기는데
축복하는 술 금잔에 넘치네.
3면 국경 무사하니
무기는 쓸데없고
남극의 노인성이 상서 기운 드리우네.
태평 시절의 많은 기쁨
이원의 새 곡조 중강으로 아룁니다.

구호가 끝나면 악관이 또 중강령을 주악한다. 그러면 앞서와 같은 절차로 발춤을 추면서 물러가고 각 대열의 네 명도 또 한 그를 따라 춤추면서 물러간다.[32]

---

32) 「수연장(壽延長)」은 고려 시대부터 전하는 당악 정재(唐樂呈才)의 하나이다. 『고려사』 악지(樂志) 당악조(唐樂條)에 전하는 대곡(大曲)의 하나로, 상원(上元)에 군왕(郡王)에게 진주(進酒)·축수(祝壽)하는 내용으로 되어 있다. 『고려사』 악지에는 16인이 4대(隊)로 나뉘어 추는 것으로 되어 있다. 조선 순조(純祖) 『진작의궤(進爵儀軌)』에는 원무(元舞) 4인에 협무(狹舞) 16인으로 구성되어 있고, 고종(高宗) 『정재무도홀기(呈才舞圖忽記)』에는 좌무(左舞) 4인 우무(右舞) 4인 모두 8인으로 구성되어 있다. 춤의 반주 음악은 『고려사』 악지에 의하면 연대청인자(宴大清引子)·중강령(中腔令)·파자령(破子令)이 쓰인 것으로 되어 있고, 『악학궤범』에는 중강령·청평악(清平樂)·파자(破子)의 순 당악이 사용되었다. 이 춤이 실려 있는 무보(舞譜)로는 『고려사』 악지와 『악학궤범』, 『궁중정재무도홀기』가 있다.

오양선(五羊仙)

五羊仙

舞隊(皂衫)率樂官及妓(樂官朱衣 妓丹粧)立于南樂官
重行而坐妓一人爲王母左右各二人爲四
挾齊頭橫列奉蓋五人立其後引人丈二人
鳳扇二人龍扇二人雀扇二人尾扇二人左
右分立奉旌節八人每一隊間立立定舞隊

춤의 대오[33]는 악관과 기녀[34]를 거느리고 남쪽에 서며 악관은 두 줄로 앉는다.

기녀 1명이 왕모(王母)로 되고 좌우측에 각 2명씩 4명이 협무(挾舞)로 되어 머리를 나란히 하고 횡렬을 짓는다.

개(盖) 차비 5명이 그 뒤에 서고 인인장(引人丈)[35] 2명, 봉선(鳳扇)[36] 2명, 용선(龍扇) 2명, 작선(雀扇)[37] 2명, 미선(尾扇) 2명이 좌우로 갈라서고 정절(旌節)[38] 차비 8명이 매개 대열 사이에 선다.

각기 자리가 정하여진 후

---

33) 흑색 적삼을 입는다. 급삼(皀衫)을 말한다.

34) 악관은 붉은 옷을 입고 기녀는 단장한다.

35) 당악정재(唐樂呈才)인 헌선도(獻仙桃)를 공연할 때 주인공인 왕모(王母)의 좌우에 서 있는 2인의 의장대 명칭을 말한다.

36) 긴 자루 끝에 부채 모양을 만들고 봉황(鳳凰)을 수놓거나 그려 넣은 의장(儀仗)의 하나이다.

37) 긴 대에 공작새의 깃 모양을 한 부채를 말한다.

38) 의장의 한 가지를 말한다.

춤의 대오가 박(拍)을 치면 악관(樂官)이 오운개서조인자(五雲開瑞朝引子)[39]를 주악하고 죽간자 차비 2명이 먼저 들어와서 좌우로 갈라서고 주악이 멎으면서 축하의 말씀을 드린다.

상서 구름 곡령에서 일고
해는 오산에 비꼈는데
양을 탄 신선 만나
좋은 동반자로 된 것이 기쁘나이다.
아름다운 풍악소리에
봉황이 마침 이르고
화려한 자태는
나는 거리기처럼 절묘하온대
넓으신 용허 받아
춤 대오에 들어가기를 바라나이다.

구호가 끝나면 짝지어 선다.

끝나면 위의 차비 18명이 앞으로 좌우로 갈라서고 왕모 5명, 개 차비 5명이 앞으로 나아가 제 자리에 서면 왕모만이

擢拍樂官奏五雲開瑞朝引子奉竹竿子二人先入左右分立樂止口號致語曰雲生鵠嶺日轉鼇山悅逢羊駕之眞仙並結鸞驂之上侶雅奏値於儀鳳華姿妙於翩鴻冀借優容許以入隊訖對立奉威儀十八人前進左右分立王母五人奉盖五人前進立定王母

39) 조선 시대 여민락령(與民樂令)의 현악분곡(絃樂分曲)의 명칭이다. 오양선무(五羊仙舞)를 시작할 때 아뢰는 반주 음악을 말한다.

少進致語曰式歌且舞聊申頌禱之情俾熾
而昌用贊延洪之祚妾等無任激切屛營之
至訖退樂官又奏五雲開瑞朝引子王母五
人歛手足蹈而進立樂官奏萬葉熾瑤圖令
慢王母五人齊行橫立而舞王母向左而舞
左二人對舞右二人在後向右而舞右二人

조금 나가서 축하를 드린다.

"노래와 춤으로 다만 축하의 뜻을 표하려 합니다. 국운이 융성하고 자손이 번창(繁昌)하시며 영원무궁한 복을 누리소서. 저희들의 간절한 지성 바라 마지않습니다."

구호가 끝나고 물러가면 악관이 또 오운개서조(五雲開瑞朝)전주곡[40]을 주악하고 왕모 5명이 손을 여미고 발을 구르면서 앞으로 나와 선다.

악관이 만엽치요도(萬葉熾瑤圖) 영(令)[41]을 주악하면 왕모 5명이 횡렬로 나란히 서서 춤춘다.

대열 복판의 왕모가 왼편을 향하여 춤추면 왼편의 2명이 그와 마주 보고 춤추고 오른 편의 2명은 왕모의 뒤에서 춤춘다.

왕모가 오른편을 향하여 춤추면 오른 편의 2명이

40) 고려·조선 초 악곡의 이름이다. 당악정재(唐樂呈才)인 오양선(五羊仙)의 반주음악으로 사용하였다. 만조를 말한다.

41) 조선 시대 여민락령(與民樂令)의 현악분곡(絃樂分曲)의 명칭으로 오양선무(五羊仙舞)를 시작할 때 아뢰는 반주 음악을 말한다.

마주 보고 춤추고 왼편의 2명은 왕모(王母) 뒤에서 춤춘다.

춤이 끝나면 악관(樂官)이 최자(嗺子)영을 주악하고 왕모(王母)는 춤추며 복판에 서 있고 나머지 좌우의 4명도 춤추면서 네 모퉁이에 선다.

악관(樂官)이 중강령[42]을 주악하면 왕모(王母) 5명이 자기 대오(隊伍)에서 나오지 않고 돌면서 춤춘다.

그것이 끝나면 보허자(步虛子)영(令)[43] 벽연농효사(碧烟籠曉詞)를 부른다.

對舞左二人在後舞訖樂官奏嗺子令王母
舞而中立餘四人舞而立四隅樂官奏中腔
令王母五人不出隊周旋而舞訖唱步虛子
令碧烟籠曉詞曰

---

42) 고려 시대 때 중강령(中腔令)은 당악정재(唐樂呈才) 수연장(壽延長)・오양선(五洋仙)에서 연주된 반주음악의 한 곡명이다. 이 곡은 조선초기에 새로 창제된 근천정(覲天庭)・성택(聖澤)・육화대(六花隊)・하황은(荷皇恩) 같은 정재의 반주음악으로도 사용되었다.

43) 조선 시대에 궁중의 연회에서 사용되던 악곡명이다. 『경국대전주해』에 따르면, 오양선정재, 수보록정재, 수명명정재, 향발정재 등을 공연하거나, 학무・연화대・처용무를 함께 공연할 때 사용한 악곡이라 한다. 한편 '영'은 만(慢)과 같이 소리의 장단으로서 짧은 장단을 말하는데, 현재 보허자령이나 보허자만의 악보가 남아있지 않아 정확한 내용을 알기 어렵다.

碧烟籠曉海波閑江上數峯寒佩環聲裏
異香飄落人間弭絳節五雲端 宛然共
指嘉禾瑞開一笑破朱顔九重嶢闕望中
三祝高天萬萬載對南山

푸른 연기 새벽 바다에 서렸는데

잔잔한 강 위에 두어 개 산봉우리만 쓸쓸하구나.

패옥[44] 소리 속에서, 기이한 향기 인간에 나부끼고,

강절이 오색구름 끝에 멈추네.

완연히 가화의 상서 함께 가리키며,

한 번 웃어 붉은 얼굴 부드럽게 하네.

아홉 겹 높은 궁궐 바라보는 가운데,

높은 하늘 향해서 세 번 축수하기를,

만만년 동안 남산과 마주 대해 장수하소서.

44) 몸에 차는 장식품을 말한다.

訖急拍樂隨之訖又奏步虛子令(中腔)王母向
前左而舞前左回旋對舞王母向前右亦如
之向後左亦如之向後右亦如之舞訖就位
樂官仍奏中腔令奉威儀十八人歌中腔令
彤雲映彩色詞舞蹈而回旋三匝唱訖退位
樂官奏破字令王母五人舞訖奉袂唱破字

이것이 끝나자 박(拍)을 빠르게 치면 음악이 이에 따르고 그것이 끝나면 또 보허자(步虛子)영[45]을 주악한다.[46]

왕모(王母)가 전면 왼 편으로 나가며 춤추면 전면 왼편 사람이 돌면서 왕모와 마주 보고 춤춘다. 왕모가 전면 오른편으로 나가며 춤추면 거기서도 역시 그렇게 하며 후면 왼편이나 후면 오른편에서도 전면에서와 같이 한다.

춤이 끝나고 자기 자리로 돌아가면 악관(樂官)이 이어 중강령(中腔令)을 주악하고 위의 차비 18명이 중강령(中腔令) 동운영채색사[47]를 부르면서 춤추며 세 바퀴 돈다.

노래가 끝나면 자기 자리로 물러가고 악관(樂官)이 파자령(破字令)[48]을 주악하며 왕모(王母) 5명이 춤춘다. 그것이 끝난 다음에 왕모(王母)들이 소매를 받들고 파자령(破字令)

45) 중강(中腔)을 말한다.

46) 고려 시대에 중국에서 유입된 당악(唐樂)의 일종이다. 『고려사』 악지 당악조에 소개된 당악곡 중에는 포함되어 있지 않고, 다만 당악정재(唐樂呈才)의 하나인 오양선(五羊仙)을 춤추다가 부르는 창사(唱詞)로 그 가사와 함께 전한다. 이후 조선 시대 세종 때에는 궁중의 연회에서 악장의 가사로 확정되었고, 세조 때 다시 일부를 고쳤다고 전한다. 조선 중기 이후 대부분의 당악이 점차 향악화(鄕樂化) 하는 과정에서도 계속 당악으로 존재하였으나, 이것 역시 대세를 벗어나지 못하고 선조 5년(1572) 안상(安瑺)이 편집한 『금합자보(琴合字譜)』에서는 향악화의 과정을 밟고 있다.

47) 고려 시대 때 중강령(中腔令)은 당악정재(唐樂呈才) 수연장(壽延長)・오양선 (五洋仙)에서 연주된 반주음악의 한 곡명이다. 이 곡은 조선 초기에 새로 창제된 근천정(覲天庭)・성택(聖澤)・육화대(六花隊)・하황은(荷皇恩) 같은 정재의 반주음악으로도 사용되었다.

48) 당악정재인 「오양선(五羊仙)」과 「수연장무(壽延長舞)」에 쓰던 반주 음악을 말한다.

令縹緲三山詞曰

縹緲三山島十萬歲方分昏曉春風開遍

碧桃花爲東君一笑祥飆暫引香塵到祝

高齡後天難老瑞烟散碧歸雲弄暖一聲

高麗史卷七十一

長嘯

표묘삼산사(縹緲三山詞)를 부른다.

아득한 저 삼산도 십 년만에야
저녁과 새벽이 나뉘었네.
봄바람이 벽도화 두루 피워
동군(東君)[49] 위해 한 바탕 웃음 짓네.
상서(祥瑞)러운 회오리바람 향기로운 먼지 끌어와
하늘에 뒤지지 않을 장수를 비네.
상서러운 안개는 푸른 기운 흩고
돌아오는 구름 따뜻한 기운 희롱하는데,
한 마디 긴 휘파람 소리 나는도다.

49) 봄의 신. 또는 태양의 신을 말한다. 음양오행에서, 동(東)을 '봄'에 대응시켜 봄을 맡고 있는 신을 나타낸 데서 유래한다. 또한 태양(太陽)을 달리 이르는 말이기도 하다.

노래가 끝나면 악관이 중강령[50]을 주악하고 죽간자가 조금 나가면서 축하의 말씀을 올린다.

떠나는 학의 노래 소리 더욱 맑고

돌아가는 난(鸞)[51]새의 춤 묘하네.

온화한 봄빛은 저녁연기에 잠기었고

해는 저물었는데 학(鶴)의 소리 흰 구름도 깊으니

뜰 앞에서 재배하고 떠나려 하나이다.

끝나면 춤추면서 물러가고 위의 차비 18명이 서로 짝지어 조금 앞으로 나와 춤추면서 퇴장하고 왕모 5명은 머리를 나란히 하여 횡렬로 서고 왕모가 조금 전진하여 축하의 말씀 드린다.

"세상에 난리가 없으니

訖樂官奏中腔令竹竿子少進立口號致語
曰歌淸別鶴舞妙回鸞百和沈烟紅日晚一
聲遼鶴白雲深再拜階前相將好去訖舞蹈
而退十八人相對少進舞蹈而退王母五人
齊頭橫列王母少進口號致語曰寰海塵淸

50) 고려 시대 때 중강령(中腔令)은 당악정재(唐樂呈才) 수연장(壽延長)·오양선 (五洋仙)에서 연주된 반주음악의 한 곡명이다.

51) 금조(禽鳥)의 하나로 난조로 봉(鳳)과 같은 새 등을 말한다.

共感昇平之化瑤臺路隔遽回汗漫之遊伏
候進止舞蹈而退奉蓋五人亦從舞蹈而退

온 백성 태평을 노래하고
요대(瑤臺)의 길 멀어
오래 놀기 어려워 돌아 가려 분부 기다리오."

라고 말하고 춤추면서 퇴장하고 개차비 5명도 그를 따라 춤추면서 퇴장한다.[52]

---

52) 「오양선(五羊仙)」은 고려 때 중국 송(宋)나라로부터 들어온 당악정재(唐樂呈才) 중의 하나로, 군왕을 송수(頌壽)하는 내용의 가무(歌舞)이다. 춤은 죽간자(竹竿子) 두 사람이 좌우에 벌여 서고, 왕모(王母:仙母) 한 사람은 가운데 서며, 좌협무(左挾舞) 2명, 우협무 2명이 네 귀에 벌여 서서 춤을 추다가 보허자령(步虛子令)의 음악에 맞추어 벽연농효사(碧烟籠曉詞)를 부른다.

포구락(抛毬樂)

抛毬樂

舞隊(皂衫)率樂官及妓(樂官朱衣 妓丹粧)立于南東上重行而坐奏折花令妓二人奉竹竿子立于前樂止口號致語曰雅樂鏗鏘於麗景妓童部列於香階爭呈婥妁之姿共獻蹁躚之舞綵容入隊以樂以娛許左右分立樂官又奏

춤의 대오[53]가 악관과 기녀[54]를 거느리고 남쪽에 서고 악관들은 동편을 위로 하고 두 줄로 앉는다. 절화령(折花令)[55]을 주악하면 기녀 2명이 죽간자(竹竿子)를 받들고 앞으로 나서자 주악이 멎고 축하의 말씀을 드린다.

우아한 음악이 미려(美麗)한
경치 속에 울려나는데
기동(妓童)은 향기 풍기는
층 뜰에 떼지어 늘어서서
다투어 아리따운 자태를 드러내고
함께 덩실거리는 춤을 바치옵니다.
등장하여서 즐거움 나누도록
허락하여 주시기 바라옵니다.

말을 끝나면, 좌우로 갈라서면 악관이 또

53) 검은 적삼을 입는다.
54) 악관은 주황색 옷을 입고 기녀는 단장한다.
55) 고려시대에 들어온 중국 당악 궁중무인 포구락에 연주하던 곡을 말한다.

折花令妓十二人分左右隊隊六人舞入竹
竿子後分四隊立樂止唱折花令三臺詞曰
翠幕華筵相將正是多懽宴舉舞袖回旋
遍羅綺簇宮商共歌清羨瓊漿泛泛滿金
高麗史卷七十一 九
尊莫惜沉醉永日長遊衍願樂嘉賓嘉賓
式燕

절화령을 주악하고 기녀 12명이 좌우로 대열을 가르되 한 대열이 6명씩으로 되어 춤을 추면서 죽간자 뒤로 들어가서 네 대열로 갈라 서면 주악이 멎고 절화령(折花令)의 삼대사(三臺詞)[56]를 부른다.

푸른 장막 화려한 잔치 자리
서로 이끌고 있으니 정령 즐거움 많네.
춤옷 소매 치켜들고 두루 빙글빙글 도니
비단옷 차림의 아리따운 여기를
그득히 모여 음악에 맞춰
함께 노래 부르니
그 소리 맑게 넘쳐흐르네.
경옥(瓊玉) 같은 술 금준에 넘쳐 있나니
잔뜩 취하는 일 아끼지 말 것이요
긴 날 오래오래 끝없이 놀지니라.
좋은 빈객 즐겁게 하기 원하여
좋은 빈객에 잔치를 베푸네.

56) 당악 정재(呈才)인 포구락에서 절화령에 맞추어 부르던 한문 창사(唱詞)를 말한다.

訖樂官又奏折花令隊頭妓二人對舞進花
瓶前作折花狀舞退樂官奏水龍唫令兩隊
十二人回旋而舞訖唱水龍唫令洞天景色
詞曰

이것이 끝나면 악관이 또 절화령을 주악하고 대열 첫머리의 기녀 2명이 대무(對舞)하면서 화병(花瓶) 앞으로 나와서 꽃을 꺾는 형상을 하며 춤추다가 물러간다.

악관이 수룡음령(水龍唫令)을 주악하면 두 대열의 12명이 돌면서 춤춘다.

춤이 끝나면 수룡음령으로 동천경색사(洞天景色詞)[57]를 부른다.

57) 창사(唱詞)의 이름을 말한다. 궁전(宮殿) 안의 잔치 때에 포구락(抛毬樂)춤에 불렀다.

洞天景色常春嫩紅淺白開輕蕚瓊筵鎭
起金爐烟重香凝錦幄窈窕神仙妙呈歌
舞攀花相約彩雲月轉朱絲網徐在語笑
攏毬樂　繡袂風翻鳳擧轉星眸柳腰柔
弱頭籌得勝懽聲近地光容約滿座佳賓
喜聽仙樂交傳觥爵龍吟欲罷彩雲搖曳
相將歸去寥廓

동천(洞天)의 경치 사철 봄이라
연하게 붉고 엷게 흰 꽃들
가벼운 꽃받침에 피어나네.
경옥 자리 누르고 있는 쇠향로 연기 무거우니
향기는 비단 장막에 엉기네.
아리따운 신선들 묘하게
가무 바치고 꽃 잡고 서로 언약
채색 구름[58]에 달 굴러가는데
붉은 실그물 느슨하니
마음대로 담소하는 포구락

수놓은 소매 바람같이 펄럭이고
봉새같이 올라가고 별 같은 눈동자 굴리며
버들 같은 허리 부드럽고 가냘프다
첫 알이 이기면 환성이 바닥에 가까워지고
꽃 같은 광채 아름답다
만좌한 아름다운 빈객들
신선의 음악 기쁘게 듣고 서로 술잔 전하네.
용음 끝나려 하는데
채색 구름 나부끼며
서로 이끌고 떠나가 돌아가니 주위 고요하네.

58) 채운(彩雲)은 태양광선의 회절현상(回折現象)에 의한 것인데, 구름입자의 크기, 구름 속에서의 분포상태 등에 따라 색채가 변한다. 물방울인 구름입자거나 과냉각된 구름입자라고 하는데, 빙정(氷晶)으로 된 구름에서도 볼 수 있다. 채운은 아름답기 때문에 서운(瑞雲)·경운(景雲)·자운(紫雲)이라고도 하며, 큰 경사가 있을 징조라고 말해 왔다. 달빛에서도 이와 같은 현상을 볼 수 있으나 빛을 식별하기는 곤란하다.

노래가 끝나면 악관이 소포구악령(小抛毬樂令)을 주악한다.

왼편 대열에서 6명이 춤추는데 한 번은 마주 서고 한 번은 등지면서 춘다.

끝나면 6명이 나란히 서고 주악이 멎으면 전 대열이 소포구악령으로 양행화규사(兩行花竅詞)[59]를 부른다.

양편에 늘어 선 미인들은
풍유안(風流眼)에 공 넣기 궁리하고
금실 박은 비단띠에 포구를 매었네.
섬섬옥수로 붉은망 높이 가리키면서
일등 점수 얻으려 모두들 애쓰누나

노래가 끝나면 대열의 첫머리 한 명이 구문(毬門) 앞으로 나서며

"온 장내의 퉁소와 북은 공을 따라 모아들고
푸른 대 홍사망에 구경꾼의 머리 쏠리누나!"

訖樂官奏小抛毬樂令左隊六人舞一面一
背訖齊立樂止全隊唱小抛毬樂令兩行花
竅詞曰
兩行花竅占風流縷金羅帶繫抛毬玉纖
高指紅絲網大家着意勝頭籌
訖隊頭一人進毬門前唱
滿庭簫鼓簇飛毬絲竿紅網惣臺頭

59) 포구락 춤에 맞추어 부르던 창사(唱詞)를 말한다.

作拋毬戲中則全隊拜訖右隊六人舞一面
一背訖齊立樂止全隊唱小拋毬詞訖隊頭
一人進毬門前唱前詞作拋毬戲中則全隊
拜訖左二人如上儀唱
頻歌覆手拋將過兩行人待看回籌
訖右二人如上儀唱前詞訖左三人如上儀
唱

라고 가사를 부르면 공 넣기 유희를 하는데 공이 풍류안(風流眼)[60]에 바로 맞으면 전 대열이 절한다. 그 다음에는 오른편 대열에서 6명이 춤추는데 한 번은 마주 보고 한 번은 등지며 춘다.

끝나면 6명이 나란히 서고 주악이 멎으면 전 대열이 "소포구사"를 부른다. 대열 첫머리의 사람 한 명이 구문(毬門) 앞으로 나선다.

먼젓번에 부르던 "양행화규사"를 부르면서 공 넣기 유희를 하다가 맞히면 전 대열이 절한다. 끝난 다음에는 왼편 둘째 번 사람이 위의 절차와 같이 하면서 다음과 같이 노래를 부른다.

"노래 소리 잦고 손이 번득 공 던지기 끝나면은
양편의 구경꾼도 점수 발표 고대하네"

놀이가 끝나면 오른편의 둘째 번 사람이 이상 절차와 같이 하면서 역시 같은 가사를 부르고 끝나면 다음에는 왼편의 셋째 번 사람이 전자들과 같은 순서로 다음 가사를 부른다.

60) 포구틀 위에 뚫린 구멍으로 용알을 넘기는 구멍을 말한다.

"손에 땀 쥐고 던진 공 바라보며
초조한 마음 고운 볼 붉어지고 수심이 어렸네."

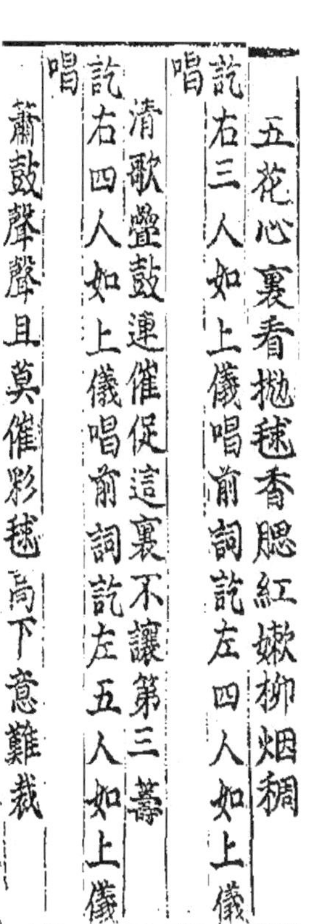
五花心裏看拋毬香腮紅嫩柳烟稠
訖右三人如上儀唱前詞訖左四人如上儀
唱
淸歌疊鼓連催促這裏不讓第三籌
訖右四人如上儀唱前詞訖左五人如上儀
唱
簫鼓聲聲且莫催彩毬高下意難裁

라고 노래가 끝나면 오른쪽의 셋째 번 사람이 먼저 사람과 같이 하면서 역시 같은 가사를 부른다. 끝나면 다음으로 왼편의 넷째 번 사람이 먼저 사람과 같은 절차로서 다음의 가사를 부른다.

"청아한 노랫소리, 연이은 북소리
공 던지기 재촉하네.
이번에는 양보 없으리 셋째 번 던지는 공"

노래가 끝나면 오른쪽 넷째 번 사람이 같은 절차, 같은 가사를 되풀이하고 다음에 왼편의 다섯째 번 사람이 먼저 사람들과 같은 절차로 하면서 다음 가사를 부른다.

"퉁소[61]와 북소리 그다지 재촉 마소
채구의 높고 낮음 판단하기 어려워라."

61) 굵고 오래 묵은 대나무(黃竹)에 구멍을 뚫어 세로로 잡고 부는 종적(縱笛)으로, 한국에서는 종적의 대명사처럼 불리고 있다. 일찍이 중국에서 사용하였으며 한국에는 고려 때 당악(唐樂)에 쓰이다가 조선 때 향악(鄕樂)에 맞도록 개량하여 궁중음악에 당적(唐笛)과 함께 쓰였다는 기록이 있다. 현재 퉁소[洞簫]는 두 가지로 구분되는데, 하나는 국립국악원에 전해진 정악용(正樂用) 퉁소이고 다른 하나는 민속악에 사용되는 속칭 퉁애로 불리는 퉁소이다. 전자는 청공(淸孔:갈대청을 붙여 소리를 맑게 하는 구멍)이 없이, 지공(指孔)이 뒤에 하나, 앞에 다섯, 후자는 청공이 있으며 지공이 뒤에 하나, 앞에 넷인 구조이다. 《악학궤범(樂學軌範)》에 퉁애는 "퉁소에 갈대청을 붙여 소리를 맑게 한다"라는 기록이 있는 것으로 미루어 조선시대에 개량된 것임을 알 수 있다. 퉁소는 성악반주에, 퉁애는 민요나 시나위 등에 따로 편성되어 있다.

訖右五人如上儀唱前詞訖左六人如上儀唱

恐將脂粉均粧面羞被狂毫抹汚來

訖右六人如上儀唱前詞訖樂官奏清平令左右隊向北立舞破子訖唱

노래가 끝나면 오른 편의 다섯째 번 사람이 먼저 사람들과 같은 절차, 같은 가사를 되풀이하고 다음의 왼편의 여섯째 번 사람이 먼저 사람들과 같은 절차로 다음의 가사를 부른다.

"연지 분 곱게 바른 얼굴에
부끄러운 붓끝으로 먹칠하면 어찌 하리."[62]

노래가 끝나면 오른편의 여섯째 번 사람도 먼저 사람들과 같은 절차, 같은 가사로 되풀이한다.

이것이 끝나면 악관이 청평령(淸平令)을 주악하고 좌우 편 대열들이 북쪽을 향하여 서서 파자무(破子舞)[63]를 춘다.

그리고 이것이 끝나면 다음의 가사를 부른다.

62) 공 넣기에서 지면 벌칙으로 얼굴에 먹칠을 한다.

63) 정재(呈才) 때에 추는 춤의 이름을 말한다.

"비단 옷 곱게 차린 미인들
대궐 뜰에 가득한데
맑은 아침부터 화루(畵樓)[64]에 큰 잔치 열렸네.
처음 피는 연꽃처럼 고운 아가씨들.
금잔의 술을 아낌없이 권하여라.
가까이 보니 가는 허리 버들가지 같고
다시 보니 춤 맵시 나는 나비 같네.
좋은 시절 환락의 이 마당에
놀이 소리 그치라고 재촉 마소."

滿庭羅綺流粲清朝畫樓開宴似初發芙
蓉正爛熳金尊莫惜頻勸近看柳腰似折
更看舞回流雪是懽樂宴遊時節且莫催
歡歌聲闋

64) 누각, 즉 화각(畵閣)을 말한다.

訖樂官奏小拋毬樂令竹竿子二人少進樂
止口號致語曰七般妙舞已呈飛燕之奇蹤
兩曲淸歌且冀貫珠之美再拜階前相將好去
訖退左右十二人以次舞退

노래가 끝나면 악관이 소포구악 령을 주악하고 죽간자 2명이 조금 앞으로 나와서 축하의 말씀 드리기를

“일곱 가지 묘한 춤도 제 재주 다 했으니
두어 곡조 맑은 노래는 아직 좋은 기회 바라네.
뜰아래서 재배(再拜)하고 물러갈까 하나이다.”

라고 하고 끝나면 물러가며 좌우의 12 명도 차례로 춤추며 물러간다.[65]

---

65) 「포구락(拋毬樂)」은 정재(呈才) 때에 추는 춤의 하나이다. 고려 문종(文宗) 27년(1073) 교방여제자(敎坊女弟子) 초영(楚英)이 구장기별기(九張機別伎)와 함께 새로이 전래한 것으로, 죽간자(竹竿子)가 나와 마주서고, 여기(女妓) 하나는 꽃을 들고 포구문(拋毬門) 동쪽에 서고, 하나는 붓을 들고 서쪽에 선다. 12인을 6대(隊)로 나누어 제1대 2인이 노래를 부르며 춤을 추다가 위로 던져 구멍으로 나가게 한다. 제1대가 춤추고 물러서면 제2 ·제3대가 차례로 추는데, 공을 구멍으로 넘기면 상으로 꽃 한 가지를 주고, 못하면 벌로 얼굴에 먹점을 찍는다.

연화대(蓮花臺)

蓮花臺

舞隊樂官及妓衣冠行次如前儀置二蛤笠
于前兩童女齊行橫立樂官奏五雲開瑞朝
引子妓二人奉竹竿子分左右入于前童女
坐樂止竹竿子口號曰綺席光華卜晝開千

춤 대열과 악관 및 기녀들의 의관과 진행하는 절차는 앞서 포구락과 같다.

합립(蛤笠) 두 개를 앞에 놓고 동기(童妓) 두 명이 횡렬로 나란히 선다.

악관이 오운개서조(五雲開瑞朝)[66]를 전주하면 기녀 2명이 죽간자(竹竿子)를 받들고 좌우편으로 갈라진다.

앞으로 들어오고 동기(童妓)가 앉으면 주악이 멎는다.

죽간자가 축하의 말씀 드리기를

"화려한 연회가 한낮에 열리니 온갖

66) 조선 시대 여민락령(與民樂令)의 현악분곡(絃樂分曲)의 명칭이다. 오양선무(五羊仙舞)를 시작할 때 아뢰는 반주 음악을 말한다.

般樂事一時來蓮房化出英英態妙舞妍歌
不世才訖對立樂官奏衆仙會引子童女入

高麗史卷七十一 十二

舞訖退復位奏白鶴子訖左童女起而與右
童女唱微臣詞住在蓬萊下生蓮蘂有感君
王之德化來呈歌舞之懽娛訖樂官奏獻天
壽令慢左童女左右手三跪舞訖樂止兩童

즐거운 일 일시에 모여 오도다. 연꽃 속에서 어여쁜 처녀 나타나는데 절묘한 춤과 아리따운 노래는 이 세상에 짝이 없도다"

라고 말을 끝마치고 서로 마주 보고 서면 악관이 중선회인자(衆仙會引子)[67]를 주악하고 동기(童妓)가 들어와서 춤을 춘 다음에 제자리로 물러가면 백학자(白鶴子)[68]를 주악한다.

그것이 끝나면 왼편 동기(童妓)가 일어나서 오른편 동기(童妓)와 함께 미신사(微臣詞)를 노래 부른다.

"봉래산에 사옵다가 연꽃 속에 내려 왔더니 성상의 덕화(德化)에 감동되어 노래와 춤으로 한때 위안을 드리려 하나이다."

노래가 끝나면 악관이 헌천수(獻天壽) 령[69]을 주악하고 왼편 동기(童妓)가 좌우수(左右手) 삼궤무(三跪舞)를 춘 다음에 주악이 멎고 두 어린

67) 고려 시대 송나라에서 들어온 당악정재(唐樂呈才) 연화대(蓮花臺)에 연주되던 당악곡(唐樂曲) 등을 말한다.

68) 고려 시대에 송나라에서 들어온 당악정재(唐樂呈才)인 연화대(蓮花臺)의 반주음악으로 사용하던 악곡이다. 백학자악(白鶴子樂)이라 한다. 조선 시대에는 악공(樂工)을 뽑는 과거시험 과목으로 지정되었다.

69) 만조(慢調)를 말한다.

기녀가 헌천수영일난풍화사(獻天壽令日暖風和詞)를 노래 부른다.

끝나면 악관이 최자령을 주악하고 왼편의 어린 기녀가 춤을 춘 다음에 두 어린 기녀가 최자령양원인한사(嗺子令閬苑人間詞)를 부른다.

다음에 악관이 삼대령(三臺令)[70]을 주악하고 왼편의 어린 기녀가 춤을 춘다.

다음에 악관이 하성조(賀聖朝)[71]를 주악하면 왼편에서 먼저 춤을 추고 난 다음에 오른편에서 춤을 춘다.

다음에 악관이 반하무(班賀舞)[72]를 주악하면 두 어린 기녀가 마주 서거나 혹은 등지면서 세 번 나갔다 물러났다 하며 춤춘다.

앞으로 나가서 꿇어앉아 갓을 집어 들고 일어나

女唱獻天壽令日暖風和詞訖樂官奏嗺子
令左童女舞訖兩童女唱嗺子令閬苑人間
詞訖樂官奏三臺令左童女舞訖樂官奏賀
聖朝左先舞訖右舞訖樂官奏班賀舞兩童
女或面或背三進退舞蹈而進跪而取笠起

70) 당악 정재(呈才)인 연화대(蓮花臺) 춤에 쓰던 반주 음악의 하나이다.

71) 고려 시대에 들어온 당악 정재(唐樂呈才) 연화대(蓮花臺)에 연주되던 당악곡(唐樂曲)이다. 조선 초기에 창작된 하성명(賀聖明)・성택(聖澤)과 같은 당악 정재에 채택된 음악이었다.

72) 고려 시대 악곡(樂曲) 이름이다. 송나라에서 들어온 당악정재(唐樂呈才)를 말한다. 연화대(蓮花臺)의 반주음악으로 연주되던 악곡. 조선 성종 때까지 전승되었다.

著舞如前儀三進退訖樂官奏五雲開瑞朝
引子竹竿子少進而立口號曰雅樂將終拜
辭華席仙軺欲返遙指雲程訖退兩童女再
拜而退
蓮花臺本出於拓跋魏用二女童鮮衣帽
帽施金鈴抃轉有聲其來也於二蓮花中
藏之花坼而後見舞中之雅妙者其傳久
矣

머리에 쓴 다음에 전자와 같이 세 번 나아갔다 물러났다 하면서 춤춘다.

춤을 멈추면 악관이 오운개시조인자(五雲開瑞朝引子)를 주악하고 죽간자가 조금 앞으로 나서서 축하의 말씀을 하였다.

“아악이 끝나려 하니 좋은 좌석 물러가고 선녀들이 돌아가고자 구름을 타고 먼 길을 떠나도다”

말이 끝나고 물러가면 두 동기(童妓)도 재배(再拜)하고 물러간다.

연화대 춤은 본래 북위(北魏)에서 창작된 것으로서 두 처녀에게 고운 옷을 입히고 모자를 씌우는데 모자에는 금방울을 달았으므로 춤을 출 때마다 방울소리가 난다.

그리고 춤을 추는 처녀가 나올 때에는 연꽃 속에 숨어 있다가 꽃잎이 열리면서 나타나는 것인데 모든 춤 중에서도 우아하고 절묘한 춤으로서 전해 온 지 오랜 것이다.[73)]

73) 「연화대(蓮花臺)」는 고려 시대부터 전해오는 춤의 하나이다. 당악정재(唐樂呈才)로 분류된다. 신선계에서 연꽃에 실려 내려온 두 선녀가 임금의 덕에 감동하여 노래와 춤으로 보답한 뒤 다시 하늘로 올라간다는 내용을 담고 있다. 중선회인자(衆仙會引子), 백학자(白鶴子) 등의 당악(唐樂)에 맞추어 추며 사이에 미신사(微臣詞) 등을 노래한다.

석노교(惜奴嬌)[74] 곡파(曲破)

惜奴嬌 曲破

高麗史卷七十一 十三

春早皇都冰泮宮沼東風布輕暖梅粉飄香
柳帶弄色瑞靄祥烟凝淺正値元宵行樂同
民總無閒肆情懷何惜相邀是處裏容款
無弄仗委東君遍有風光占五陵閑散從把
千金五夜繼賞並徹春宵遊翫借問花燈金

봄은 황도(皇都)에 일찍이 찾아와
궁 안 늪 얼음 풀리고
동풍은 경쾌하고 따사로와
매화꽃 향기 이리저리 날리네.
버들은 봄색을 희롱하고
상서로운 안개 엷게 퍼져있네.
지금 원소(元宵)를 맞아
백성들과 함께 어울려 노래 하니
허물없는 정회가 어우러지네.
무엇을 아끼랴 서로 맞은 정다운 이 곳

병장(兵仗) 움직이는 일 없고
동군(東君)이 맡겨져
온통 빼어난 풍광 생겨
오릉(五陵)의 한산(閑散)하던 것 차지하였네.
마구 천금(千金) 가지고
원소(元宵)의 오야(五夜) 계속 즐기고
또 봄 저녁 놀고 새운다.
묻노니 꽃등 금문고리 세상에 드물어

74) 「석노교(惜奴嬌)」는 대곡(大曲)의 하나인데 여기서는 그 가운데의 곡파(曲破) 부분만을 취한 것이다. 이 여지(麗志)에는 곡파(曲破)의 가사(歌詞)뿐이고 상연절차(上演節次)는 없다. 《악학궤범(樂學軌範)》에는 상연절차(上演節次)가 들어있다. 악조(樂調)는 쌍조(雙調), 형식은 전단(前段) 9구(句) 5측운(仄韻), 후단(後段) 10구 6측운으로 구성된다. ≪고려사≫ 악지(樂志)에 곡명과 사(詞)가 전하는데, 정월 보름날을 당하여 군신(君臣)이 함께 연회를 즐기는 것과 임금에게 축수하는 내용이다. 춤을 추는 도중에 무원(舞員) 두 사람이 왼쪽 소매를 들고 부른다.

瑣瓊瑰界會空洞天裏一掠蓬瀛第恐今宵
短
誇帝里萬靈咸集永衛紫陌青樓富臻旣庶
矣四海昇平文武功勳蓋世賴聖主與賢佐
恁致理 氣緖凝和會景新訪雅致列群公
錫宴在邇上元循典勝古高超縈異望絳霄
龍香飄飄旖旎

동천(洞天)에 봉영(蓬瀛)의 선계 한 번 스쳐가니
다만 오늘밤이 짧을까 두렵네.

황제의 고장 자랑스럽거니와
온갖 생령이 다 모여
영원히 자맥(紫陌)의 청루(青樓) 지키고
재부(財富)가 풍성하기도 하네.
사해(四海)는 태평하고
문무(文武)의 공훈 세상에 으뜸이니
성스러운 임금과 현량한 보필에 힘입어
그토록 잘 다스려졌구나.

화창한 날씨에 풍광도 새로워
가히 운치가 있네.
늘어선 여러 공경(公卿)
베푸시는 잔치가 곧 시작되는구나.
상원(上元)[75] 법전(法典)대로 따라 하니
전례 없이 훌륭하고 그 영광 무한하네.
붉은 하늘 바라보니
용향(龍香)[76]이 훨훨 나부끼고 있네.

---

75) 도교(道教)에서 '대보름날'을 이르는 말이다. 도교에서는 천상(天上)의 선관(仙官)이 일 년에 세 번 1월 15일, 7월 15일, 10월 15일에 인간의 선악을 살피는 때를 '삼원'이라고 하여 초제(醮祭)를 지내는데, 이 가운데 1월 15일을 이르는 말이다.

76) 용뇌(龍腦) · 사향(麝香) 등을 혼합해서 만든 고귀(高貴)한 향을 말한다. 한의학에서는 용뇌수로부터 얻은 결정체를 말한다. 방향성(芳香性)이 있으며 중풍이나 담, 열병 따위로 정신이 혼미한 데나 인후통 따위의 치료에 쓰인다.

경사스러운 구름 일고
이슬 젖어 가벼운 한기 아직은 찬데
온통 노니는 자들 재자(才子) 가인들이라
거리의 먼지 적시며 말 달리는 손들
웃으면서 가리키며 채찍 치켜들고
"고문(高門)의 성대한 연회 얼마나 많은가"하여
오늘같이 좋은 날 밤새도록 놀자 맹세 하네.

번영하는 세월 더 없이 잘 다스려져
새둥우리도 볼 수 있다
낭원(閬苑)의 쇠문 문짝 열리고
촛불 밤새 켜져 있으니
어찌 사람을 막고 필하고 하는 것이랴
컴컴한 먼지는 말을 따라오고
밝은 달은 끝없이 사람들 쫒아오네.
노래하면서 농리(穠李)[77] 노래 같이 부르고
그칠 줄을 모르네.

景雲披靡露浥輕寒若冰盡是遊人才美陌
塵潤寶沉迤笑指揚鞭多少高門勝會況是
只有今夕誓無寐
盛日凝理羽巢可窺閬苑金關啓扉燈連宵
寧防避暗塵隨馬明月逐人無際謌戲相歌
穠李未闌已

77) 꽃이 많이 피어있는 오얏을 말한다. 이 사(詞)가 지어졌던 당시는 원소(元宵)에 농리(穠李)의 노래가 불리워졌다. 《시경(詩經)》 〈소남(召南) 하피농의(何彼穠矣)〉에 "何彼穠矣, 華如桃李"라는 구절이 있고 당초(唐初) 심전기(沈佺期)의 〈방수시(芳樹詩)〉에도"夭桃色若綬, 穠李光如練"의 구절이 있다. 농리(穠李)는 여인(女人)의 미색(美色)을 다루는 데 많이 노래되었다.

騁輪縱靮翠羽花鈿比纖並雅同陪共越九
衢遍儘遨逸料峭雲容香惹風縈懷袂遍寓
目幾處瑤席繡帘
莫如勝槩景歷天街際彩鼇舉百仞聳倚鳳
舞龍驤滿目紅光寶翠動霽色餘霞暎散成
綺 漸灼蘭膏馥滿青烟罩地簇宮花擱蕩

수레바퀴 달리고 굴레 끌러놓아
취우(翠羽)와 화전(花鈿)[78] 서로 섞여 짜여져
아름다운 분을 나란히 모시고
여기 저기 걸어 다니며
두루 다 놀고 다니네.
바람에 날리는 기이한 구름의 모양
향기는 이리저리 품속과 소매 감도네.
두루 둘러보니
옥 자리 깔고 수 휘장 친 곳 많기도 하네.

빼어난 좋은 경치
달빛은 하늘거려 거리 끝까지 내리 비치는데
채색 거북 매달려 백 길 높은 곳에 솟아있네
봉새같이 날고 용처럼 뛰어올라
눈에 가득 오색 빛이 어린다.
맑은 하늘에 남은 노을 빛
흩어져 무늬 놓은 비단 이루네.

난초기름[79] 점점 타올라
푸른 연기 가득 땅을 휩싸고

78) 취우(翠羽)와 화전(花鈿)은 모두 수레의 장식을 말한다.
79) 난고(蘭膏)라 하며, 냄새가 향기로운 기름을 말한다.

송이송이 대궐의 꽃들 어지럽게 늘렸고
온 백성 우러러 보는데
앞서 가는 구름에 용향(龍香)의 가느다란 연기
함께 머리 조아리고 같이 즐기나니
민중과 함께 같이 만나는구나.

누각은 하늘에 서 있는 궁전 안에 솟아있는데
오복(五福) 갖춰 하늘 한 가운데에 상서 내리네.
여러 가지 악기 소리 함께 어우러지니
맑고 간드러진 소리 하늘 밖까지 울려 퍼지네.
만무(萬舞) 나직이 선회하며 돌아가고
깁옷 끌려가네.
경각지간에 수레바퀴 돌려서 돌아 가버리지만,

마음속으로 천의(天意)에 감격한다.
다행히 희대(熙臺)에 늘어서

동천(洞天)[80]으로 멀리멀리 성재(聖梓)[81]를 바라보네.

紛委萬姓瞻仰苒苒雲龍香細共稽首同樂
與衆方紀
樓起霄宮裏五福中天紛絳瑞絃管齊諧淸
宛振逸天外萬舞低回紛繞羅紈搖曳頃刻
轉輪歸去念感激天意 幸列熙臺洞天遙

80) 산천으로 둘러싸인 경치 좋은 곳을 말한다. 마치 하늘에 잇닿아, 신선(神仙)이 사는 곳을 말한다.
81) 임금이 쓰는 술잔을 말한다.

遙望聖梓五夕華胥魚鑰並開十二聖景難
逢無比人間動且經歲婉娩躊躇再拜五雲
迆邐

오석(五夕)[82]는 화서(華胥)[83]

열두 대문 자물통 다 열려도

성경(聖景)[84] 만나기 어려움 견줄 데 없네.

인간의 한해 쉬이 지나는 거라.

천천히 머물러

재배(再拜)하니 오색(五色) 구름 뻗어 나네.

---

82) 본래 정월(正月) 14일(日) 15일(日) 16일(日)을 원소삼야(元宵三夜)라고 하였던 것인데 송대(宋代)에 들어 와서 17일(日) 18일(日)을 추가해서 오야원소(五夜元宵)라 하고 이 5일(日)의 밤에는 등촉(燈燭)을 밝히고 연악(宴樂)을 계속했다.

83) 상상적인 이상세계를 말한다. 《열자(列子)》 〈황제편(黃帝篇)〉 참조.

84) 임금이 나타나는 광경을 말한다.

만년환(萬年歡)[85] 만(慢)

萬年歡 慢

禁籞初晴見萬年枝上工囀鶯聲藻殿連雲
萍曦高焰簷楹好是簾開麗景裊金爐香暖
烟輕傳呼道天蹕來臨兩行拱引簪纓 看

高麗史卷七十一 十五

看筵敞三清洞寶玉杯中滿酌犀觥爛熳芳
葩斜簪慶快春情更有簫韶九奏簇魚龍百
戲俱呈吾皇願永保洪圖四方長樂昇平

금원(禁苑) 갓 개었는데
만년(萬年) 묵은 나뭇가지 위
지저귀는 꾀꼬리 소리 간드러지기도 하네
아롱진 구름은 궁전(宮殿)에 연닿았고
높이 뜬 해는 처마와 기둥에 밝게 비치네
발 걷어 올리니 펼쳐진 아름다운 경치
아른아른 피어나는 쇠향로
향기 따뜻하고 연기 가벼운데
전해 외치기를,
"천자께서 납시었다"
두 줄로 늘어서 손맞잡고 인도하는 관원들

보라 삼청(三淸)에 잔치 벌어진 것을
맑은 보배술 옥으로 빚은 잔
외뿔소 뿔잔에 가득 담겼네.
난만한 방향(芳香) 풍기는 꽃
관비녀 비스듬히 봄날을 즐기네.
소소구주(簫韶九奏) 있어
온갖 재주 다 부리며
백희(百戲)[86]를 다 상연(上演)하네.
우리 황제께서 원하시는 건
영원토록 나라의 큰 계획 지켜져
사방이 길이 승평 즐기게 되네.

---

85) 「만년환(萬年歡)」도 본래 대곡(大曲)의 하나였다. 이 여지(麗志)의 것은 그 일부(一部)였으리라고 생각된다. 대곡(大曲)의 어느 부분이었는가는 알아볼 길이 없으나 대체로 대곡(大曲)의 중서(中序)의 사첩(四疊), 또는 배편(排編)의 사편(四編)의 곡사(曲辭)로 추측된다.

86) 이른바 산악백희(散樂百戲)를 말한다. 좌립부기(坐立部伎)에 속하지 않는 각종의 잡기(雜技)를 말한다. 줄타기 재주넘기 등 온갖 재롱(才弄)까지를 총괄(總括)해서 백희(百戲)라 하고 또 정규적인 것이 아니라는 의미에서 산악(散樂)이라고 한다.

當今聖主理化感四塞求減狼烟太平朝野
無征戰國內晏然風調雨順歌聲喧簫韶韻
九奏鈞天願王永壽比南山更奏延年

婥妁要肢輕婀娜學內樣深深梳果如五鳳
雙鸞相對舞隨腰帶作遊瑣 鶯幕滿頭花
見綠楊撲簌金堦獻一庭細管繁絃裏誰把

지금은 성군(聖君)의 다스림과 교화(敎化)에 감복하여
사방 변경에 봉화 일지 않네.
태평 시절이라 조야(朝野)에 정전(征戰) 없어
나라 안은 태평성대 우순풍조(雨順風調)로다.
노랫소리 시끄럽고
소소(簫韶) 구성(九成)에 균천악(鈞天樂)[87] 연주하네.
임금님의 장수(長壽) 남산(南山)같기 원해서
다시 연년악(延年樂)[88]을 연주하네.

곱고 가는 맵시에 가벼운 몸놀림
내양(內樣)[89]을 본따 깊이깊이 빗어 넘겨
마치 오봉(五鳳)과 쌍란(雙鸞)이 마주보고 춤추는 듯
허리띠 따라 이리저리
옥가루 움직이네.

꾀꼬리 장막 머리에 가득한 꽃
푸른 버들 떨어진 황금 꽃 깔린 섬돌 문대는 것 보이네.
뜰 안 가득 가지가지 아름다운 곡조 울려 퍼지는데
그 누가 북을 던지는가.[90]

---

87) 본래 천상(天上)의 음악(音樂)으로 알려진 것이다. 《열자(列子)》 〈주목왕편(周穆王篇)〉과 《사기(史記)》 〈조세가(趙世家)〉 참조.

88) 장수(長壽)를 송축하는 음악을 말한다.

89) 궁내에서 궁녀들이 하는 모양을 말한다.

90) '그 누가 북을 던지는가'라고 한 것은 '누가 시간이 지나가게 만드는가'를 말한다. 즉 시간이 지나가는 것을 아까와하는 표현이다. 베짤 때의 부단한 북의 왕래로 시간의 끊임없는 흐름을 나타냄. 〈운급칠첨(雲笈七籤)〉에 "紅顔三春樹, 流年一擲梭"라는 구절이 있다.

춤추는 난새 쌍쌍이 날고
동물 형상 향로에 나직이 흩어지는 연기
상서로운 모습에 가느다란 연기
소맷자락 훨훨 날리며
느릿느릿 박자 따라 가락에 맞춰
요지(瑤池)[91]를 건너가네.

새 악장(樂章)으로 연주하는 가락
수놓은 옷 여미고 꿇어앉아
색동 소매로 경옥 술잔높이 받들고
달 속의 단계(丹桂)[92] 가리키며
봄철은 보내버리기 아쉬워
신선 같은 장수(長壽) 하시라
상서롭기 축수하네.[93]

撥拋過
舞鸞雙翥香獸低散瑞景烟微投袂翩翩趂
拍遲遲按曲度瑤池 曲遍新聲斂繡衣跪
綵袖高捧瓊卮指月中丹桂春難老祝仙壽
維祺

---

91) 중국 곤륜산에 있다는 못을 말한다. 신선이 살았다고 하며, 주나라 목왕이 서왕모를 만났다는 이야기로 유명하다.

92) 붉은 계수나무를 말한다.

93) 「만년환(萬年歡)」은 고려 시대의 악곡으로 태평성대와 임금의 만수무강을 노래했다.

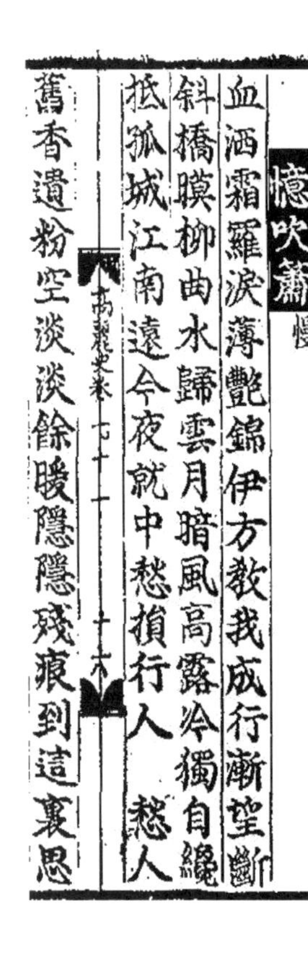

憶吹簫 慢

血洒霜羅浹薄艶錦伊方教我成行漸望斷

斜橋暝柳曲水歸雲月暗風高露冷獨自纔

抵孤城江南遠今夜就中愁損行人　愁人

高麗史卷七十一　十六

舊香遺粉空淡淡餘暖隱隱殘痕到這裏思

억취소(憶吹簫)[94] 만(慢)

서리같이 하얀 깁 수건에 피 적시우고

고운 비단 옷에 눈물 얼룩지우며

그녀는 막 날더러 떠나가라고 하더니라.

어느새 사교(斜橋) 가의 저물녘 버들과 곡수(曲水) 위로

돌아가는 끝없는 구름

흐린 달빛 높은 바람에 이슬도 차

나만 이제 외로운 성읍(城邑)에 도착하였구나.

강남(江南) 길은 멀기만 하여

오늘밤 이 길에 나그네는 시름으로 야위고

수심 깊어져 마음만 상하네.

오래도록 배인 떨어진 분(粉)은

부질없이 덤덤하며 남은 자국에 느껴지는 따스한 기운

여기까지 와서 생각하니

94) 「억취소(憶吹簫)」는 봉황대상억취소(鳳凰臺上憶吹簫)의 약칭(略稱)이다. 애인(愛人)과의 이별을 괴로워하는 정서를 다룬 것이다.

무정한 것은 바로 나
강물은 더욱 무정하여서 나로 하여금
그림배 재촉하여
하루에 사흘길이나 와버리게 하였네.
속 태우지 않으리.
새봄에 만나기로 약속하였으니[95]

量是我忒煞無情水更無情侶我催畫航一
日三程休煩惱相見定約新春

---

95) 「억취소(億吹簫)」는 고려 시대 궁중에서 불렸던 노래의 하나이다. 당악으로 분류된다. 악보는 전하지 않고 가사만 전한다. 조선 성종 때 당악을 연주할 악공을 뽑는 취재(取材)에서 시험 곡목의 하나로도 사용되었다.

낙양춘(洛陽春)[96]

洛陽春

紗窗未曉黃鶯語蕙爐燒殘炷錦帷羅幕度
春寒昨夜裏三更雨 繡簾閑倚吹輕絮歛
眉山無緒把花拭淚向歸鴻問來處逢郎否

사창(紗窓)이 밝기도 전에 꾀꼬리 소리 들려오네.

혜초 피우는 향로에 남은 향 줄기 다 타버렸다

비단 병풍 깁 방장으로 봄추위 스며드니

간밤중 삼경(三更)에 비가 내렸다.

수놓은 발에 한가히 기대어 있자니

가벼운 버들 솜 바람에 날리네.

눈살 찌푸리고 마음 갈피 못 잡아

꽃 꺾어들고 눈물 씻고서 돌아오는 큰 기러기 향해

떠나온 곳에서 내 낭군 만나보았소 하고 물어보았네.

---

96) 「낙양춘(洛陽春)」은 고려 시대 때 중국 송(宋)나라에서 들어온 당악(唐樂) 48조(調)의 하나이다. 낙양춘(洛陽春)은 일락삭(一落索)의 별칭(別稱)으로 송(宋) 구양수(歐陽修)(1000~1072)에 의해 그 이름이 쓰여지기 시작했다. 「낙양춘」은 속명(俗名)이며, 관분곡명(管分曲名)으로는 기수영창지곡(其壽永昌之曲), 현분곡명(絃分曲名)은 하운봉(夏雲峰)이라고 한다. 나라에 경사가 있을 때나 제사에 주로 사용된다. 문묘 제향(文廟祭享) 때 아뢰는 제례 아악(祭禮雅樂)으로 중국 주나라의 아악을 본뜬 것이다. 이 사(詞)가 또 바로 구양수(歐陽修)의 사(詞)다. 규원(閨怨)을 노래한 것이다. 구양수(歐陽修)의 사집(詞集)인 육일사(六一詞)와 흠정사보(欽定詞譜)에 다 이 낙양춘사(洛陽春詞)가 실려 있다.

월화청(月華淸)[97] 만(慢)

月華清 慢

雨洗天開風將雲去極目都無纖翳當遇中

秋夜靜月華如水素光晃金屋樓臺清氣徹

玉壺天地此際比無常三五嬋娟特異 因

念玉人千里待盡把愁腸分付沉醉只恐難

비가 씻어가 하늘이 열리자
바람이 구름도 가져가 버려
눈앞에 아득한 끝까지 조금도 티끌 없네.
때마침 추석이 되어
밤은 고요하고 달빛은 물과도 같네.
흰 빛은 황금 기와집과 누대를 밝게 비추고
맑은 기운은 옥병 속 같은 천지에 가득 차있네.
이 정경 어느 보름 때보다
유난히 아름답네.

천리(千里) 밖에 떨어져 있는 옥인(玉人) 생각나
기다리다 지쳐 시름에 겨워 술잔 잡고
취하도록 마셔라도 볼까.
오직 감당해내기 어려울까 두려운 것은

---

97) 「월화청(月華淸)」은 고려 시대 송(宋) 나라에서 전래된 사악(詞樂)의 악곡이름을 말한다. 당악(唐樂)의 산사(散詞)에 속하는 곡으로 구조는 쌍조(雙調)로 이루어진다. 악보는 현재 전해지지 않고, 그 가사만이 고려사 악지(樂志)에 전한다. 그 내용은 추석날 밤의 달빛을 기연(機緣)으로 하여 흘러가는 세월을 노래한 것이다.

當漏盡又還經歲最堪恨獨守書幃空對景
不成歡意除是問姮娥覓取一枝仙桂

누각(漏刻) 물 다하여
또 다시 한 해를 지내야 할 일
가장 한스러운 건 혼자서 책방 지키는 일
부질없이 이 경치 마주하고 있으니
마음에는 상념만 가득 하네.
항아(姮娥)[98]에게 부탁해서
선계(仙桂) 한 가지 구해다 주게 하는 이외에는[99]

98) 달나라에 산다고 하는 미인(美人)의 이름이다. 항아(姮娥)는 본래 활 잘 쏘는 예(羿)의 아내였는데 예(羿)가 서왕모(西王母)한테서 얻어온 불사약(不死藥)을 훔쳐 가지고 월궁(月宮)으로 달아나 달의 여신(女神)이 되었다는 것이다. 항아(姮娥)라는 글자가 2명의 황제 이름에 쓰인 이후로 이 글자의 사용은 금기가 되었다. 《회남자(淮南子)》 〈남명편(覽冥篇)〉 참조.

99) "그 밖에는 즐거운 마음 우러나게 할 길이 없다"는 뜻을 말한다.

전화지(轉花枝)[100] 영(令)

轉花枝 令
平生自負風流才調口兒裏道得些知張鄭
趙唱新詞改難令總知顛倒解刷扮能侯嗽
表裏都俏每遇著飲席歌筵人人盡道可惜
高麗史卷七十一 十七
許老了 閻家大伯曾教來道人生但寬懷

평생을 두고 풍류와 재주를 자랑하는 이는
입으로는 장(張) 정(鄭) 조(趙)[101] 등의
새로 지은 가사 노래하고
어려운 가곡 고쳐낸다 거 안다고 말하지만
나는 어떤 몸짓도 할 줄 알고
몸차림하여 분장할 줄도 알고
얼굴 표정을 지어낼 수 있는데
안팎이 다 흡사하게 해내네.
술자리와 가무를 하는 좌석을 만나게 될 때마다
사람들이 다 말하기를,
애석하게도 늙어 버렸네.

염라대왕 큰아저씨가
일찍이 일러주었네.
인생일랑 가슴 속을 넓게 가질 것이지

---

100) 「전화지령(轉花枝令)」은 송(宋) 유영(柳永, 987~1053)의 작(作)이다. 유영(柳永)의 사집(詞集)인 악장집(樂章集)에도 들어 있는데 여지본(麗志本)이 훨씬 완정(完整)하다. 악장집(樂章集)을 참고하여 약간의 조정을 가했다. 이 사(詞)는 유영(柳永)이 만년(晩年)의 자신을 노래한 것으로 생각되는데 난해한 곳이 몇 군데 있다.
101) 장정조(張鄭趙)는 당시 사(詞)를 잘 지어내던 사람의 성(姓) 셋을 나열한 것이다. 정확히 누구라고 지적할 수 없다.

不須煩惱遇良辰當美景追歡買笑剩活取
百千年只恁厮好若恨滿鬼使來追臨待倩
箇掩通着到

애태우고 살 것 없다고
좋은 철을 만나네.
아름다운 경치 마주하면
기쁨 따라가고 웃음을 사서
조촐하게 백천년(百千年)을 살아낼 것이고
다만 이렇게 해야만 되네.
기한 차서 저승사자[102] 닥쳐온다면
통지를 보내오는 것을 기다리네.

102) 귀사(鬼使)를 말한다.

감황은(感皇恩)[103] 영(令)

感皇恩 令

騎馬踏紅塵長安重到人面依前似花好舊
懽才展又被新愁分了未成雲雨夢巫山曉
千里斷腸關山古道回首高城似天杳滿
懷離恨付與落花啼鳥故人何處也青春老

말을 타고 홍진(紅塵)을 밟으며
장안에 다시 왔다
사람의 얼굴 의전(依前)하여 꽃같이 고운데
전에 가졌던 기쁨 겨우 되찾으려다
또 새로운 시름 때문에 나누워져 버렸네.
운우(雲雨)[104]의 꿈 이루지 못한 채
무산(巫山)에 날이 새었네.

천리에 뻗친 애끊는
관산(關山)[105] 가는 옛길
고개를 둘러보니 높은 성은 하늘같이 아득하기만 하고
가슴에 가득 찬 헤어져 사는 원한은
떨어지는 꽃과 우는 새에게 주어버리기나 하자
옛 친구는 어디에 있는 건가
청춘은 늙는데

103) 여기에는 「감황은령(感皇恩令)」에 의한 사(詞)가 두 수(首) 들어있다. 《악부아사습유(樂府雅詞拾遺)》 (四部總刊本 上)에는 이 제1수(首)가 조순도(趙循道)의 작(作)으로 실려 있다. 순도(循道)는 송(宋)의 사인(詞人) 조기(趙企)의 자(字)다. 그리고 《당송제가절묘호사선(唐宋諸家絶妙好詞選)》 8권(卷)에도 같은 사(詞)가 실려 있는데"입경(入京)"이라는 부제(副題)가 붙어 있다. 이 여지(麗志)의 제2수(首)에 다루어진 정경(情景)과 감회(感懷)를 검토하여 보면 제2수(首) 역시 입경(入京) 후에 촉발(觸發)된 것임을 알게 된다. 그래서 제2수(首) 역시 조기(趙企)의 작(作)이라고 여겨진다.

104) 운우(雲雨)의 꿈과 무산(巫山)은 송옥(宋玉)의 〈고당부(高唐賦)〉에 나오는 고사(故事)를 말한다. 옛날에 국왕(國王)이 고당(高唐)에 가서 낮잠을 자다 꿈에 무산신녀(巫山神女)를 만나 침석(枕席)의 천(薦)을 받고 헤어질 때 무산녀(巫山女)가 아침에는 구름이 되고 저녁엔 비가 되어 아침저녁으로 나타나겠다고 말하고 떠나가 버렸는데 깨어나 보니 무산신녀(巫山神女)의 말대로여서 그녀를 위해 '조운(朝雲)'이라는 사당을 세웠다는 것이다.

105) 중국 북방 변경에 있는 산을 말한다. 그곳으로 사나이들은 많이 수자리 살러갔다.

和袖把金鞭腰如束素騎介驢兒過門去禁
街人靜一陣香風滿路鳳鞋弓樣小彎彎露
驀地被他回眸一顧便是令人斷腸處願
隨鞭鐙又被名繮勒住恨身不做个閑男女

양 소매를 모으고 금 채찍을 잡고
허리는 묶어놓은 흰 김 같은데
나귀를 타고 문 앞을 지나가네.
금문(禁門) 앞거리에는 인적도 없어
일진의 향기 풍기는 바람에 가득 차누나.
봉새 수놓은 신발[106] 활 모양이 살짝 보이네.

고부장하니 드러나 보여
문득 돌아봄에 그녀와 눈이 마주쳤네.
그 자태가 사람의 애를 끊게 만드는 구나
그녀를 따라가고 싶기는 하나
체면이 고삐가 되어 잡아당겨 멈추누나.
한스럽기는 이 몸이 한가(閑暇)한 남녀[107] 되어 지지 못하는 거라.

106) 봉혜(鳳鞋)를 말한다.
107) 벼슬이나 학문 같은 세인의 주의를 끄는 일을 하지 않고 관능(官能)의 쾌락을 위해 거리낌 없이 사는 남녀를 말한다.

취태평(醉太平)[108]

醉太平

厭厭悶着厭厭悶着奴兒近日聽人咬把初
心忘却 教人病深謾擢掐憑誰與我分說
破仔細思量怎奈何見了伏些弱

끙끙대고 고민하고 있소
끙끙대고 고민하고 있다오.
요즈음 어린 종이라는 말을 들었지만
처음 먹었던 마음을 잊어버리라고요

남은 병 깊이 들어 마구 못쓰게 만들어 놓고서는
누구한테 부탁하여 나를 위해
속속들이 설명해주어 달라고 하라는 건지
자세히 생각해 본들 어쩔 수 없어
만나보면 약해져 버리고 마네.

108) 「취태평(醉太平)」은 멀어진 애인(愛人)을 생각하며 괴로워하는 여인을 다룬 것이다.

夏雲峯 慢

宴坐深軒檻雨輕壓暑氣低沉花洞彩舟泛
斝坐遶清濤楚臺風快湘潭冷永日披襟坐
久覺疎絃脆管時換新音 越娥蘭態蕙心
呈妖豔泥歡邀寵難禁筵上笑歌閒發舄履

하운봉(夏雲峯)109) 만(慢)

연회를 차린 집 깊숙이 들어앉아 있는데
그 난간에 비가 와서
더운 기운 가볍게 나지막이 가라앉네.
꽃 핀 골짝 채색한 배에 옥 술잔 띄우고
맑은 물가에 둘러앉으니
초대(楚臺)의 바람은 빠르고
소상반죽으로 짠 대자리 시원한데
긴 날 종일토록 옷깃을 풀어 젖히고 지내네.
오래 앉아 있자니 알게 되는데
성근 현악기와 연한 관악기가 가끔 새 가락으로 바뀌네.

월(越) 땅의 아가씨는
난초 같은 자태와 혜초 같은 마음씨로
요염한 정태 있는 대로 부리고
다정하게 다가들며 기쁨 자아내니 총애하는 마음
막아내기 어렵다
술좌석엔 웃음소리 노랫소리 간간이 일어나고
나막신과 신발 서로 엇갈려 지나가네.

109) 「하운봉만(夏雲峯慢)」은 유영(柳永)의 작(作)으로 《악장집(樂章集)》 중(中)에도 들어있고 《사율(詞律)》 권13과 《흠정사보(欽定詞譜)》 권22에도 다 사례(詞例)로 도해(圖解)되어 있다. 《악장집(樂章集)》에는 헐지조(歇指調)에 편입(編入)되어 있고 "만(慢)"자(字)는 없다. 연악(宴樂)을 다룬 내용이다.

취해 사는 고장은 내가 돌아갈 곳이라
모름지기 있는 흥 다 내어
술잔 가득 따라 들고 목청 돋아 읊조려야지
이제부터는 되풀이 하지 않으리.
명예와 이록(利祿) 얽매여
헛되이 시간을 낭비하는 일이네.[110]

交侵醉鄕歸處須盡興滿酌高唫向此免名
韁利鎖虛費光陰

110) 「하운봉(夏雲峰)」의 가사는 그윽한 집안에서 술과 요염한 여자의 정태에 도취하여 풍류를 즐기는 내용으로, 조선 시대에는 악공(樂工) 취재(取才)시 과목의 하나로 채택되기도 하였다.

醉蓬萊 慢

漸亭皐葉下隴首雲飛素秋新霽華闕中天
鎖葱葱佳氣嫩菊黃深拒霜紅淺近寶階香
砌玉宇無塵金莖有露碧天如水 正值昇

취봉래(醉蓬萊)[111] 만(慢)

정자 연못에 떨어지는 나뭇잎
농두산(隴頭山)[112] 꼭대기에 걸린 구름
맑게 개인 가을
화려한 궁궐 하늘 복판에 치솟았고
아름다운 기운 가득 차 있다
연한 국화 노랑색 짙고
서리 버틴 단풍 붉은 색 엷어져
보배 층계와 향기 풍기는 섬들에 가까이 있다
옥집엔 먼지 없고
쇠 줄기[113]에는 이슬이 맺혀
푸른 하늘은 물 같구나.

---

111) 「취봉래만(醉蓬萊慢)」 역시 유영(柳永)의 작(作)으로 《악장집(樂章集)》에는 만(慢)자가 없고 임종상(林鐘商)에 편입(編入)되어 있다. 유영(柳永)과 이 취봉래사(醉蓬萊詞)와 송(宋) 인종(仁宗)에 얽힌 고사(故事)가 있다. 이 사(詞)는 가을 경치를 배경으로 한 천자(天子)의 궁궐을 다뤄 승평(昇平)의 기상(氣象)을 나타낸 것이다.

112) 지금의 하남성(河南省) 신양현(信陽縣) 동북쪽에 있는 산 이름을 말한다.

113) "쇠줄기 운운(云云)"은"金莖有露"를 옮긴 것인데 이것은 한(漢) 무제(武帝) 궁궐 안에서의 승로고사(承露故事)를 끌어 쓴 것이다. 《문선(文選)》 권1 반고(班固)의 〈서도부(西都賦)〉에 "抗仙掌以承露, 擢雙立之金莖"이라는 구절이 보이고, 당(唐) 두보(杜甫)의 〈추흥부(秋興賦)〉에도 "蓬萊宮闕對南山, 承露金莖宵漢間"이라는 구절이 있다. 금경(金莖)은 본래 동(銅)으로 만든 기둥이다.

때는 태평시절 만기(萬機) 겨를 많고
밤경치 깨끗하고
누각(漏刻) 소리 아득히 들려오는데
남극성(南極星)[114]에는 노인이 있어
상서로운 물건 바치네.
이 때 상감님 노니실텐데
봉황 장식한 연(輦)은 어는 곳에 있을까
생각건대 관현의 풍악소리는 맑고 부드러우며
태액지(太液池)에는 물결이 일고
향기 풍기는 발을 열어 말아 올릴 제
달은 밝고 바람은 부드러울 것이네.

平萬機多暇夜色澄鮮漏聲迢遞南極星中
有老人呈瑞此處宸遊鳳輦何處度管絃清
脃太液波翻披香簾捲月明風細

114) "남극성(南極星) 운운(云云)"은 "치평수창(治平壽昌)"을 송축하는 뜻에서 쓴 것으로 《진서(晉書)》 〈천문지(天文志)〉에 "老人, 春分一星在弧南, 一日南極, 常以秋分之旦, 見於景之夕而沒於丁, 見則治平壽昌, 常以秋分候之南郊"라는 기록이 있다. 이 별을 남극노인성(南極老人星)이라고도 하다. 두보시(杜甫詩)에 "衡山蒼蒼入紫冥, 下看南極老人星"이라는 구절이 있다. 남극성은 2월께에 남쪽 지평선 가까이에 보이는 남극(南極) 하늘에 가까이 있는 별을 말한다.

黃河淸 慢

晴景初昇風細細雲收天澹如洗望外鳳凰
雙闕葱葱佳氣朝罷香烟滿袖近臣報天顔
有喜夜來連得封章奏大河徹底淸泚 君
王壽與天齊馨香動上穹頻降佳瑞大晟奏

황하청(黃河淸)[115] 만(慢)

막 개인 경치에 바람도 솔솔 불어
구름 걷히니 맑은 하늘 씻은 것과 같구나.
밖을 바라보니 봉황의 쌍 대궐엔
아름다운 기운 가득 차
조회 끝나니 향기로운 연기 옷소매에도 묻어나고
근신(近臣)들 상감님 얼굴에 희색 돈다 알리네.
간밤에 계속 들어온 봉장(封章)[116]
위대한 황하물이 바닥까지 맑아졌다[117]고 상주(上奏)하였네.

임금의 수(壽)는 하늘과 함께 끝없고
꽃다운 향기 동탕하며 하늘에선 자주 상서로움 내리네.
대성부(大晟府)에선 신악(新樂)의 완성을 상주(上奏)하니

115) 「황하청만(黃河淸慢)」은 송(宋) 조단례(晁端禮; 1122년 전후 졸)의 작(作)으로 《흠정사보(欽定詞譜)》 권216과 사율습유(詞律拾遺)에 다 도해(圖解)되어 있다. 지금 전해지는 황하청만(黃河淸慢)은 조단례(晁端禮)의 이 한 수(首) 뿐이다. 《흠정사보(欽定詞譜)》에 인용(引用)된 철위산총담(鐵圍山叢談)에 다음과 같은 말이 보인다. "宣和初, 燕樂初成, 八音告備, 有曲名黃河淸, 音調極韶美, 天下無問遐邇大小、皆爭唱之", 선화(宣和) 1119-1129년은 송(宋) 휘종(徽宗)의 연호(年號)로 총담(叢談)에 언급(言及)된 황하청(黃河淸)의 사(詞)가 바로 이 여지(麗志)에 있는 조단례(晁端禮)의 작(作)이었던 것으로 여겨진다. 사(詞)의 내용(內容)도 "大晟奏功, 六樂初調角徵"라고 한 것 등 역시 이 시기의 경상(景象)을 다룬 것이다. 승평(昇平)의 경상(景象)과 대성악(大晟樂)의 완성(完成)을 통해 화평(和平)과 환희(歡喜)를 나타낸 것이다.

116) 신하가 임금에게 밀봉(密封)해서 울리는 글을 말한다. 즉 상주문(上奏文)을 봉(封)한 것이다.

117) 우리 속담에도 백년하청(百年河淸)이라는 말이 있지만 황하(黃河)는 맑아지는 예가 극히 드물다. 그래서 황하(黃河)가 맑아지는 것을 구시대(舊時代)의 중국에서는 대단한 길조(吉兆)로 여겼던 것이다.

육악(六樂)[118]에선 각(角)과 치(徵)[119]의 율도(律度) 조절을 끝냈네.

궁전에 춘풍(春風)이 도니

온갖 꽃들 앞 다투어 피고 백관이 모두 술에 취했구나.

내궁(內宮)[120]에서 조칙 전해와

다시 미앙궁(未央宮)[121] 안에다 잔치 차리라하네.

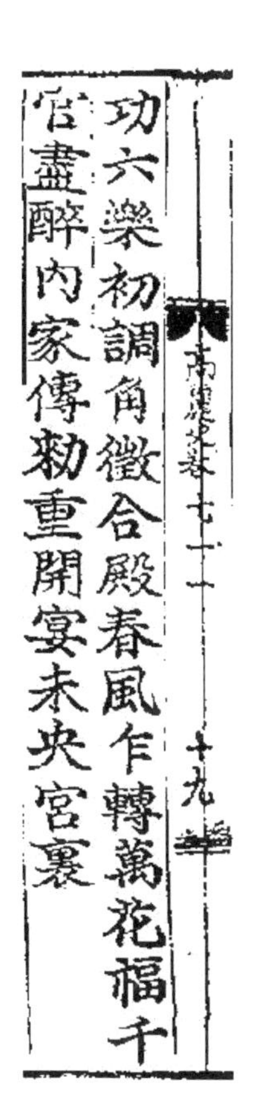
高麗史卷七十一 十九

功六樂初調角徵合殿春風作轉萬花福千
官盡醉內家傳勑重開宴未央宮裏

118) 육악(六樂)은 《주례(周禮)》 〈지관보씨(地官保氏)〉의 "二曰六樂"의 주(注)에 의하면 운문(雲門) 대함(大咸) 대소(大韶) 대하(大夏) 대운(大韻) 대무(大武)를 말한 것이나 여기서는 북송(北宋)에 들어와서 제정(制定)된 대성신악(大晟新樂)에 대해서 그 이전부터 전승(傳承)된 여러 가지 구악(舊樂)을 말한 것이다.

119) 궁상각치우(宮商角徵羽) 5음(五音)을 각(角)과 치(徵) 2음(二音)만으로 호칭(呼稱)한 것이다.

120) 원문(原文)에 내가(內家)로 되어 있다. 내가(內家)는 곧 내궁(內宮)으로 육궁(六宮)을 총칭(總稱)한 것이다. 여기서는 천자(天子)가 연처(燕處)하는 곳에서 내관(內官)을 시켜 조칙(詔勅)을 전하게 한 것을 말한 것이다.

121) 한(漢)나라 고조 때 만든 궁전으로 현재 중국 섬서성(陝西省) 서안(西安) 교외에 있다. 동서 길이 136m, 남북 길이 455m, 남쪽 측면 높이 1m, 북쪽 측면 높이 14m로 알려져 있다. 내부는 정전(正殿), 여름에 시원한 청량전(淸凉殿), 겨울에 따뜻한 온실, 빙고(氷庫)인 능실(凌室) 등 화려하게 만들어졌다. 부근에서 와편(瓦片)이 발견되었다.

환궁악(還宮樂)[122]

還宮樂

喜賀我皇有感蓬萊盡降神仙到乘鸞駕鶴御樓前來獻長壽仙丹玉殿階前排筵會今宵秋日到神仙笙歌寥亮呈玉庭爲報聖壽萬年

반갑다. 우리 임금님은
봉래(蓬萊) 선계(仙界) 감동시켜
그곳의 신선 모두 다 강림케 하였나니
난(鸞)새[123] 타고 학 몰고서 누각 앞에 와
장수(長壽)하는 선단(仙丹)을 바치려하네
옥 궁전 층계 앞에 잔치 벌려놓았는데
마침 오늘밤 가을날에 신선들 당도하여
생가(笙歌) 맑고 세차게 옥뜰에 연주하여 드림은
성수만세(聖壽萬歲)를 기원함이라

---

122) 「환궁악(還宮樂)」은 본래 향연(饗宴)이 끝나고 군왕(君王)이 내궁(內宮)으로 돌아갈 때에 연주되었던 것이다. 여지(麗志) 속악(俗樂)에 풍입송(風入松)과 야심사(夜深詞)가 있는데 사신주(史臣注)에 "風入松有頌(=盼), 禱之意, 夜深詞言君臣相樂之意, 皆於終宴而歌之也"라는 설명이 있다. 그런데 풍입송(風入松) 말단(末段)에 "笙歌寥亮盡神仙, 爭唱還宮樂詞, 爲報聖壽萬歲"라고 되어 있어 종연시(終宴時)에 환궁악사(還宮樂詞)를 노래하는 광경이 다루어져 있다. 이러한 환궁악사(還宮樂詞)는 궁중(宮中)의 연회절차(宴會節次)에 쓰이는데 국한하였던 것이었으므로 작자(作者)의 이름이 보존될 정도의 의의는 희박하였고 또 후세의 사인(詞人)들이 이러한 악조(樂調)에 전사(塡詞)하게 될 기회가 없었기 때문에 겨우 여지(麗志)에 무명씨(無名氏)의 당악가사(唐樂歌詞)로 보존되는데 그쳤던 것이다. 환궁악은 고려 성종(成宗) 때 당악(唐樂)과 향악(鄕樂)을 연주할 악공(樂工)의 취재(取材) 때 시험 곡목의 하나였다. 가사는 쌍조(雙調)의 53자로 구성되었는데, 전단(前段)은 26자 5구 2평운(平韻)으로 되었고, 후단(後段)은 27자 4구 3평운으로 되었다. ≪고려사≫ 악지에 전하는 환궁악의 미후사(尾後詞)가 ≪시용향악보(時用鄕樂譜)≫에 전하는 생가요량(笙歌寥亮)의 가사와 같은 점으로 미루어 성종 이후에도 연주되었음을 알 수 있다. ≪악학궤범(樂學軌範)≫ 권5에 의하면 이 곡은 환궁 때 임금의 대가(大駕)를 맞는 의식이었던 교방가요(敎坊歌謠)에서 전부고취(前部鼓吹)와 후부고취(後部鼓吹)에 의해서 연주된다.

123) 중국 전설에 나오는 상상의 새를 말한다.

청평악(清平樂)[124]

清平樂

眞主玉曆成康德膺寧安國中良時和歲豐
稔民阜樂何情洮瑞木呈日五色月華重有
光更羽鶴來儀鳳凰萬邦鄉裔供明皇祝遐
齡聖壽無疆

참되신 임금님의 보배로운 역법(曆法)

은혜로운 공덕(功德)으로 태평세월 만드셨네.

좋은 시절 풍년 맞아 백성들도 즐거워하네.

황하수는 맑아졌고

상서로운 나무에는 오색(五色) 찬란한 햇빛 비치네.

달빛은 겹겹이 쌓이고

학이 나는 데 봉황도 춤을 추네.

세계만방은 복종해 와서 함께 명철하신 임금님 받들고

장수(長壽)을 비나니 성수무강(聖壽無疆)하소서

124) 「청평악(清平樂)」은 체제가 지금 전해지는 기타의 청평악(清平樂)과 전연 다르다. 그 승평(昇平)을 구가(謳歌)하고 군왕(君王)을 축수(祝壽)하는 내용이다. 청평악(清平樂)은 당악 정재(唐樂呈才)의 하나인 수연장(壽延長) 중에서 파자무(破子舞), 팔수무(八手舞), 칠무(七舞) 등의 반주 음악으로 쓰였는데, 그 가사는 ≪고려사≫ 악지에 전하고 있으나 악보는 실전 되었다. 조선 세종 29년(1447)의 속악곡명(俗樂曲名)에 포함되어 있으며 연례악설(宴禮樂說)에 의하면 제3작(第三酌) 후 진탕(進湯)에 청평곡을 연주하였다고 한다.

여자단(荔子丹)[125]

荔子丹

鬪巧宮粧掃翠眉相喚折花枝曉來深入艶
芳叢裏紅香散露浥在羅衣盈盈巧笑詠新詞
舞態盡嬌姿裊娜文回迎宴處簇神仙會赴
瑤池

궁녀들 솜씨 다퉈 예쁘게 단장하고
서로를 불러가며 꽃가지를 꺾네.
새벽부터 고운 웃음 새 노래 부르네.
춤추는 자태 아리땁기 그지없고
간드러지게 돌아가면 잔치 좌석 맞아주네.
신선들 한데 모여 있는 거니
틀림없이 요지(瑤池)[126]로들 가는 거라.

---

125) 「여자단(荔子丹)」은 이 여지(麗志)의 사(詞) 이외에는 보존되어 온 작품이 없다. 《흠정사보(欽定詞譜)》 권 10과 사율습유(詞律拾遺) 권(卷) 2에 다 도해(圖解)되어 있어 여기서는 그 구두(句讀)에 따라 번역하였다. 궁녀들이 아름답게 치장하고 연회에서 춤추는 내용을 담고 있고, 기녀(妓女)의 가무(歌舞)를 즐겁게 그려낸 것이다.

126) 요지(瑤池)은 중국 곤륜산에 있다는 못으로 신선이 살았다고 한다. 주(周) 나라 목왕이 서왕모와 만났다는 선경으로 유명하다.

수룡음(水龍吟)[127] 만(慢)

水龍吟 慢

高麗史卷七十一 二十七

玉皇金闕長春民仰高天欣載年年一度定
佳期風情多感慨綺羅競交會爭折花枝兩
相對舞袖翩翩歌聲妙掩粉面斜窺翠黛
錦額門開彩架毬兒裳先秀神仙隊融香拂

옥황계신 금 궁궐은 늘상 봄이라
백성들은 높은 하늘 우러러 기꺼이 받드네.
매년 한 번씩 좋은 시기 정해서
풍류에 찬 정취에 감개가 무량하네.
무늬 비단 차림 미희들 뒤질세라 서로 모여
다투어 꽃가지 꺾어들고 서로 마주 보고서
춤추는 소매 펄럭 거리고 노랫소리 간드러지네.
분단장한 얼굴 가리어 비스듬히 푸른 눈썹 들여다보네.

금액문(錦額門) 열리니
채색 베푼 공놀이 틀과 공 나타나네.
먼저 신선대(神仙隊)를 끌어오니
향내 풍기며 떨쳐 일어나니

127) 「수룡음만(水龍吟慢)」은 《흠정사보(欽定詞譜)》 권 30에 도해(圖解)되어있는데 여지본(麗志本)과 약간의 출입(出入)이 있다. 사보(詞譜)의 편자(編者)가 사의(詞意)의 창달(暢達)을 위해 다소 개동(改動)한 것이다. 포구희(抛毬戱)를 감상하는 것을 다루고 있다.

席霓裳動鏗鏘環珮寶座巍巍五雲密歡呼
爭拜退管絃衆作欲歸去願吾皇萬年恩愛

무지개 치마 움직이고 쟁그렁렁 퍼옥 소리
높다란 보좌에는 오색(五色) 구름 자욱한데
환호성 울리며 다투어 큰 절들 하고 물러나네.
관현의 풍악소리 모두 울려 남은 돌아 가려라.
우리 상감님 만년토록
은혜와 사랑 베풀어 주시기 바라나이네.[128]

---

128) 「수룡음(水龍吟)」은 고려 시대에 송(宋)나라에서 전래된 사악(詞樂)으로 조선 초기까지 연주된 악곡이다. 악보(樂譜)는 전하지 않고, 가사만이 ≪고려사≫ 악지(樂志)에 전하는데, 태평성대에 임금의 은혜를 찬양하는 내용이다. 관악기만으로 이루어진 합주 또는 독주의 연주곡 가운데 계면조(界面調)의 평롱(平弄), 계락(界樂), 편수대엽(編數大葉) 등을 가리키는 말이다.

경배악(傾杯樂)[129]

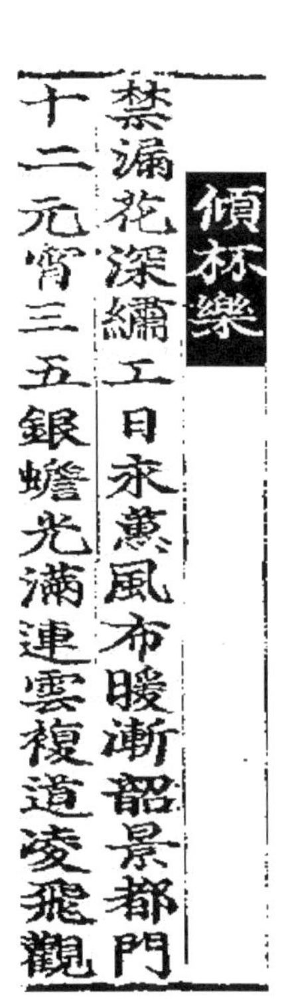
傾杯樂
禁漏花深繡工日永蕙風布暖漸韶景都門
十二元宵三五銀蟾光滿連雲複道凌飛觀

금중(禁中)의 깊은 누각(漏刻)[130] 꽃들은 활짝 피어
수놓은 여공들에게 하루해 긴데
혜초 향기 풍기는 바람 따뜻한 기운 편다.
봄 경치 무르익어 가는 서울의 성문 열둘 안에
정월 십오일 대보름날[131] 저녁
은빛 달 광채가 가득 차 있구나.
구름까지 닿은 복도가 하늘을 찌르고
날을 듯이 높은 큰 집들.

---

129) 「경배악(傾杯樂)」도 역시 유영(柳永)의 작(作)으로 《악장집(樂章集)》 상(上)의 선려궁(仙呂宮)에 들어있는데 약간의 출입(出入)이 있다. 악지(樂志)에는 가사가 있으나, 그 곡조는 전하지 않는다. 어느 쪽이 원작(原作)에 가까운 가는 현재로서는 거단(遽斷)하기 어렵다. 그러나 여지(麗志)의 텍스트는 거의 유영(柳永)의 재세시(在世時)에 전래했다고 까지 할 수 있을 정도로 극히 이른 시기의 것이므로 그리고 교방(敎坊)에서 가창(歌唱)되던 텍스트를 그대로 가져온 성격의 것이므로 여지(麗志)의 텍스트가 유영(柳永)의 원작(原作)에 더욱 충실한 것이라고 할 수 있겠다. 이 사(詞)는 상원가절(上元佳節)을 축하하기 위해 지어진 것이다.

130) 물시계 또는 누각(漏刻) 또는 누수기(漏水器)는 물이 그 양을 측정할 수 있는 용기로 일정한 속도로 흐르게 하여 그 양을 측정하여 시간을 알 수 있게 하는 시계이다. 물시계는 해시계와 더불어 가장 오랜 시계로 추측되며, 언제부터 사용되었는지는 알 수 없다. 인도와 중국에서도 이른 시기에 물시계를 사용한 증거가 있으나, 언제부터인지는 확실하지 않다. 한국에서는 통일신라시대에 물시계를 사용·관리한 기록이 있으며, 1434년 세종대왕의 명에 의해 장영실이 만든 자동으로 시간을 알리는 물시계인 자격루가 유명하다.

131) 원소가절(元宵佳節)은 음력 정월 보름을 말한다. 중국인들이 정월 대보름에 복을 기원하며 먹는 찹쌀 가루로 만든 흰 경단을 말한다.

聳皇居麗佳氣瑞烟葱蒨翠華宵倖是處層
城閬苑龍鳳燭交光星漢對咫尺鼇山開雉
扇會樂府兩籍神仙梨園四部絃管漸曉色
都人未散盈萬井山呼鼇抃願歲歲天仗裏
鎮瞻金輦

치솟은 황거(皇居) 아름다운데
좋은 기운과 상서로운 안개 자욱하네.
푸른 막 화려한 잔치자리로 저녁에 거동하시니
이곳은 곧 층성(層城)의 낭원(閬苑)[132]이로다
용과 봉의 초롱[133]
그 광채 은하수까지 비춰 올라가네.
초롱불 휘황한 오산(鼇山)[134] 지척 앞에
치미선(雉尾扇)[135]을 펴서
악부의 두 부의 신선대(神仙隊)[136]들과
이원(梨園)의 4부 관현(管絃)을 모여와 상연(上演)한다
점점 새벽 밝아오건만 서울의 사람들 흩어져가지 않고
온 동네 가득 만세(萬歲)소리[137] 울리고
온 산 가득 힘찬 박수소리
해마다 천자(天子)의 의장(儀仗) 속으로
황금색 연(輦)을 늘 보게 되기를

---

132) 층성(層城)은 증성(曾城)이라고도 쓴다. 층(層)과 증(曾)은 고서(古書)에는 통용된다. 층성(層城)은 곤륜산(崑崙山)의 최상층(最上層)을 말한다. 층성낭원(層城閬苑)은 신선이 사는 곳으로 알려져 왔다.

133) 용봉촉(龍鳳燭)을 옮긴 말이다.

134) 여기에 말한 오산(鼇山)은 채등(彩燈)을 포개서 산(山)의 형상을 만든 것으로 황제(皇帝)가 원소(元宵)에 그곳에 행림(幸臨) 관람했다.

135) 치미선(雉尾扇)은 천자(天子)의 의장(儀仗)의 하나이다. 꿩의 깃을 모아서 둥그렇게 부채같이 만들어 황제(皇帝)가 거동할 때에 가리어 바람이나 먼지를 막도록 고안한 것으로 최표(崔豹)의 고금주(古今注)에 의하면 치미선(雉尾扇)은 은(殷) 고종(高宗) 때에 생겼다.

136) 악부의 두 부의 신선대(神仙隊)는 내외 교방(教坊)의 창기(倡妓)를 말한 것이다.

137) 산호(山呼)는 나라의 중요 의식에서 신하들이 임금의 만수무강을 축원하여 두 손을 치켜들고 만세를 부르던 일을 말한다.

태평년(太平年)[138] 만(慢) 중강창(中腔唱)

太平年 慢 中腔唱

皇州春滿群芳麗散異香旖旎鼇宮開宴賞
佳致舉笙歌鼎沸永日遲遲和風媚柳色烟
凝翠唯恐日西墜且樂歡醉

황국(皇國)의 땅에 봄이 가득 차 뭇 꽃들 아름답고
기이한 향기 진동하네.
오궁(鼇宮)에 연석 벌여 좋은 운치 즐기나니
생가(笙歌) 시작하여 사방으로 퍼져나가네
긴 긴 하루해 바람 또한 즐겁고
버들은 안개 속에 푸르게 엉겨
오직 해가 서쪽으로 떨어질까 두려우니
잠시 기쁘게 술에 취함 즐기네.

138) 「태평년(太平年)」은 여지(麗志)에만 재록(載錄)되어 있고 또 중강창(中腔唱)의 가사(歌詞)로서는 명시(明示)되어 있는 것으로는 지금까지 알려진 유일한 것이다. 중강(中腔)은 황제(皇帝)에게 어주(御酒)를 드릴 때 여기(女妓) 하나가 창(唱)하는 것으로 여지(麗志)에 그 가사(歌詞)로 태평년만(太平年慢) 한 수(首)가 보존되어 있는 것은 다행한 일이라 하겠다. 《흠정사보(欽定詞譜)》 권(卷) 5와 사율보유(詞律補遺)에 다 도해(圖解)되어 있다. 본래 당악(唐樂)의 산사(散詞)에 속하는 곡의 하나로, 곡의 구조는 쌍조(雙調) 45자에 전 후단 각 4구 4측운(四仄韻)으로 되어있음. 악보는 현재 전하지 않고 그 가사가 ≪고려사≫ 악지에 실려 전하는데, 그 내용은 봄을 찬양한 것이다. 이 곡은 조선 초기 성종 때 당악을 연주할 악공 선발 시험에 사용되었다.

金殿樂 慢 踏歌唱

駕紫鸞輧乘風縹緲遊仙紅霓蘸影近瑤池
鶴戲芝田臨蕙圃飲瓊泉上蕭臺遙瞻九
天對眞人藥書親授已向南宮住長年
淸夜無塵月色如銀酒斟時須滿十分浮名
浮利休苦勞神嘆隙中駒石中火夢中身

금전악(金殿樂)[139] 만(慢) 답가창(踏歌唱)

난(鸞)새 타고 바람대로 아득히 노니는 신선들
붉은 무지개 그림자에 요지(瑤池)가 가까운 듯
학이 지초(芝草)[140] 밭에서 노는구나.

명산에 가서 약물 마시고
멀리 하늘을 쳐다보다가
신선을 만나 글도 친히 받았으니
이제는 궁으로 돌아가서
오래 오래 살리로다.

말쑥이 개인 밤 달은 은빛 같도다.
벗이여! 술을 대하거든
꼭 만취하도록 마시고
명예와 이욕 위해 노심초사하지 말라.
인생은 짧고 짧아
일장춘몽 같으니 섭섭한 일이로세.

---

139) 「금전악(金殿樂)」은 대궐(大闕) 안 잔치 때에 아뢰던 악곡(樂曲)의 이름이다. 수보록(受寶籙), 근천정(覲天庭), 하황은(荷皇恩) 등(等)의 춤의 족도(足蹈)에 맞추는 타령 반주곡이다. 음계(音階)의 상행(上行)과 하행(下行)이 다른 것이 특징(特徵)이다. 별우조 타령(別羽調打令)이라고도 한다.

140) 버섯 이름을 말한다.

아무리 좋은 글 써 놓는 들 좋다 할 이 누구인가
더군다나 마음 놓고 자연대로 놀 시기
얼마 되지 못 하거니
진작 돌아가서 거문고 하나 술 한 병[141] 가지고
시냇가에 앉아
뜬구름 벗 삼아 덧없이 지내리라.

雖把文章開口誰親且逍遙樂取天眞幾時
歸去作箇閑人對一張琴一壺酒一溪雲

141) 금(琴)과 호주(壺酒)를 말한다.

안평악(安平樂)142)

安平樂

開瓊筵慶佳辰綵帟當中月華明笙歌樂如
夢幻望丹山彩鳳飛舞邃庭 遐艷異壽盃
同斟抃舞謳歌浹歡聲方今永永太平更衍
多男共集錦昌壽恩

경옥(瓊玉) 잔치자리 벌여놓고 좋은 날 경축하는데
채색 휘장 가운데 달빛이 밝네.
저에 맞춘 노래 즐거운 꿈 속 같네.
단산(丹山)143) 바라보니
봉황이 깊은 궁정에서 춤추는 듯하네.

사람마다 축수의 잔은 다 같이 올리며
춤추고 노래 부르니 환성이 넘쳐흐르네.
지금 이 영구히 계속될 태평(太平) 세상에
자손 더욱 불어나 남자 많고
함께 모여 복되게 번창하고 은혜 속에 장수하리라.

---

142) 「안평악(安平樂)」은 《흠정사보(欽定詞譜)》나 사율(詞律)에는 도해(圖解)되어 있지 않다. 운법(韻法)에 약간 의아한 점이 없지 않으나 교착운(交錯韻)으로 보고 사의(詞意)의 단락을 고려하여 번역을 시도했다. 가절(佳節)의 향연에서 군왕(君王)을 송축하는 내용으로 역시 연향(宴饗)의 악가(樂歌)로 사용하던 노래다.

143) 단혈(丹穴)의 산(山)을 말한다. 《산해경(山海經)》 〈남산경(南山經)〉에 "丹穴之山, 其上多金玉, 丹水出焉, 而南流注於渤海"라고 했다. 장간지(張柬之)의 〈동비백로가(東飛伯勞歌)〉에 "靑田白鶴丹山鳳"이라는 구절이 보인다.

애월야면지(愛月夜眠遲)[144] 만(慢)

愛月夜眠遲 慢

禁鼓初敲覺六街夜悄車馬人稀暮天澄淡
雲收霧捲亭亭皎月如珪冰輪碾出遙空無
私照臨千里最堪怜有情風送得丹桂香微
唯願素魄長圓把流霞對飲滿泛觥觴醉凭
欄處賞翫不忍辜却好景良時清歌妙舞連

금문(禁門)의 북 처음 치니
육(六)거리에 밤이 고요하고
거마(車馬)와 사람 드물다
저녁 하늘 맑게 개이고 봄이 찾아와 임원(林園)을 보니
난간에 가득 고운 꽃받침으로 수놓아 냈고
날아다니며 우는 꾀꼬리는 해당 가지 위에서 혀를 희롱하고
자주색 제비는 날아 못의 누각(樓閣)을 도네.
세 그루 잠자는 가는 버들
만(萬) 줄기 가지 드리운 것 깁 띠같이 부드럽다
생각 때문에 간밤에 꽃을 가보았더니
그대로 뒤섞여 아롱져 있었네.
온 종일을 술 준 앞에서 보내야 할 것이니
고운 경치 좋은 때에 당해서 뿔 술잔에 넘도록 술 채우고
취해서 난간 있는 곳에 기대어
완상하며 차마 못 하는 건
좋은 경치에 좋은 때를 저버리는 거라
맑은 노래 간드러진 춤 밤중까지 계속되어

---

144) 「애월야면지(愛月夜眠遲)」는 본의사(本意詞)로 동사조(同詞調)의 최초(最初)의 작(作)이다. 달 경치에 도취되어 늦게까지 취침하려 들어가지 않는 심정을 노래한 것이다.

宵踟躕懶入羅幃任佳人儘嗔我愛月每夜
眠遲

머뭇거리고 깁 방장 속에 들어갈 마음 안 내키네.
가인(佳人)이 마음껏 나를 성내게 내버려두고
달을 아껴 밤마다 자는 게 늦어지네.[145)]

145) '달을 아껴 밤마다 자는 게 늦어지네'의 문구는 '애월야면지(愛月夜眠遲)'로 번역될 수 있다.

석화춘조기(惜花春早起)[146] 만(慢)

惜花春早起 慢

向春來觀林園繡出滿檻鮮蕚流鶯海棠枝
上弄舌紫燕飛遶池閣三眠細柳垂萬條羅
帶柔弱爲思量昨夜去看花猶自班駁 須
拌盡日樽前當媚景良辰且恁歡讌更闌夜

봄을 찾아 동산에 가니
고운 꽃 수놓은 듯이 피었네.
해당화 가지에 꾀꼬리 노래하고
못가 누각엔 제비 날아드네.
가느다란 수양버들 실실이 늘어졌네.
생각해 보니 어제 밤에 꽃구경하던
생각 아직도 어리둥절하여라.

이 좋은 시절에 온 하루 동안 술을 앞에 놓고
좋은 경치를 마음껏 즐기다가
밤이 깊도록 촛불 들고 꽃 마주 보세

146) 「석화춘조기만(惜花春早起慢)」은 《흠정사보(欽定詞譜)》 권 28과 사율보유(詞律補遺)에 도해(圖解)되어 있다. 이 여지(麗志)의 것은 본의사(本意詞)이다.

深秉燭對花酌莫辜輕諸隣雞唱曉驚覺來
連忙梳掠向西園惜群葩恐怕狂風吹落

한잔 또 한잔 하다나니 만취하였네.
이웃 닭 새벽을 알렸다고
허물치 말고 빨리 일어나 소세(梳洗)하고
서쪽 동산[147]으로 가 보소.
아까운 꽃, 모진 바람에 떨어질까 두렵네.

147) 서원(西園)을 말한다.

제대춘(帝臺春)[148] 만(慢)

帝臺春 慢

芳草碧色萋萋遍南陌暖絮亂紅也似知人
春愁無力憶得盈盈拾翠侶共携賞鳳城寒
食到今來海角逢春天涯爲客 愁旋釋還
似織淚暗拭又偷滴漫遍倚危欄儘黃昏也

방초(芳草)는 푸른색으로
무성하게 남쪽 발길에 가득하고
따뜻한 버들 솜과 어지러운 붉은 꽃은
사람의 마음을 알아보는 듯
봄날의 시름으로 힘없이
생각나는 건 어여쁜 짝 얻어 함께 손잡고
봉성(鳳城)[149]의 한식(寒食)[150]을 즐기던 일
지금에 와서는
한 구석에서 봄을 만나고보니
하늘 끝에서 나그네 노릇 하네.

시름이 곧 풀렸다가 또 실타래같이
눈물은 몰래 씻었는데 또 어느새 떨어진다.
무심히 높은 난간에 기대니
온통 황혼이 깃들었고

148) 「제대춘만(帝臺春慢)」은 송(宋) 증조(曾)의 악부아사(樂府雅詞)에 이갑(李甲)의 작(作)으로 수록(收錄)되어 있다. 이수(離愁)를 다룬 것이다.
149) 궁궐을 가리킨다.
150) 명절(名節)의 하나이다. 동지가 지난 뒤에 105일이 되는 날인데, 4월 5일이나 6일쯤 든다.

只是暮雲凝碧拌則而今已拌了忘則怎生
便忘得又還問鱗鴻試重尋消息

단지 저물녘 구름과 푸른 하늘뿐이라
시간을 보내는 건 이제 이미 보내버렸지만
잊는 거야 어떻게 잊어내겠나.
또 다시 물고기와 큰 기러기[151]에게 물어
다시 소식 찾아보네.

151) 어안(魚雁)을 말하는데 서신(書信)을 뜻한다. 진(晉) 부함(傅咸)의 《지부(紙賦)》 "鱗鴻附便, 援筆飛書"에 그 용례가 보인다.

천추세(千秋歲)[152] 영(令)

千秋歲 令

想風流態種種般般媚恨別離時太容易香
牋欲寫相思意相思淚滴香牋字畫堂深銀
燭暗重門閉 似當日歡娛何日遂願早早
相逢重設誓美景良辰莫輕拌鴛鴦帳裏鴛

멋있는 자태 생각하니
가지가지 아름다워
이별할 땐 너무나 쉬웠던 것 한스럽거니
향기 풍기는 편지지에 사모하는 뜻 쓰려고 하니
애타는 눈물만 향기 배인 종이 위에 떨어지네.
채색 베푼 대청은 깊고
은빛 촛불도 어둡고 겹문도 닫혀져

그 때의 즐거움을 언제 다시 가지게 될런지
하루 빨리 다시 만나 거듭 맹서하게 되기를.
아름다운 경치 좋은 때를
소홀하게 보내버리지 말 것이라
원앙 방장 안의

152) 「천추세령(千秋歲令)」은 《흠정사보(欽定詞譜)》 권 19에 도해(圖解)되어 있다. 이수(離愁)를 노래한 것이다.

鴦被鴛鴦枕上鴛鴦睡似恁地長恁地千秋
歲

원앙 이불 원앙 베개 위에 원앙이 자네.
그와 같이 마냥 그렇게
천년(千年)토록 살고지고.[153)]

---

153) 「천추세(千秋歲)」는 고려 시대 송(宋) 나라에서 들어온 사악(詞樂)의 하나이다. 천추세인(千秋歲引)과 같으며, 천추만세(千秋萬歲)라고도 한다. 현재 곡조는 남아있지 않고 다만 그 가사만이 ≪고려사≫ 악지(樂志)에 전해져 온다. 그 내용은 멀리 떨어져 있는 임에게 편지를 쓰며 원앙 이불과 원앙 베개 위에서 원앙이 잠자듯이 임과 함께 천년토록 살겠다는 애절한 사연으로 되어 있다.

풍중류(風中柳)[154] 영(令)

風中柳令

愛鬢雲長惜眉山尋乍相見一時眠起爲伊
尚驗未欲將言相戲早樽前會人深意要
時間阻眼兒早巳巴巴地便也解封題相寄怎
生是款曲終成連理管勝如舊來識底

구름 같은 귀밑머리 아름답기도 하구나
산처럼 깊은 눈썹 애석하여라.
어제 만났을 때는
잠시 잠에서 깨어나 있어
그녀를 위해 아직은 말하고
장난질 치고 하려고 하지 않았는데
벌써 술준 앞에서
사람의 깊은 생각 알아차리고 있었더니라.

삽시간에 사이가 막혀지고
눈은 벌써 깜박거리며
편지를 써 부쳐
어떻게 해야 다정함으로
다시 결합(結合)하게 될까
전에 알았던 것보다 낫건 말건

154) 「풍중류령(風中柳令)」은 《흠정사보(欽定詞譜)》 권 15에 도해(圖解)되어 있다. 애정(愛情)의 추억(追憶)과 이수(離愁)를 다룬 것이다. 풍중류(風中柳)는 고려 시대 송나라에서 들어온 악곡의 하나로 옥련화(玉蓮花)·매화성(賣花聲) 등의 별칭이 있다. 그 내용은 사랑하는 한 쌍의 남녀가 서로 그리워하여 다시 만나기를 염원하는 심정을 읊은 것이다. ≪고려사≫ 악지에 그 가사가 전한다.

한궁춘(漢宮春)[155] 만(慢)

漢宮春 慢

春日遲遲稱遊人盡日賞燕芳菲新荷泛水
漸入夏景雲奇炎光易息又早是零落風西
白露點黃金菊蘂朝雲暮雪霏霏 光陰迅
速如飛邀酒朋共歡且忘開眉清歌妙舞更

긴긴 봄날이 유람객에게는 어울려

꽃다운 향기에 온종일 취해 있네.

새 연잎 물 위에 점점이 떠 있고

구름은 기괴하게 여름 경치 만드네.

더운 빛은 쉽게 사라지고

또 벌써 조락을 가져오는 가을바람 일어나네.

흰 이슬 떨어지고

황금색 국화 꽃술 피어나

아침에 구름 돋았다가 저녁에는 눈이 펄펄 날리네.

세월이 이처럼 빠르니

술 벗 맞아 함께 즐기고

또 이렇게 시름을 잊는다.

맑은 노래에 아름다운 춤에다

155) 「한궁춘만(漢宮春慢)」은 세월이 흘러가는 시름과 그것에 부쳐 환락(歡樂)을 권하는 뜻을 나타내고 있다.

또 겸하기를 옥관(玉管)에 요지(瑤池)
인생은 늙기 쉬우니
태평을 만나 잠시 즐겁게 놀 것이지
말하기기까지 기다리지 말 것이라.
홍안이 급작스레
요 몇 해 전날과 같지 않음을 느끼네.[156)]

兼玉管瑤篪人生易老遇太平且樂嬉嬉莫
待解朱顏頓覺年來不似當時

156) 「한궁춘(漢宮春)」은 고려 시대 송나라에서 전해진 사악(詞樂)의 하나이다. 당악(唐樂)의 산사(散詞)에 속하는 곡의 하나로 악보는 전하지 않고 그 가사만이 ≪고려사≫ 악지에 전하는데, 그 내용은 덧없이 빨리 지나가는 세월 속에서 태평성대를 만나 아묘(雅妙)한 춤으로써 풍류를 즐기고 싶은 심정을 읊은 것이다.

花心動 慢

暑逼芳襟甚全無因依便教人惡賴有枕溪
百尺朱樓映日數重香箔馱冰圍定猶嫌暖
紅日綻雨收殘脚漫試取紅綃弄雪碎瓊推
削粧罷低雲未掠葉棄地仙衣剪輕裁薄

화심동(花心動)[157] 만(慢)

더운 기운이 옷섶을 짓눌러
속수무책으로 지치고 짜증을 나게 만드네.
침계(枕溪) 있는 것 이용하여
백척(百尺)의 붉은 누각(樓閣)에
햇볕 받는 여러 겹의 향기로운 발[158]
한 말 수레의 얼음을 둘러놓아도 여전히 더워오는데
붉은 해가 드러나고 비는 끝 빗발을 거두네.
무심히 홍초(紅綃)[159]를 집어 들고
눈 같이 부서진 경옥(瓊玉)부스러기 만지작거려 벗겨 내보네.

단장 끝내고 나직이 내린 머리는 치켜올리지 않았고
한들한들한 선녀의 옷은
가볍고 엷은 것을 재단한 것이다

157) 「화심동(花心動)」은 2수(首)로 되어있는데 후일수(後一首)는 절묘호사선(絶妙好詞選) 권 10에 완일녀(阮逸女)의 작(作)으로 되어있고 부제(副題)가“춘사(春詞)”로 되어있다. 동서(同書)에는“阮逸之女, 工於文詞, 惟此曲傳于世”라는 주기(注記)가 있다. 전일수(前一首)는 하경(夏景)을 다룬 것으로 역시 여인(女人)의 사(詞)임이 분명하므로 동일인(同一人)의 작(作)이라고 여겨진다. 완일(玩逸)은 송(宋) 인종(仁宗) 때에 전악관(典樂官)을 지낸 음악대가(音樂大家)이다.

158) 종이처럼 얇고 판판하게 편 것이다. 금으로 한 것을 금박, 은으로 한 것을 은박이라 한다.

159) 붉은 생사로 짠 얇은 비단을 통틀어 이르는 말이다.

땀이 눈물방울 같이 뿌려져
급히 금쟁반[160] 받들고
앞으로 가서 알알이 받아낸다
봉황(鳳凰)의 쌍부채를 같이 부쳐대는데
닦아내면 닦아낼수록 더욱 허리와 사지가 약해져
청사(靑紗)[161] 가리개를 만들어 가리기나 할까.

선원(仙苑)[162]에 봄이 짙어져
어린 복숭아나무의 가지마다
이미 잡아당겨 꺾을 만하게 되었다
비가 오다 개다 하며
따스하다 추워졌다 하여
점점 꽃 즐길 시절이 가까워진다.
버들 흔들리는 누대와 정자에 동풍(東風)이 부드럽고
발 드리운 창문 고요하고
깊숙이 숨어있는 새 혀를 고른다
애끓는 마음 달랠 수 없어 멀리 한가하게 찾아 나서는
푸른 길은 느닷없이 수심(愁心)[163] 맺히게 만드는구나.

汗洒淚珠急捧金盤向前顆顆盛却鳳凰雙
扇相交扇越摑就越腰肢弱待做箇青紗罩
留算著
仙苑春濃小桃枝枝已堪攀折乍雨乍晴輕
暖輕寒漸近賞花時節柳搖臺榭東風軟簾
櫳靜幽禽調舌斷魂遠閑尋翠徑頓成愁結

160) 금으로 만든 쟁반 따위의 그릇을 말한다.
161) 청실로 빛깔이 푸른 실을 말한다.
162) 신선이 산다는 곳을 말한다.
163) 매우 근심함을 말한다. 또는 그런 마음을 말한다.

此恨無人共說還立盡黃昏寸心空切強
整綉衾獨掩朱扉簟枕爲誰鋪設夜長宮漏
傳聲遠紗窻映銀缸明滅夢回處梅梢半籠
淡月

이 원한은 함께 털어놓을 사람 없어
그대로 서서 황혼까지 있자보니
한 치 되는 마음 부질없이 에어낸다
억지로 수 이불 다둑거려 놓고 있으니
대자리와 베개는 누굴 위해 펴놓을 건가
밤이 긴데 궁 안의 누각(漏刻)[164]소리 아득히 들려오고
사창(紗窓)에는 은등잔 깜박거려 비치네.
꿈에서 돌아온 곳
매화나무 끝에 엷은 달 반쯤 걸려있네.[165]

164) 누각(漏刻)는 물시계를 말한다.

165) 「화심동(花心動)」은 고려 시대 송나라에서 전래된 사악(詞樂)의 한 곡명이다. 당악(唐樂)의 산사(散詞)에 속하는 곡이다. 곡의 구조는 쌍조(雙調) 104자로 되어 있다. 악보는 현재 전하지 않으며, 가사만이 ≪고려사≫ 악지에 전한다. 내용은 여름에 한 여인이 지내는 정경을 읊은 것이다.

우림령(雨淋鈴)[166] 만(慢)

雨淋鈴 慢

寒蟬凄切向長亭晩驟雨初歇都門帳飲無
緒方留戀處蘭舟初催發執手相看淚眼竟
高麗史卷七十一 二十五
無語凝咽念去去千里烟波暮靄沉沉楚天
闊 多情自古傷離別更那堪冷落清秋節

늦매미 처량하게 울어 대는데
장정(長亭)[167]을 향해 저물어 가고
소낙비 갓 개어
도문(都門)에 장막치고 두서없이 술 마시네.
하릴없이 머뭇거리는 터에
목란(木蘭) 배는 떠나기를 재촉하네.
손잡고 서로 눈물 고인 눈을 보며
끝내 말없이 목메어 흐느꼈다
천리(千里) 안개 낀 물결은 아득하네.

저녁 안개 자욱이 가라앉는데
초(楚) 땅의 하늘은 공활(空闊)하기도 하네.
다감한 사람은 옛날부터 이별을 슬퍼하는 법인데
더구나 조락(凋落)의 맑은 가을을 어찌 견디겠는가.

166) 「우림령만(雨淋鈴慢)」은 《흠정사보(欽定詞譜)》 권 31과 《사율(詞律)》 권 18에 다 도해(圖解)되어 있다. 이별을 다룬 것이다.

167) 멀리 떨어져 있는 마을을 말한다.

今霄酒醒何處楊柳岸曉風殘月此去經年
應是良辰好景虛設便縱有千種風情更與
何人說

오늘 밤에는 어디에서 술이 깨겠나.
버드나무 서있는 강 언덕
새벽바람 불고 채 넘어가지 않은 달[168]
걸려 있는 곳일 게라
이번 떠나 한해 지나면
틀림없이 좋은 때
좋은 경치만 헛되이 보내고 말겠지
비록 천 가지 풍정(風情) 우러난 단들
또 어떤 사람과 이야기하겠는가.[169]

---

168) 음력 초닷샛날 전후와 스물 닷샛날 전후에 뜨는, 반달보다 더 이지러진 것을 말한다.

169) 「우림령(雨淋鈴)」은 당악(唐樂)의 산사(散詞)에 속하는 곡으로서 북송(北宋)의 사가(詞家) 유영(柳泳)이 지은 노래이다. 원래 당나라 현종(玄宗)의 작품이다. 현종이 촉(蜀)으로 파천(播遷)할 때 장마비가 계속되던 중에 멀리서 소의 방울 소리가 들려 왔는데, 이때 현종이 그 방울 소리를 따서 우림령곡(雨霖鈴曲)을 지어 여기에 양귀비(楊貴妃)를 잃은 슬픔을 읊었다고 한다. 우리나라에는 고려 시대에 전래되었으며 그 가사만 ≪고려사≫ 악지(樂志)에 수록되어 있다.

행향자(行香子)[170] 만(慢)

行香子 慢

瑞景光融換中天霽烟佳氣葱葱皇居崇壯
麗金碧輝空彤霄外瑤殿深處簾捲花影重
重迎步輦幾簇眞仙賀慶壽新宮 方逢聖

상서로운 경상 광채도 부드럽게
중천(中天)[171] 비개인 안개 속에 빛나
좋은 기운 그득히 감도네.
황제의 궁궐은 높고 장려하게
황금색과 푸른 색 공중에 휘황하네.
붉은 하늘 밖 요전(瑤殿) 깊은 곳
발 말아 올린데 꽃 그림자 겹겹
보련(步輦)을 영접하여
진선(眞仙)[172]도 많이 모여
새 궁(宮)에서 경사스런 수신(壽辰)을 축하하네.

마침 만나게 되었나니

170) 「행향자만(行香子慢)」의 사(詞)는 이 여지(麗志)의 것만이 전해진다. 《흠정사보(欽定詞譜)》 권 24와 사율보유(詞律補遺)에 도해(圖解)되어 있다. 황제(皇帝)의 탄신(誕辰)을 축하한 것이다.

171) 하늘의 한가운데를 말한다.

172) 여기서는 가무(歌舞)로 정재(呈才)하는 여기(女妓)를 두고 한 말이다.

主飛龍正休盛大寧朝野歡同何妨宴賞奉
宸意慈容韶音按露觴將進蕙爐飃馥香濃
長願承顔千秋萬歲明月清風

성군(聖君)께서 용 되어 나르심을
아름다운 그 공덕으로 평화로움 누리어
조야(朝野)가 다 같이 기뻐하네.
어떠랴 잔치 차리고
상감님의 뜻과 자애스러운 용안을 받들음이
소(韶) 풍류 잡히고
이슬 슬잔 드리려할 때
혜초 향로[173]는 그윽한 향기 짙게 피어낸다
길이길이 용안 받들기 원하니
천추만세(千秋萬歲)토록
밝은 달 맑은 바람[174] 같이 깨끗이 사시옵소서.[175]

---

173) 향을 피우는 자그마한 화로. 만드는 재료와 모양이 여러 가지이며, 규방에 쓰는 것과 제사에 쓰는 것으로 구분한다.

174) 청풍명월(淸風明月)을 말한다.

175) 「행향자(行香子)」는 고려에 유입된 당악정재(唐樂呈才)의 하나로 황제의 탄생을 축하하는 내용이다. 고려 국왕의 생일잔치 때에 공연되었는데, 가사는 본 ≪고려사≫ 지에 전하는 것이 유일한다. 이외에 ≪흠정사보(欽定詞譜)≫ 권24와 ≪사율보유(詞律補遺)≫에는 도해(圖解)가 전해지고 있다.

우중화(雨中花)[176] 만(慢)

雨中花 慢

宴闕倚欄郊外乍別芳姿醉登長陌漸覺聯
緜離緒淡薄秋色寶馬頻嘶寒蟬晚正傷行
客念少年蹤迹風流聲價泪珠偷滴從前與
酒朋花侶鎮賞畫樓瑤席今夜裏清風明月

연회 끝나 교외(郊外)에서 난간에 기대어 서
얼핏 꽃다운 자태한 이와 작별하였네.
취해서 긴 거리에 올라서니
이별의 아픔 점점 더 깊어져
엷은 가을 기운에 말 자주 울어대고
늦은 매미는 시끄럽게 저물녘을 울어대니
진정 나그네의 수심을 더 한다.
소년시절의 호사와 풍류 즐기던 때를 생각하니
눈물방울이 몰래 떨어지네.
그전엔 술벗이며 꽃 친구들과
채색 베푼 누각의 아름다운 자리에 자리 잡고 놀았건만
오늘밤은 맑은 바람 밝은 달[177]

---

176) 「우중화만(雨中花慢)」은 《흠정사보(欽定詞譜)》 권 26과 《사율(詞律)》 권(卷) 7에 도해(圖解)되어 있고 오자(誤字)와 탈자(脫字)가 조정되어 있다. 이수(離愁)를 다룬 노래이다.

177) 청풍명월(淸風明月)을 말한다.

水村山驛往事悠悠似夢新愁苒苒如織斷
高麗史卷七十一 十六
腸望極重逢何處暮雲凝碧

강가의 마을 산기슭을 지나가네.
지나간 일들은 아득히 꿈만 같고
새로운 시름이 물밀듯이 몰려와
애끓는 마음[178]으로 먼 곳만 바라보네.
어디에서 다시 만나게 될까.
저물녘 구름이 푸른 하늘에 걸려 있네.

178) 단장(斷腸)을 말한다. 창자가 끊어진다는 말로, 마음이 몹시 슬프다는 뜻이다. 《세설신어(世說新語)》 출면편(黜免篇)에 나오는 이야기이다. "진(晉)나라 환온(桓溫)이 촉(蜀)을 정벌하기 위해 여러 척의 배에 군사를 나누어 싣고 가는 도중 양자강 중류의 협곡인 삼협(三峽)이라는 곳을 지나게 되었다. 한 병사가 새끼원숭이 한 마리를 잡아왔다. 그런데 그 원숭이 어미가 환온이 탄 배를 좇아 백여 리를 뒤따라오며 슬피 울었다. 그러다가 배가 강어귀가 좁아지는 곳에 이를 즈음에 그 원숭이는 몸을 날려 배 위로 뛰어올랐다. 하지만 원숭이는 자식을 구하려는 일념으로 애를 태우며 달려왔기 때문에 배에 오르자마자 죽고 말았다. 배에 있던 병사들이 죽은 원숭이의 배를 가르자 창자가 토막토막 끊어져 있었다. 자식을 잃은 슬픔이 창자를 끊은 것이다."

영춘락(迎春樂)[179] 영(令)

迎春樂 令

神州麗景春先到看看是韶光早園林深處
東風過紅杏裏鶯聲好 漠漠青烟遠遠道
觸目是綠楊芳草莫惜醉重遊逡巡又年華
老

신주(神州)의 미려한 경치에는 봄이 먼저 오네.
눈에 보이게 봄빛 일찍 완연해
원림(園林) 깊은 곳에 동풍(東風) 지나가니
붉은 꽃 피어난 살구나무 속에 꾀꼬리 소리가 좋네.

막막하게 끼어 있는 푸른 안개에 멀고 먼 길
눈에 보이는 것이라고는 다 푸른 버들과 꽃다운 풀
술에 취해 거듭 노는 것 아까와 하지 말 것이라
어물어물하면 또 나이만 더하게 되네.

---

179) 「영춘악령(迎春樂令)」은 《흠정사보(欽定詞譜)》 권(卷) 9와 《사율(詞律)》 권(卷) 6에 도해(圖解)되어 있다. 악보는 전하지 않고 가사만 전한다. 이른 봄의 아름다운 경치를 즐기는 내용을 담고 있다.

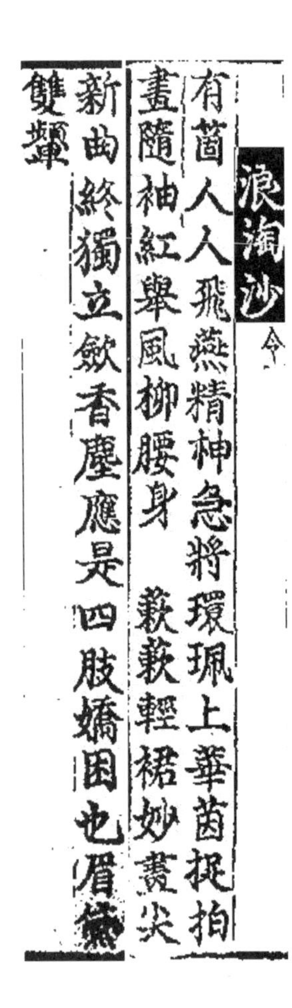
浪淘沙令
有箇人人飛燕精神急將環珮上華茵拽拍
畫隨袖紅舉風柳腰身 簌簌輕裙妙盡尖
新曲終獨立斂香塵應是四肢嬌困也眉黛
雙顰

낭도사(浪淘沙)[180] 영(令)

여기 한 사람이 비연(飛燕)[181] 같은 자태하고
급히 환패(環佩)[182] 가지고 꽃자리에 올라가니
잦은 박판(拍板)은 그냥 붉은 소매 따라 울려 가는데
바람에 흔들리는 버들 같은 허리

경쾌하게 뒤흔들리는 가벼운 치마
새롭고도 새로운 묘치(妙致) 있는 대로 드러나네.
악곡(樂曲) 끝나자 홀로 서서 향기로운 먼지 거두네.
틀림없이 사지가 가엾게 고단한 게라
검은 눈썹 양쪽이 찌푸려지네.

180) 「낭도사령(浪淘沙令)」은 유영(柳永)의 작(作)이다. 《악장집(樂章集)》 등을 참고하여 오자(誤字)와 오도(誤倒)를 조정하여 번역했다. 무희(舞姬)의 자태(姿態)를 그려낸 것이다.

181) 바람을 이용하여 연을 하늘 높이 띄운다. 또는 그런 놀이를 말한다.

182) 조선 시대에 왕과 왕비의 법복이나 문무백관의 조복과 제복의 좌우에 늘이어 차던 옥이다. 흰 옥을 이어서 무릎 밑까지 내려가도록 하였다.

어가행(御街行)[183] 영(令)

　떌나무 불 피우는[184] 연기 끊어지고 은하수 밝아와
　보배로운 연(輦)이 천자(天子)의 걸음 돌리자
　단문(端門)에는 궁시(弓矢)를 멘 위병(衛兵)들이
　조각 베푼 난간에 그득히 모이고
　육악(六樂)[185] 중에서 순(舜) 임금의 대소(大韶)를 먼저 연주하네.
　학서(鶴書)[186] 날아 내리고
　계간(鷄竿)[187] 높이 솟아올라
　임금님의 은혜 온 누리에 골고루 펴지네.
　적상포(赤霜袍)[188] 찬란하게 향기로운 안개 날리네.
　희색(喜色)은 봄 햇볕 따스함 이루네.
　구의(九儀)[189]삼사(三事)에 천자(天子)의 용안 우러러보니
　여덟 가지 채색이 뒤따라 양미간에 생겨나네.
　춘(椿)[190]나무 같은 수명은 다함이 없고
　나도(蘿圖)[191]에 경사로움이 있어
　언제나 건곤(乾坤)의 주인노릇 하시네.

御街行 令
燔柴烟斷星河曙寶輦回天步端門羽衛簇
雕欄六樂舜韶先舉鶴書飛下雞竿高聳恩
霈均寰宇 赤霜袍爛飄香霧喜色成春煦
九儀三事仰天顔八彩旋生眉宇椿齡無盡
羅圖有慶常作乾坤主

183) 「어가행령(御街行令)」도 유영(柳永)의 작이다. 황제를 송축하는 내용이다.
184) 번시(燔柴)라 하고, 옛날 제왕들이 하늘에 제사하는 의식으로 섶나무를 태우며 하늘에 제사 지낸다.
185) 중국 주 (周)나라 때에 있었다는 황제(黃帝)이하 육대 (六代)의 무악(舞樂)이다.
186) 송대에 와서는 사면장(赦免狀)을 학서(鶴書)라고 하였다.
187) 계간(鷄竿)은 황금(黃金)으로 닭 모양을 만들어 단 장대로 대사(大赦)를 내릴 때 세운다. 《당서(唐書)》 〈백관지(百官志)〉 참조.
188) 적상포(赤霜袍)는 도포의 한 종류로 여기서는 천자(天子)가 착용한 것이다.
189) 조빙(朝聘)의 예(禮)를 말한다.
190) 춘(椿)은 500년을 한 계절로 삼아 장수하는 전설상의 나무이다.
191) 여기서는 황제(皇帝)의 어좌(御座)를 말한 것이다.

西江月 慢

高麗史卷七十一

烟籠細柳暎粉墻垂絲輕裊正歲稍暖律風
和裝點後苑臺沼見乍開桃若燕脂染便須
信江南春早又數枝零亂殘花飃滿地未曾
掃 幸到此芳菲時漸好恨間阻佳期尚杳

서강월(西江月)[192] 만(慢)

안개에 감싸인 가는 버들이 회칠한 담에 비치는데

드리운 실가지 가볍게 간들거리네.

바로 연초(年初)인지라 따뜻한 바람 부드러워

후원(後苑)의 누대(樓臺)와 못을 단장해 주네.

방금 피어난 복숭아꽃 연지[193]로 물들인 것 같아

강남(江南)에 봄은 이르다고 편지내야 하겠네.

또 몇몇 가지에서 떨어져 흐트러진 이지러진 꽃들이

땅바닥에 가득히 날리는데 쓸지를 않았다

다행히 때에 이르니 방향(芳香)[194]

풍기는 좋은 시절 다가오네.

한스럽기는 그이와의 사이 막혀

기쁘게 만날 기약 아직도 묘연하네.

192) 「서강월만(西江月慢)」은 《흠정사보(欽定詞譜)》 권 32와 《사율(詞律)》 권(卷) 6에 도해(圖解)되어 있다. 봄철의 이수(離愁)를 다룬 것이다.

193) 여자가 화장할 때에 입술이나 뺨에 붉은 빛깔의 염료를 말한다.

194) 향기롭고 꽃다운 풀을 말한다.

聽幾聲雲裏悲鴻動感怨愁多少謾送目層
閣天涯遠甚無人音書來到又只恐別有深
情盟言忘了

몇 마디 구름 속의 슬픈 기러기[195] 소리
느닷없이 원망과 시름 한없이 밀려와
높은 누각 지나 하늘 끝 멀리 멀거니 눈으로 따라가지만
어째서 아무도 소식을 안 가져오는 건가
또 혹시나 따로 깊은 애정 생겨나서
나하고 맹서[196]했던 말 잊어버리지나 두려워라.

195) 홍(鴻)을 말한다.
196) 맹언(盟言)을 말한다.

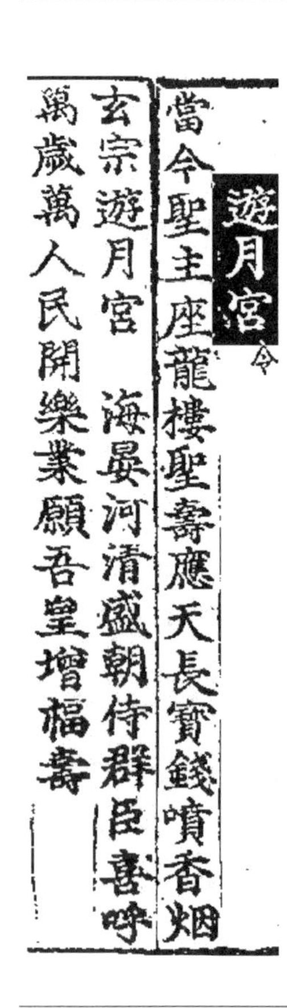
遊月宮令

當今聖主座龍樓聖壽應天長寶錢噴香烟
玄宗遊月宮 海晏河清盛朝侍群臣喜呼
萬歲萬人民開樂業願吾皇增福壽

유월궁(遊月宮)[197] 영(令)

지금의 성군(聖君)께서 용루(龍樓)에 앉으셔
성수(聖壽)는 하늘 따라 무궁하리라
보배로운 향로에서 향연(香煙) 뿜어내고
현종(玄宗)[198]께선 월궁(月宮)에 노니네,

바다는 잔잔하고 황하 맑아
성덕(盛德) 넘치는 조정에 시종(侍從)하여
여러 신하 기뻐 만세 외치고
만민(萬民)은 생업(生業) 즐기며
우리 황제 복(福)과 수(壽) 늘어나기 원하네.

---

197) 「유월궁령(遊月宮令)」은 황제(皇帝)를 송축(頌祝)하는 것인데 운법(韻法)이 맞지 않는 것으로 보아 원문(原文)에 착오(錯誤)가 있는 것이 틀림없다. 지금 전해지는 사패(賜牌) 중에는 유월궁(遊月宮)으로 알려진 것이 이 여지(麗志)의 것 밖에 없다.

198) 현종(玄宗, 685~762)는 당나라의 제6대 황제(재위 712~756)이다. 안으로는 민생안정을 꾀하고 경제를 충실히 하였으며, 신병제를 정비하였다. 밖으로는 국경지대 방비를 튼튼히 하여, 수십 년의 태평천하를 구가하였다. 현종의 치세는 요숭(姚崇)·송경(宋璟)·장열(張說)·장구령(張九齡) 등 명상의 도움을 얻어, 안으로는 민생안정을 꾀하고 조운(漕運) 개량과 둔전(屯田) 개발 등으로 경제를 충실히 하였으며, 부병제(府兵制)의 붕괴에 대처하여 신병제를 정비하였다. 밖으로는 동돌궐(東突厥)·토번(吐蕃)·거란(契丹) 등의 국경지대 방비를 튼튼히 하여, 개원(開元)·천보(天寶) 시대 수십 년의 태평천하를 구가하였다. 그러나 노후에 도교에 빠졌으며 양귀비로 인해 정사를 포기하다시피 하였다. 그는 다재다능하였으며, 특히 음악에 뛰어나 스스로 작곡까지 하고, 이원(梨園)의 자제 남녀를 양성하였다. 서도에도 능하여 명필이라는 칭호를 들었다.

소년유(少年遊)[199]

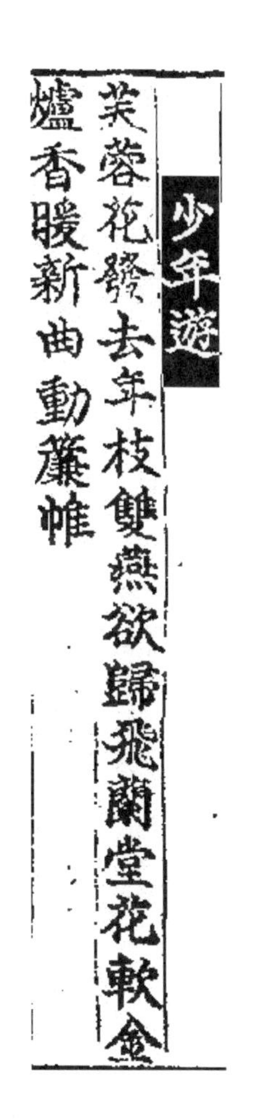
少年遊

芙蓉花發去年枝雙燕欲歸飛蘭堂花軟金
爐香暖新曲動簾帷

부용(芙蓉) 꽃이 작년 가지에 피어났고
쌍지은 제비는 날아 돌아가려 하네.
난당(蘭堂)에는 바람[200] 부드럽고
쇠 향로(香爐)에는 향기 따뜻하고
새 음악 소리에 발과 방장 움직인다.

---

199) 「소년유(少年遊)」는 송(宋) 안수(晏殊; 991-1055)의 작(作)으로 《흠정사보(欽定詞譜)》 권(卷) 8과 《사율(詞律)》 권(卷) 5에 도해(圖解)되어 있다. 이 여지(麗志)의 사(詞)는 안수(晏殊) 〈소년유사(少年遊詞)〉의 전단(前段)이고 원문(原文)에 약간의 이동(異同)이 있다.

200) 사보본(詞譜本)의"풍(風)"에 따른 것이고 여지(麗志) 원문(原文)은 "화(花)" 즉 "꽃"으로 되어있다. 부주(附注): 이 사(詞)의 후단(後段)은 다음과 같다. "家人上千春壽, 深意滿瓊卮, 綠失顏, 道家裝束, 長似小年時." 대의(大意): "집안 사람등은 다 천년(千年)의 장수 비느라고 깊은 뜻으로 경옥잔에 가득 채웠다. 싱그러운 빈머리에 붉은 얼굴 도가(道家)의 몸차림 언제나 소년 시절의 모습 같다" 후단(後段)은 개인(個人)의 수연(壽筵)에서의 축하를 쓴 것이므로 취하지 않은 것이다.

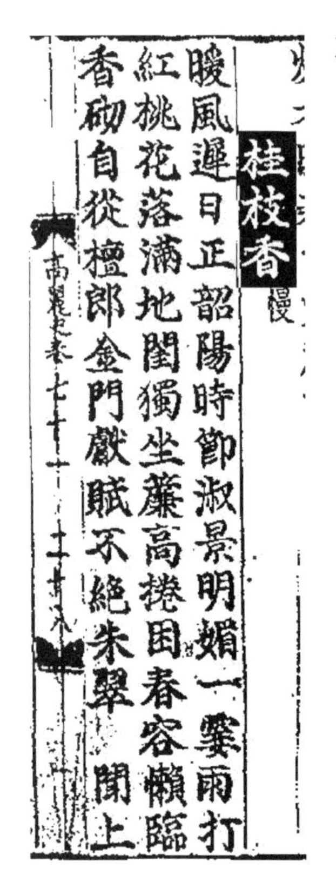
桂枝香 慢

暖風遲日正韶陽時節淑景明媚一霎雨打紅桃花落滿地閨獨坐簾高捲困春容懶臨香砌自從檀郎金門獻賦不絕朱翠閑上

高麗史卷七十一

계지향(桂枝香)[201] 만(慢)

따뜻한 바람 길고 긴 햇살
바로 양춘시절(陽春時節)
봄 경치 밝고 아름답다
한 주름 비가 치니
붉은 복숭아꽃[202] 떨어져 땅에 가득하다
규중(閨中)에 홀로 앉아 발[203]은 높이 말아 올려
고달픈 봄 얼굴로 힘없이 섬돌 앞에 나서네.
그이가 금문(金門)[204]에 부(賦)를 바쳐서 부터
주취(朱翠)[205] 끊기지 않았네.

---

201) 「계지향만(桂枝香慢)」은 계지향(桂枝香)의 본의사(本意詞)이다. 공명(功名)을 이룩하러 떠난 낭군(郎君)을 기다리는 규원(閨怨)을 노래한 것이다. 계지향(桂枝香)은 원래 송(宋)나라의 사악(詞樂)으로 고려 시대에 유입되었다. 내용은 따스한 봄날에 남편이 현량대책(賢良對策)에 뽑힌 기쁨을 노래한 것이다.

202) 홍도화(紅桃花)로 홍도나무의 꽃을 말한다.

203) 주렴(珠簾)으로 슬 따위를 꿰어 만든 발을 말한다.

204) 궁궐의 문을 말한다. 금문(金門)에 부(賦)를 바쳤다는 것은 문명(文名)이 퍼져 문재(文才)를 발휘하는 부(賦)를 황제(皇帝)에게 바치기에 이르러 명예가 대단해졌음을 말한 것이다.

205) 붉은색과 푸른색이다. 여기서는 그런 찬란한 장식으로 된 가장품(嘉裝品)을 말한다.

들으니 상국(上國)에서 방금 편지가 와서
그이가 광명한 조정에서
현량대책(賢良對策)[206]에 응시(應試)하여
이미 우수한 성적으로 뽑혔다는 것이네.
향기 풍기는 편지 뜯어보니
이별의 한스러움은 도리어 새로운 기쁨이 되었네.
빨리 경림원(瓊林苑)[207]에서의 연회 끝내게 해서
그이가 돌아와 연리(連理)의 정[208] 영원토록
같이 하게 되기를 바라네.
이번 그이를 만나는 좋은 날 밤에는
저 계수나무 가지에서 원앙 이불로 향기 끌어와야지.

國纔有書回應賢良明庭已擢高第拆破香
牋離恨却成新喜早教宴罷瓊林苑願歸來
永同連理這回良夜從他桂枝香惹鴛被

206) 지덕을 겸비한 인재를 뽑기 위한 과거를 말한다.
207) 중국 송(宋) 나라 때 천자(天子)가 매년 경림원(瓊林苑)에서 2부(府)의 종관(從官)과 새 진사(進士)에게 잔치를 베풀어 주었다. 그 잔치를 경림연(瓊林宴)이라고 했다.
208) 연리지(連理枝)를 말한다. 뿌리가 다른 나뭇가지가 서로 엉켜 마치 한 나무처럼 자라는 현상이다. 매우 희귀한 현상으로 남녀 사이 혹은 부부애가 진한 것을 비유하며 예전에는 효성이 지극한 부모와 자식을 비유하기도 하였다. 《후한서(後漢書)》 채옹전(蔡邕傳)에 나오는 이야기이다. 후한 말의 문인인 채옹(蔡邕)은 효성이 지극하기로 소문이 나 있었다. 채옹은 어머니가 병으로 자리에 눕자 삼년 동안 옷을 벗지 못하고 간호해드렸다. 마지막에 병세가 악화되자 백일 동안이나 잠자리에 들지 않고 보살피다가 돌아가시자 무덤 곁에 초막을 짓고 시묘(侍墓)살이를 했다. 그 후 옹의 방앞에 두 그루의 싹이 나더니 점점 자라서 가지가 서로 붙어 성장하더니 결(理)이 이어지더니 마침내 한그루처럼 되었다. 사람들은 이를 두고 채옹의 효성이 지극하여 부모와 자식이 한 몸이 된 것이라고 말했다. 당나라의 시인 백거이(白居易)는 당현종과 양귀비의 뜨거운 사랑을 읊은 시 '장한가(長恨歌)'에서 읊고 있다.

경금지(慶金枝)[209] 영(令)

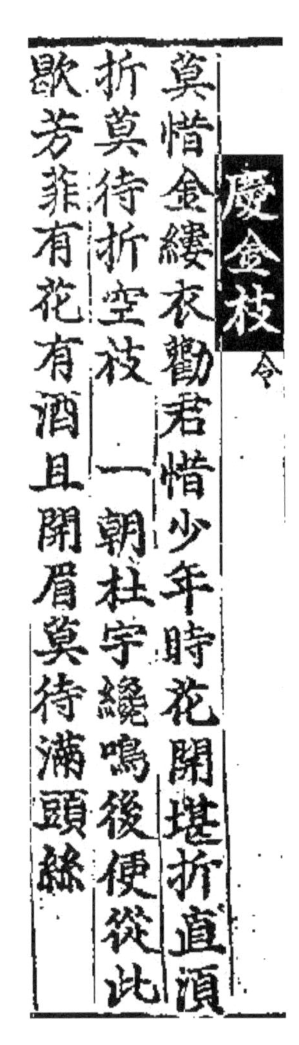
慶金枝 令

莫惜金縷衣勸君惜少年時花開堪折直須
折莫待折空枝 一朝杜宇纔鳴後便從此
歇芳菲有花有酒且開眉莫待滿頭絲

금실로 짠 옷일랑 아끼지 말고
그대에게 권하노니 젊은 시절을 아끼시라.
꽃 피어나 꺾을 만 해져야 꺾지
꽃 없는 빈 가지 꺾게 되길 기다리지 말지라.

하루아침 뻐꾹새 울기 시작한 후
그제부터는 꽃다운 향기 풍겨내지 않는다.
꽃 있고 술 있으니 잠시 얼굴 활짝 펼 것이지
머리 온통 희어질 때를 기다리지 말 것이라.

209) 「경금지령(慶金枝令)」은 《흠정사보(欽定詞譜)》 권(卷) 7에 도해(圖解)되어 있다. 소년연락(少年宴樂)을 노래한 것이다. 경금지(慶金枝)는 고려 시대 송(宋)나라에서 전래된 사악(詞樂)의 한 곡명이다. 당악(唐樂)의 산사(散詞)에 속하는 곡으로 악곡의 구조는 쌍조(雙調) 48자로 되어 있으며, 금실과 꽃에 인생을 비유하여 젊은 시절을 아끼라는 뜻을 담고 있다.

백보장(百寶粧)[210]

百寶粧

一抹絃器初宴畫堂琵琶人把當頭鬟雲腰
素仍占絕風流輕攏慢撚生情艷態翠眉黛
顰無愁謾似愁變新聲曲自成獲索共聽一
奏梁州 彈到遍急敲頻分明似語爭知指
面纖柔坐中無語惟斷續金虬曲終暗會王

한줄기 현악기(絃樂器) 소리로
채색 베푼 대청에서 잔치 갓 시작했다
비파(琵琶)를 잡은 사람 맨 앞에 있는데
쪽머리는 구름이요 허리는 흰 깁
그대로 다시없이 멋들어진다.
가볍게 잡고 천천히 부비는 것
귀엽고 아리따운 자태 자아내고
푸른 눈썹 검은 귀밑머리
없는 수심 간절히 자아내고
새로 만든 곡조는
그것대로 연주 해낼 수 있어
함께 양주곡(梁州曲)[211] 연주하는 것 듣네.

편단(遍段)[212]에 이르러 잦아드는 가락은
분명히 하소연 하는 것만 같고
어찌 알리오 손가락 바닥이 섬세하고 부드럽단 걸
좌중은 말이 없고
오직 금규(金虯)[213]만 이어졌다 끊어졌다 할 뿐

210) 「백보장(百寶粧)」은 신안과장루(新雁過樓)의 별칭(別稱)이다. 이 여지(麗志)의 사(詞)는 《사율(詞律)》 권 27에 도해(圖解)되어 있다.
211) 유명한 비파의 가락으로 알려진 것이다. 양주(梁州)를 양주(州)로도 쓴다.
212) 대곡(大曲)의 중간 단락이다.
213) 진동하는 비파의 줄을 형용한 말이다. 금은 그 색깔이다.

孫意轉步蓮徐徐卸鳳鉤捧瑤觴爲喜知音
勸佳人沉醉遲留

곡 끝나니 은연중에 왕손(王孫)의 뜻[214] 알게 되네.
연꽃[215]같은 걸음 돌려
천천히 봉구(鳳鉤) 내려놓고 요옥(瑤玉) 술잔 받들고서
음악 알아준 것[216] 기뻐하여
가인(佳人)에게 잠뿍 취하고
늦게까지 머물러 있으라고 권하누나.[217]

---

214) 양주곡(梁州曲)에 담기운 뜻을 말한다.

215) 여인의 발을 연꽃으로 형용해서 한 말한다.

216) 지음(知音)으로 마음이 서로 통하는 친한 벗을 비유적으로 이르는 말이다.

217) 「백보장(百寶粧)」은 고려 시대 악곡의 하나이다. 한 가인(佳人)이 비파로 양주곡(梁州曲)을 타는 장면을 묘사하다. 본래 당악곡(唐樂曲)의 하나로, 송의 사악(詞樂)으로 유입된다. 악보는 전하지 않고, 가사만 ≪고려사≫에 전한다. 가사는 쌍조(雙調) 1백 7자에 전단(前單) 12구 평운(平韻), 후단(後單)은 9구 4평운이다.

만조환(滿朝歡)[218] 영(令)

滿朝歡 令
未央宮闕丹霞住十二玉樓揮錦繡雲開雉
扇捲珠簾烟粉龍香添瑞獸 瑤觴一舉簫
韶奏環珮千官齊拜首南山翠應北華高共
獻君王千萬歲

미앙(未央) 궁궐엔 붉은 노을 머물러 있고

열두 옥루(玉樓)에는 금수(錦繡)가 흔들리네.

치선(雉扇)이 구름같이 펼쳐지고 구슬 발 말아 올려져 있는데

향연(香煙) 내는 가루 용향(龍香)을 상서로운 짐승꼴 향로에 더 넣는다.

요옥(瑤玉) 술잔 한 번 올리자 소소(簫韶) 연주하고

환패(環佩)[219] 찬 천(千)으로 헤아릴 관원(官員)들 일제히 큰 절한다

남산(南山)의 푸르름은 북쪽 화산(華山)의 높은 것 맞보고

함께 군왕(君王)에게 천만세(千萬歲)의 장수(長壽)을 바친다

218) 「만조환령(滿朝歡令)」은 사패명(詞牌名)에 맞는 본의사(本意詞)이다. 만조백관(滿朝百官)들이 군왕(君王)에게 송수(頌壽)하는 것을 다룬 노래이다.

219) 관리가 차는 구슬을 말한다.

天下樂令

壽星明久壽曲高歌沉醉後壽燭熒煌手把
金爐燃一壽香 滿斟壽酒我意慇懃來祝
壽問壽如何壽比南山福更多

천하악(天下樂)[220] 영(令)

수성(壽星)은 밝고 오래되었으며
수곡(壽曲)은 잠뿍 취한 후에 높은 목청으로 부르고
수촉(壽燭)은 휘황하고 손으로 쇠향로 잡고
한 줄기의 수향(壽香)을 피우네.

수주(壽酒)를 가득 따라
내 마음 정중하게 가다듬고 장수(長壽)을 비네.
수(壽)는 어떠한가 묻는 것인가
"수(壽)는 남산(南山)에 비길 만큼 길고 복(福)은 그 보다도 더 많도록"

---

220) 「천하악령(天下樂令)」은 자목란화(字木蘭花)의 별칭(別稱)이다. 송수(頌壽)의 노래이다. "수(壽)"자(字)를 많이 쓴 것이 특색이다. 천하락(天下樂)은 송(宋) 나라에서 고려에 전래되어 사용된 사악(詞樂)의 곡명이다. 당악(唐樂)의 산사(散詞)에 속하는 곡조의 하나로서 곡의 구조는 쌍조(雙調) 45자로 되어 있다. 현재 악보는 전하지 않고 그 가사만이 ≪고려사≫ 악지(樂志)에 전하는데, 그 내용은 축수(祝壽)의 뜻을 나타내기 위하여 8자로 매구(句)를 삼아 표현한 것이다.

감은다(感恩多)[221] 영(令)

感恩多令

羅帳半垂門半開殘燈孤月照窻臺北斗漸
移天欲曙漏更催　携手勸君離別酒泪和
紅粉滴金盃嗚咽問君今夜去幾時迴

깁 방장은 반쯤 드리운데 문도 반쯤 열려있고
남은 등불과 외로운 달은 창틀 비치네.
북두성(北斗星)은 점점 옮겨 하늘은 밝아지려는데
누각(漏刻)은 더욱 재촉하네.

손잡고 님에게 이별주를 권하자니
눈물은 붉은 분과 함께 금술잔에 떨어지네.
흐느끼며 님에게 물어보기를,
"오늘밤 떠나가시면 어느 때 돌아오시나요"

---

221) 「감은다(感恩多)」는 고려 시대 송나라에서 전래된 사악(詞樂)의 한 곡명이다. 산화자(山花子)의 별칭으로 일명 감은다령(感恩多令)이다. 당악(唐樂)의 산사(散詞)에 속하는 곡의 하나로 악곡의 구조는 쌍조(雙調) 48자로 되어 있다. 악보는 전하지 않고 가사 만이 전하는데, 내용은 밤새도록 님과 이별주를 나누며 눈물 흘리는 여인의 슬픔을 읊은 것이다.

임강선(臨江仙)[222] 만(慢)

臨江仙慢

夢覺小庭院冷風漸漸疎雨蕭蕭綺窓外秋
聲敗葉狂飄心搖奈寒漏永孤幃悄燭淚空
燒無端處是綉衾鴛枕閑過清宵蕭條 牽
情惹恨爭向年少偏饒覺新來憔悴舊日風

꿈에서 깨니 작은 뜨락엔
찬바람이 쌩쌩 불어
성근 비가 솨솨 내리네.
무늬 비단 창 밖에는
가을 소리 내면서
이지러진 나뭇잎이 내친 듯이 휘날리네.
마음 흔들리는데
찬 누각(漏刻)은 길고
외로운 방장은 조용하고
초눈물은 부질없이 타네.
까닭도 없는 곳에는 수 이불과 원앙 베개
할 일없이 맑은 밤을 보내네.

쓸쓸하게 정에 끌린 걸 한스럽게 여겨
다투어 젊은이에게 그냥 용서해준다
느껴지는 건 새삼스럽게
지난날의 풍채가 초라해진 것

---

222) 「임강선만(臨江仙慢)」은 유영(柳永)의 작(作)이다. 《흠정사보(欽定詞譜)》 권 17과 《사율(詞律)》 권(卷) 8에 도해(圖解)되어 있다. 이수(離愁)의 노래이다.

애끊는다. 생각하는 건 기쁘고 즐겁던 일
안개가 물결에 막혀버리고
뒤에 만날 기약[223]은 아직도 멀었는데
또 한해 지나갔다
묻고픈 것은 어떻게 막아내나
이토록 무료(無憀)함을

標魂消念懽娛[illegible]烟波阻後約方遙還經歲
問怎生奈得如許無憀

223) 후약(後約)을 말한다.

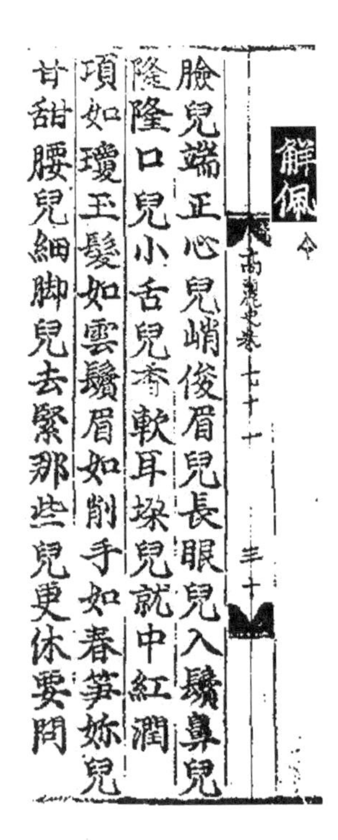

解佩令

高麗史卷七十一

臉兒端正心兒峭俊眉兒長眼兒入鬢鼻兒
隆隆口兒小舌兒香軟耳垛兒就中紅潤
項如瓊玉髮如雲鬢眉如削手如春筍妳兒
甘甜腰兒細脚兒去緊那些兒更休要問

해패(解佩)[224] 영(令)

얼굴은 단정하고 마음은 깔끔하고
눈썹은 길고 눈은 귀밑머리로 들어가네.
코는 우뚝하고 입은 작고 혀는 향기롭고 부드럽고
귀는 그 가운데서 붉고 윤기가 있네.

목은 경옥(瓊玉)같고 머리는 구름 같고
귀밑머리와 눈썹은 깎은 것 같네.
손은 봄철의 죽순 같고 젖은 달고
허리는 가늘고 발은 단단히 조였네
그런 것들은 다시 물으려고도 하지 말 것이라

---

224) 「해패령(解佩令)」은 여인(女人)의 안팎을 그려낸 것이다. 해패(解佩)는 고려 시대 송나라에서 전해진 사악(詞樂)의 하나이다. 당악(唐樂)의 산사(散詞)에 속하는 곡의 하나로 그 가사가 ≪고려사≫ 악지에 전하는데, 내용은 한 여인의 아름다운 모습을 유희적으로 읊은 것이다.

| 제3부 |

속악 (俗樂)

[거문고]

[대금]

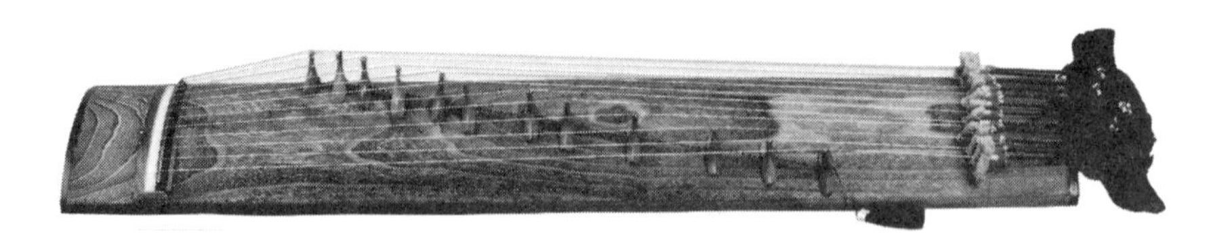

[가야금]

[향비파]

속악(俗樂)

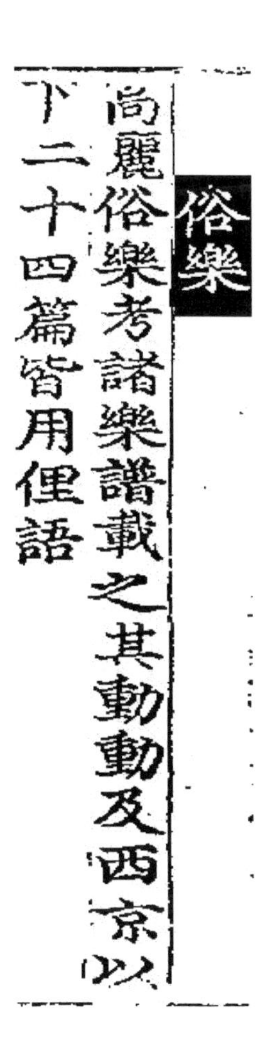
俗樂

高麗俗樂考諸樂譜載之其動動及西京以
下二十四篇皆用俚語

고려의 속악(俗樂)[1]은 여러 악보들을 참고하여 수록하였다. 다음의 동동(動動) 및 서경(西京) 이하 24편은 모두 이어(俚語)[2]를 사용한 것이었다.

---

1) 우리나라 전통 음악을 중국 아악(雅樂)과 비교하여 이르는 말이다. 장악원(掌樂院)의 우방(右坊)에서 담당하는 향악(鄕樂)과 당악(唐樂)을 통칭한 것으로 세간의 통속적인 음악. 판소리, 잡가, 민요 등이 있다.

2) 이어(俚語)는 국어 속에 나타나는 사투리이다. 곧 표준말이 될 수 없는 말이다. 또는 야비하고 속된 말이다. 우리말을 훈민정음(訓民正音) 본문에서는 '국지어음(國之語音)'이라 하였고, 해례(解例) 종성해(終聲解)에서는 '언어(諺語)' 또는 '언(諺)'이라 하였으며, 합자해(合字解) 결(訣)과 정인지(鄭麟趾)의 서문에서는 '방언이어(方言俚語)'라고 하였다. 항간(巷間)에 떠돌며 쓰이는 속되고, 비속한 말이지만, 순우리말을 일컫는다.

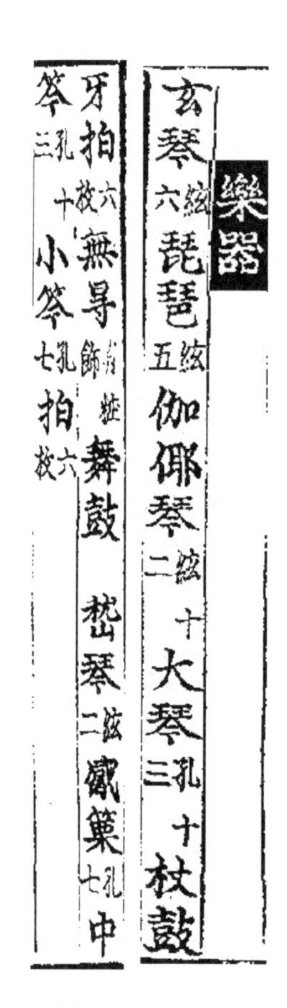

樂器

玄琴六絃 琵琶五絃 伽倻琴十二絃 大琴十三孔 杖鼓 牙拍六枚 無㝵有飾粧 舞鼓 嵇琴二絃 觱篥七孔 中笒十三孔 小笒七孔 拍六枚

악기(樂器)

현금(玄琴)[3], 비파(琵琶)[4], 가야금(伽倻琴)[5], 대금(大琴)[6], 장고(杖鼓), 아박(牙拍)[7], 무애(無㝵)[8], 무고(舞鼓), 해금(嵇琴)[9], 필률(觱篥)[10], 중금(中笒)[11], 소금(小笒)[12], 박(拍)[13].

3) 6줄
4) 5줄
5) 12줄
6) 13개 구멍
7) 6매
8) 장식이 있다.
9) 2줄
10) 7개 구멍. 피리를 말한다. ≪악학궤범(樂學軌範)≫에 의하면 조선 초기에 피리는 중국에서 전래된 피리인 당필률(唐觱篥)과 전래의 피리인 향필률(鄉觱篥)의 두 종류가 있었다.
11) 13개 구멍
12) 7개 구멍
13) 6매

무고(舞鼓)

舞鼓

舞隊(皂衫)率樂官及妓(樂官朱衣 妓丹粧)立于南樂官重行而坐樂官二人奉鼓及臺置於殿中諸妓歌井邑詞鄕樂奏其曲妓二人先出分左右立於鼓之南向北拜訖跪斂手起舞俟樂一成兩妓執鼓槌起舞分左右俠鼓一進一退訖繞鼓或面或背周旋而舞以槌擊鼓從

춤의 대오[14]는 악관(樂官)과 기녀(妓女)들[15]을 거느리고 남쪽에 서고 악관(樂官)들은 두 줄(重行)로 앉는다.

악관(樂官) 2명이 북과 북 받침을 가져다가 궁전 중앙에 놓으면 여러 기녀(妓女)들이 「정읍사(井邑詞)」를 노래하고 향악(鄕樂)으로 그 곡을 연주한다.

기녀(妓女) 2명이 먼저 나와 좌우로 갈라 북(鼓) 남쪽에 서서 북쪽을 향하여 절한 뒤, 꿇어 앉아 손을 여미며 일어서서 춤을 추기 시작한다.

주악이 1회 끝나는 것을 기다려 두 기녀가 북채를 잡고 일어나서 춤을 추기 시작한다.

좌우(左右)로 갈라지며 북을 끼고 나갔다 물러났다 하면서 춤을 추고 그것이 끝나면 북 주위를 돌며 둘이 혹은 마주본다.

혹은 등지기도 하면서 빙빙 돌며 춤을 춘다.

그러다가 채로 북을 쳐

14) 검은 옷을 입는다.

15) 악관은 주황색 옷을 입고 기녀는 단장(丹粧)한다.

樂節次與杖鼓相應樂終而止樂徹兩妓如
前俛伏興退
舞鼓侍中李混謫宦寧海乃得海上浮査
制爲舞鼓其聲宏壯其舞變轉翩翩然雙
蝶繞花矯矯然二龍爭珠最樂部之奇者
也

악의 절차에 따라 장고(杖鼓)와 서로 가락을 맞추다가 주악이 끝나면 멎는다.

음악이 멎으면 두 기녀는 앞서와 같이 엎드렸다가 일어나서 물러간다.

무고(舞鼓)[16]는 시중(侍中)[17] 이혼(李混)[18]이 영해(寧海)[19]에 적환(謫宦)[20]할 시기에 어느 날 바다에 떠도는 나무토막을 얻어 가지고 무고[21]를 만들었는데 그 소리가 굉장했다.

그리고 춤의 변화도 많아서 한 쌍의 나비가 꽃을 싸고돌며 훨훨 춤추는 듯, 두 용이 여의주(如意珠)를 다투며 솟구치는 듯했다.

악부(樂部)에서 가장 기묘한 춤이다.

16) 「무고(舞鼓)」는 향악정재(鄕樂呈才)에 속한다. 이 춤의 유래에 대하여 고려 때는 북을 하나 놓고 두 사람이 추었으나, 조선 성종 때에는 춤추는 사람의 수효대로 북의 수효도 맞춰 4고무(四鼓舞)·8고무(八鼓舞) 등으로 발전하였다. 요즈음은 여덟 사람이 북 하나를 놓고 추되, 네 사람은 원무(元舞)라 하여 양 손에 북채를 들고 시종 북을 에워싸며 북을 어르거나 두드리며, 나머지 네 사람은 협무(挾舞)라 하여 삼지화(三枝花)라는 꽃방망이를 두 손에 들고, 가에서 방위(方位)를 짜고 돌거나 춤을 춘다.
17) 고려 시대의 수상직이다. 중서문하성의 최고 관직으로 품계는 종1품이었다.
18) 고려시대의 문신이다. 충선왕 때 정조사로 원나라에 가서 충선왕과 관제개혁을 의논하고 돌아와 대사백에 승진, 벽상삼한공신이 되었다. 시문에 능하고 단구에 뛰어났으며 영해에 귀양 가서 지은 무고가 악부에 전한다.
19) 현재 경상북도 영덕군을 말한다.
20) 죄과를 범하고 원방에 강직된 것을 말한다.
21) 충선왕 때에 첨의정승을 역임한 이혼이 만든 악기를 가지고 추기 시작한다. 변화가 매우 많은 춤으로 악부(樂府) 중에서 가장 기묘하다는 평가를 받았다.

동동(動動)

動動

舞隊樂官及妓衣冠行次如前儀妓二人先出向北分左右立斂手足蹈而拜俛伏興跪奉牙拍唱動動詞起句(或無執拍)諸妓從而和之鄕樂奏其曲兩妓跪插牙拍於帶間俟樂終一腔起而立樂終二腔斂手舞蹈樂終三腔

춤의 대오(隊伍), 악관(樂官) 및 기녀(妓女)들의 의관(衣冠)과 행차(行次)는 앞의 의례(儀禮)와 같다.

기녀 2명이 먼저 나와 북쪽을 향하여 좌우측으로 갈라서서 손을 여미고 발을 구르며 춤을 추다가 절하며 머리를 숙이고 엎드렸다가 일어나 꿇어앉는다.

그리고 아박(牙拍)[22]을 받들고 동동사 기구(起句)를 노래하면[23] 여러 기녀들이 그를 따라 화답하고 향악으로 그 곡을 주악하여 준다.

두 기녀는 아박을 허리띠 사이에 꽂고 악장 제1강(腔)이 끝날 때를 기다렸다가 일어서고 악장 제2강이 끝나면 손을 여미며 춤을 춘다.

악장 제3강이 끝나면

22) 민족 타악기의 일종이다.

23) 혹은 아박을 잡지 않기도 한다.

拍拍一進一退一面一背從樂節次或左或
右或膝或臂相拍舞蹈俟樂徹兩妓如前歛
手足蹈而拜俛伏與退
動動之戲其歌詞多有頌禱之詞盖效仙
語而爲之然詞俚不載

아박(牙拍)을 빼어 치며 한 번 나아갔다가 한 번 들어간다.

그리고 한 번 마주보고 한 번 등지면서 악의 절차(節次)에 따라 혹은 왼편 혹은 오른편으로 혹은 무릎 혹은 팔로써 서로 치며 춤춘다.

음악이 멎을 때를 기다려 두 기녀는 앞서와 같이 손을 여미고 발을 구르면 춤추다가 절하고 머리를 숙여 엎드렸다가 일어나 물러간다.

'동동'이라는 놀이는 그 가사의 대부분이 송도(頌禱)의 가사(歌詞)가 많으며 대개 선어(仙語)[24]를 본받아 만든 것이다. 그러나 가사가 순우리말이어서 여기에는 싣지 않는다.[25]

24) 도교음악인 소(嘯)를 중심으로 하여 고려노래 선어(仙語)의 정체를 구음(口音)과 관련지어 볼 수 있다.

25) 「동동(動動)」은 『악학궤범』에 의하면 춤·연주·노래가 어우러지는 향악정재의 통칭으로, 「아박(牙拍)」이라고도 한다. 『고려사』에서는 '동동지희(動動之戲)', 『성종실록』에서는 '동동춤[動動舞]'이라고도 하였다. 공통적으로 등장하는 「동동」은 작품의 각 장마다 되풀이되는 후렴구에 보이는 '아으 동동다리'에서 근거하여 붙여진 이름이다. '동동다리'의 '동동'은 '둥둥 내사랑이'의 '둥둥', '두리둥둥'의 '둥둥'과 같이 흥을 돕는 말이고 '다리'는 두리와 같이 '영(靈)'을 뜻하는 말로서 원시 의식에서 유래되었다는 설과, '동동'이 단순한 의성어가 아니라 뜻이 있는 서역어일 것이라는 설이 있었다. 그러나 『성호사설』에서도 '동동'은 악기의 소리를 흉내낸 의성어라 하고 있으며, 고려 가요에 대부분의 후렴구처럼 '동동'은 이 노래를 부를 때 반주하는 북소리를 본 뜬 구음이라 할 수 있다.

무애(無㝵)

無㝵

舞隊樂官及妓衣冠行次如前儀妓二人先
出向北分左右立斂手足蹈而拜俛伏擧頭
唱無㝵詞訖仍跪諸妓從而和之鄕樂奏其
曲兩妓俟樂終一腔執無㝵擧袖坐而舞樂
終二腔起舞足蹈而進樂終三腔弄無㝵從

춤의 대오, 악관(樂官)과 기녀(妓女)들의 의관과 행차(行次)는 앞의 의례와 같다.

기녀(妓女) 두 명이 먼저 나와 북쪽을 향하여 좌우(左右)로 나누어 서서 손을 여미고 발을 구르며 춤추다가 절하고 머리를 숙여 엎드렸다가 머리를 들고 「무애사(無㝵詞)」를 노래한 다음에 꿇어앉는다.

그러면 여러 기녀들이 그를 따라 화답하고 향악(鄕樂)[26]이 그 곡을 연주한다.

두 기녀는 악장 제1강(腔)이 끝날 때를 기다려 무애(無㝵)를 잡고 소매를 들고 앉아서 춤을 추고 악장 제2강이 끝나면 일어나서 발을 구르면서 전진하고 악장 제3강이 끝나면 무애를 사용하며

26) 향악에서는 박을 치지 않거나 또는 사용하는 경우 박을 구의 시작에 친다. 향악의 우리말 가사는 일정하지 않은 구의 길이를 가졌고 구를 이루는 글자 수도 일정하지 않아 그 끝을 구분하기에 어려움이 있다. 따라서 분명히 구분이 되는 시작 부분에 박을 쳤다. 규칙적이고 단순한 리듬의 당악에 비해 변화가 많고 복잡한 리듬을 가졌다. 가사에서 짝수의 구를 가진 당악에 비해 향악의 가사는 홀수의 구를 가졌다. 악구의 길이가 일정한 당악에 비해 악구의 길이가 불규칙하다.

樂節次齊行進退而舞侯樂徹兩妓如前斂
手足蹈而拜俛伏興退
無㝵之戲出自西域其歌詞多用佛家語
且雜以方言難於編錄姑存節奏以備當
時所用之樂

악의 절차에 따라 두 사람이 나란히 서서 드나들면서 춤을 추다가 음악이 마칠 때를 기다려 두 기녀는 앞서와 같이 손을 여미고 발 구르다가 절하고 머리를 숙였다가 일어나서 물러간다.

무애라는 놀이는 서역(西域)[27]으로부터 전하여 온 것으로서 그 가사는 불교가 말을 많이 썼을 뿐만 아니라 또 방언을 많이 섞었으므로 수록하기 곤란하였다.

그래서 우선 절주(節奏)[28]만 기록에 남기어 당시 사용하던 음악의 하나로 갖추어둔다.[29]

---

27) 중국의 서쪽에 있던 여러 나라를 통틀어 이르는 말이다. 넓게는 중앙아시아・서부아시아・인도를 포함하지만, 좁게는 지금의 신장위구르 자치구(新疆維吾爾自治區) 톈산 남로(天山南路)에 해당하는 타림 분지를 가리키는데, 한(漢)나라 때에는 36국이 있었으며, 동서 무역의 중요한 교통로로 문화 교류에 공헌이 컸다.

28) 춤의 동작을 말한다.

29) 「무애(無㝵)」는 무고(舞鼓)・동동(動動)과 함께 고려 시대의 대표적인 향악 정재(鄕樂呈才)의 하나이다. 중간이 잘룩한 호리병[無㝵]을 잡고, 불가어(佛家語)로 된 가사를 부르며 추던 춤이다. 세종 16년(1434) 8월 이후 제반 사악(賜樂)에서 없애라는 결정이 내려져 전하지 않다가 조선 말기 순조 29년(1892)에 재연(再演)되었다.

서경(西京)

西京

西京古朝鮮即箕子所封之地其民習於禮
讓知尊君親上之義作此歌言仁恩充暢以
及草木雖折敗之柳亦有生意也

서경(西京)은 고조선(古朝鮮) 즉, 기자(箕子)[30]를 봉했던 땅이다. 그곳의 백성들은 예절과 사양하는 품성을 배웠으며 임금과 어버이, 어른을 존경하는 도리를 알고 있었다.

그래서 이 노래를 지어 '어진 사랑으로 베푼 은혜가 충만하고 창달하여 초목에까지 미쳐서, 비록 꺾이고 넘어진 버들이라도 또한 새싹이 날 뜻이 보인다'고 하였다.[31]

---

30) 중국 상(商)의 군주인 문정(文丁)의 아들로 주왕(紂王)의 숙부(叔父)이다. 주왕의 폭정(暴政)에 대해 간언(諫言)을 하다 받아들여지지 않자 미친 척을 하여 유폐(幽閉)되었다. 상(商)이 멸망한 뒤 석방되었으나 유민(遺民)들을 이끌고 주(周)를 벗어나 북(北)으로 이주하였다. 비간(比干), 미자(微子)와 함께 상(商) 말기의 세 명의 어진 사람[三仁]으로 꼽힌다.

31) 「서경(西京)」은 『고려사』 악지(樂志)에 전하는 속악(俗樂) 24편 중의 하나이다. 서경(西京)은 기자(箕子)를 봉했던 땅인데, 그 곳의 백성들이 예양(禮讓)을 배워 임금을 존경하고 웃사람을 받드는 의리를 알아 이 노래를 지었다고 한다.

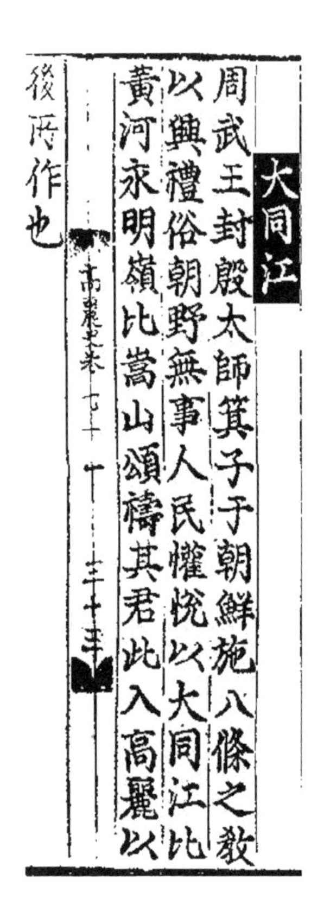
大同江
周武王封殷太師箕子于朝鮮施八條之教
以興禮俗朝野無事人民懽悅以大同江比
黃河永明嶺比嵩山頌禱其君此入高麗以
後所作也

대동강(大同江)

주(周)나라 무왕(武王)이 은나라 태사(太師)[32] 기자(箕子)를 조선(朝鮮)에 봉(封)하여, 기자(箕子)는 8개 조의 교화(敎化)[33]를 시행함으로써 예절 있는 풍속을 일으켜 조정과 백성들이 아무런 고통이 없이 편안하게 살았다.

백성들이 대동강(大同江)을 황하(黃河)에 빗대고 영명령(永明嶺)을 숭산(嵩山)[34]에 비유하여 그들의 군왕을 송도(頌禱)한 것이다.

이 노래는 고려(高麗) 왕조에 들어온 이후에 지은 것이다.[35]

---

32) 중국 주(周)나라 때의 정 1품 관직을 말한다.

33) 고조선의 8개 조항으로 된 법률이다. 이중 3조의 내용만이 《한서(漢書)》 지리지(地理志) 연조(燕條)에 전하며 그 내용은 다음과 같다. ① 살인자는 즉시 사형에 처한다. ② 남의 신체를 상해한 자는 곡물로써 보상한다. ③ 남의 물건을 도둑질한 자는 소유주의 집에 잡혀들어가 노예가 됨이 원칙이나, 자속(自贖:배상)하려는 자는 50만 전을 내놓아야 한다.

34) 중국 하남(河南省) 등봉시(登封市) 북쪽에 있는 산을 말한다.

35) 「대동강(大同江)」은 『고려사』에 전하는 속악(俗樂) 24편 중의 하나이다. 주(周)의 무왕(武王)이 은(殷)의 태사(太師)였던 기자(箕子)를 조선에 봉하여 8조(條)의 가르침을 베푸니, 인민들이 기뻐하여 대동강(大同江)을 황하(黃河)에, 영명령(永明嶺)을 숭산(嵩山)에 각각 비유해서 그들의 임금을 송축했다는 노래이다.

오관산(五冠山)

五冠山

五冠山孝子文忠所作也忠居五冠山下事
母至孝其居距京都三十里爲養祿仕朝出
暮歸定省不少衰嘆其母老作是歌李齊賢
作詩解之曰木頭雕作小唐雞筯子拈來壁
上栖此鳥膠膠報時節慈顔始似日平西

오관산은 효자 문충(文忠)이 지은 것이다. 문충은 오관산 아래에서 살았는데 어머님을 지극히 효성스럽게 모셨다.

그가 살고 있는 곳에서 서울까지는 삼십 리나 떨어져 있었는데, 모친을 봉양하기 위하여 벼슬살이를 하느라 아침에 나갔다가 저녁에 돌아오곤 했는데 아침저녁 문안을 조금도 게을리 하지 않았다.

그는 자기 어머니가 늙어 가는 것을 한탄하면서 이 노래를 지었다. 이제현(李齊賢)이 시로써 표현하였다.

"나무토막을 깎아 자그맣게 당계(唐鷄) 만들어
횃대에 얹어 벽상에 올려 두고
그 닭이 꼬끼오 하면서 때를 알리면
어머니 얼굴은 비로소 서쪽으로 지는 해처럼 늙으리."[36]

---

36) 「오관산(五冠山)」은 목계가(木鷄歌)라고도 한다. 오관산(五冠山) 밑에 살던 효자(孝子) 문충(文忠)이 어머니가 늙어감을 탄식하여 지은 노래이다. 이제현(李齊賢)의 한역시가 『익재난고(益齋亂藁)』에 실려 전한다. 태종 2년(1402) 6월에 예조(禮曹)와 의례상정소(儀禮詳定所)가 함께 상의하여 조회연향악(朝會宴饗樂)을 제정하였는데, 이 때 오관산은 서인(庶人)들이 부모 형제들을 위하여 베푸는 연회 음악으로 채택되었다.

楊州

楊州即高麗漢陽府北據華山南臨漢水土地平衍富庶繁華非他州比州人男女方春好遊相樂而歌之也

양주(楊州)

양주는 고려 한양부(漢陽府)이니 북쪽에는 화산(華山)[37]이 웅거하였고 남쪽에는 한강(漢江)에 임해 있다.

토지(土地)가 평탄하고 물산이 풍부하여 번화한 것이 다른 고을에 견줄 바 아니다.

이 양주(楊州) 사람들은 남녀 모두 아름다운 봄을 만나 노는 것을 좋아하였는데, 서로 이 노래를 부르며 즐거워하였다.[38]

---

37) 백두산, 지리산, 금강산, 묘향산 등과 함께 오악(五嶽)에 포함되는 명산이다. 세 봉우리인 백운대(白雲臺, 836.5m), 인수봉(人壽峰, 810.5m), 만경대(萬鏡臺, 787.0m)가 큰 삼각형으로 놓여 있어 붙여진 이름으로, 삼각산(三角山) 또는 삼봉산(三峰山), 화산(華山), 부아악(負兒岳) 등으로도 불린다. 고려시대부터 삼각산이라고 하다가 일제강점기 이후 북한산이라 불리기 시작했다. 서울 근교의 산 중에서 가장 높고 산세가 웅장하여 예로부터 서울의 진산(鎭山)으로 불렸다.

38) 「양주(楊州)」은 양주(楊州) 사람들이 봄에 즐겁게 놀며 부른 노래이다.

월정화(月精花)

月精花

月精花晉州妓也司錄魏齊萬惑之令夫人憂恚而死邑人哀之追言夫人在時不相親愛以刺其狂惑也

월정화는 진주(晉州) 기녀(妓女)이었는데 사록(司錄)[39] 위제만(魏齊萬)이 그녀에게 매혹(魅惑)되어 그의 부인(夫人)이 근심과 분노로 죽게 만들었다.

고을 사람들이 그를 불쌍히 여기어 그 부인이 생존하였을 때에 서로 친애(親愛)하지 않았던 사실을 들어 위제만이 여색에 미친 듯이 침혹(沈惑)된 것을 풍자(諷刺)한 노래이다.[40]

39) 고려시대 정8품 문관직명을 말한다.

40) 「월정화(月精花)」은 사록(司錄) 위제만(魏齊萬)이 진주기(晉州妓) 월정화(月精花)에게 혹하자, 부인은 그것이 마음의 병이 되어 죽었는데, 고을 사람들이 그 부인을 불쌍히 여겨 불렀던 노래이다. 후세에 전하지 않는다.

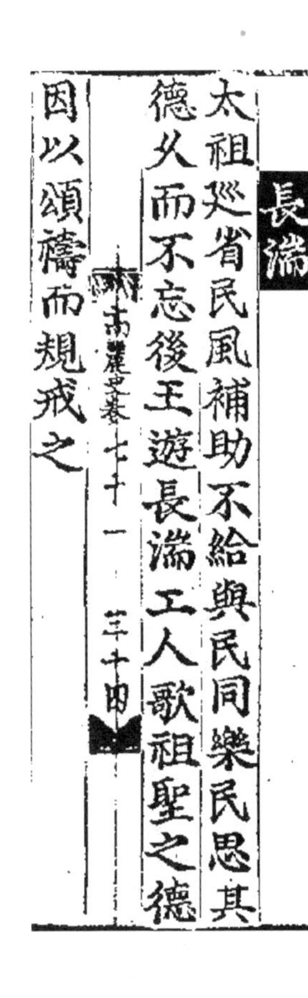

長湍
太祖巡省民風補助不給與民同樂民思其
德久而不忘後王遊長湍工人歌祖聖之德
因以頌禱而規戒之
高麗史卷七十一 三十四

장단(長湍)

태조(太祖)가 각지를 순행(巡幸)[41]하면서 주민들의 풍습(風習)을 살피고 부족한 것을 보조(補助)하여 주며 백성들과 더불어 같이 즐기었다.

그래서 백성들이 그 덕(德)을 오래도록 사모하고 잊지 않았다.

후대의 왕이 장단(長湍)[42]에 갔을 때 가공(歌工)들이 태조의 덕을 노래하고, 인하여 그로써 후대의 왕을 송축(頌祝)하는 한편 또 그를 경계(警戒)한 것이다.[43]

---

41) 임금이 나라 안을 두루 살피며 돌아다니던 일이다.

42) 경기도 장단군에 있는 한 읍이다.

43) 「장단(長湍)」은 『고려사』 악지에 전하는 속악(俗樂) 24편중의 하나이다. 장단(長湍) 고을 사람들이 고려 태조의 덕을 사모하고 기림으로써 규계(規戒)를 삼은 내용이다. 현재는 전하는 악보가 없어 그 음악의 내용은 알 수 없다.

정산(定山)

定山

定山公州屬縣縣人作是歌以摎木錯節比之頌禱福祿也

정산(定山)[44]은 공주(公州)에 속한 현(縣)이다.

그 고을 사람들이 이 노래를 지어 규목착절(摎木錯節)[45]을 인용하여 비유하고 군왕의 복록(福祿)을 축복한 것이다.[46]

44) 지금의 충청남도 청양군을 말한다.

45) 굽은 나무의 얽힌 마디를 뜻하는데, 『시전(詩傳)』에 이르바 군자의 혜택이 하루에 보급되었다는 시편을 말한다.

46) 「정산(定山)」은 고을 사람들이 복록을 송도(頌禱)한 내용의 노래이다. 지금은 전하지 않는다.

벌곡조(伐谷鳥)

伐谷鳥

伐谷鳥之善鳴者也睿宗欲聞已過及時政
得失廣開言路猶恐群下不言作此歌以諷
諭之也

벌곡조(伐谷鳥)[47]란 잘 우는 새이다.

예종(睿宗)이 자기의 과실(過失)과 시국 정치의 득실(得失)에 대한 여론을 듣고자 상언(上言)의 길을 널리 열어 놓았다.

그래도 아래 사람들이 상언하지 않을까하여 이 노래를 지어 타이르는 뜻을 이른 것이다.[48]

---

47) 뻐꾹새를 말한다.

48) 「벌곡조(伐谷鳥)」는 『고려사』에 전하는 속악(俗樂) 24편중의 하나이다. 벌곡(伐谷)은 새의 이름이다. 고려 시대 예종이 자기의 잘못이나 시정(時政)의 득실을 듣기 위하여 상언(上言)의 길을 넓혀 놓았으나, 신하들이 상언하지 않을 것을 염려하여 지은 것이다.

원흥(元興)

元興

元興鎭東北面和寧府屬邑濱于大海邑人舩商而還其妻悅而歌之

원흥진(元興鎭)은 동북면(東北面) 지방 화녕부(和寧府)의 속읍(屬邑)으로 큰 바닷가에 접해 있다.

읍 사람이 배를 타고 장사 다니다가 돌아오면 그의 아내가 기뻐서 이 노래를 불렀다.[49]

49) 「원흥(元興)」은 바다로 행상(行商)하러 갔다 돌아오는 남편을 보고 기뻐하는 내용의 노래이다. 세종 13년(1431) 10월에 관습도감(慣習都鑑)에서 원흥곡과 안동자청(安東紫靑)은 음조가 깨끗하니 다시 쓰자고 아뢰니, 원흥곡은 풍교(風敎)에 도움됨이 있다고 하여 관현에 올리도록 하였다.

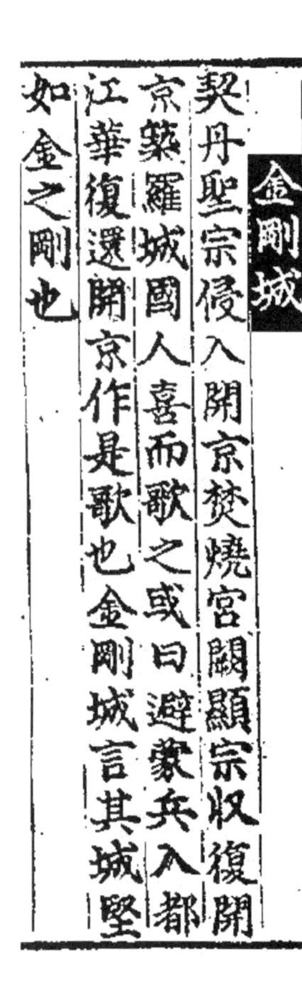

金剛城

契丹聖宗侵入開京焚燒宮闕顯宗收復開京築羅城國人喜而歌之或曰避蒙兵入都江華復還開京作是歌也金剛城言其城堅如金之剛也

금강성(金剛城)

거란(契丹)의 성종(聖宗)이 개경(開京)50)에 침입하여 궁궐을 불태웠다.

현종(顯宗)이 개경을 다시 찾고 나성(羅城)51)을 축조하니 나라 사람들이 기뻐서 부르던 노래이다.

또 어떤 사람은 말하였다.

"몽골 병의 침략을 피하여 강화도로 서울을 옮겼다가 다시 개경으로 돌아왔을 때 이 노래를 지었다"

금강성이란 말은 그 성(城)이 견고하기가 쇠같이 굳음을 뜻한다.52)

50) 현재 개성(開城)을 말한다.

51) 안팎 2중으로 구성된 성곽에서 안쪽의 작은 성과 그 바깥의 도시까지 감싼 바깥쪽의 긴 성벽을 말한다.

52) 「금강성(金剛城)」은 《고려사》 〈악지(樂志)〉 속악조(俗樂條)에 《동동(動動)》 《무애》 《처용(處容)》 등과 함께 실린 31곡 중 1곡으로, 조선시대에 전승되어 국왕연(國王宴), 군신악(群臣樂) 및 공사연악(公私宴樂) 등에서 연주되었다. 고려 현종(顯宗) 때 거란(契丹)의 침입으로 불타버린 궁궐을 재건할 때 지은 것이라고도 하고, 강화로 피란갔다 돌아왔을 때 지은 것이라고도 한다.

장생포(長生浦)

長生浦

侍中柳濯出鎭全羅有威惠軍士愛畏之及倭寇順天府長生浦濯赴援賊望見而懼即引去軍士大説作是歌

시중(侍中) 유탁(柳濯)이 전라도(全羅道)로 군정관이 되어 위엄(威嚴)과 은혜(恩惠)를 겸비하였으므로 군사들이 그를 아끼면서도 두려워하였다.

왜구(倭寇)가 순천부(順天府) 장생포(長生浦)를 침략하자 유탁이 구원하러 갔는데, 왜적(倭賊)들이 그를 보고는 두려워하여 즉시 퇴각하였다.

그래서 군사들이 대단히 기뻐서 이 노래를 지었다.[53)]

53) 「장생포(長生浦)」는 고려 공민왕 초에 시중(侍中) 유탁(柳濯)이 전라도 순천부(順天府) 장생포에 출진(出鎭)하였을 때 왜적(倭賊)이 두려워하여 퇴거함을 보고, 군사들이 크게 기뻐하여 이 노래를 불렀다고 한다.

총석정(叢石亭)

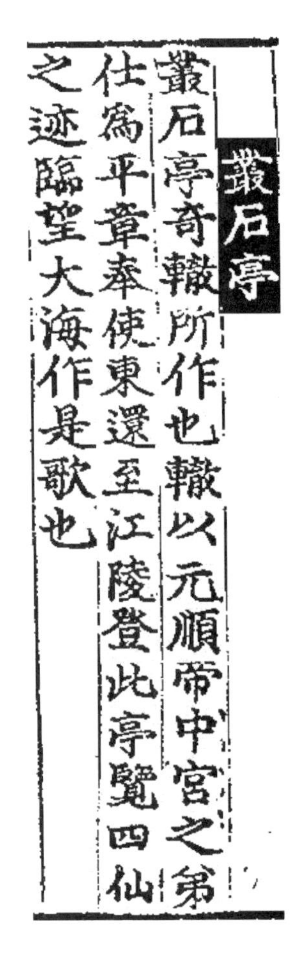
叢石亭

叢石亭奇轍所作也轍以元順帝中宮之弟
仕爲平章奉使東還至江陵登此亭覽四仙
之迹臨望大海作是歌也

총석정[54]은 기철(奇轍)[55]이 지은 노래이다.

기철은 원(元)나라 순제(順帝) 중궁(中宮)[56]의 친동생이다.

그는 원나라에서 평장사(平章事) 벼슬을 하다가 황제의 사명(使命)을 받고 고려로 돌아오는 도중 강릉(江陵)에 이르렀다.

이 정자(亭子)에 올라 네 신선(神仙)[57]의 유적을 구경하고 망망한 대해(大海)를 바라보면서 이 노래를 지었다.[58]

---

54) 강원도(북한) 통천군 통천읍에 있는 정자. 관동팔경(關東八景) 중의 하나이다.

55) 본관은 행주(幸州)로 몽고식 이름은 빠엔부카[伯顔不花]이다. 고조부는 문하시랑 평장사를 지낸 기윤숙(奇允肅)이다. 부모는 총부산랑(摠部散郎)을 지내고 뒤에 영안왕(榮安王)에 추증된 기자오(奇子敖)와 성균대사성을 지낸 이애(李崖)의 딸인 영안왕대부인 이씨(榮安王大夫人李氏)로 이들의 둘째아들이다. 누이동생이 원나라 순제(順帝)의 제2황후인 기황후(奇皇后)이다.

56) 아랫사람이 황후(皇后)를 높여 부르던 말이다.

57) 신라의 네 국선(國仙)으로 영랑, 술랑, 안상, 남석행 등을 말한다.

58) 「총석정(叢石亭)」은 『고려사』 악지에 전하는 속악(俗樂) 24편중의 하나로 고려 공민왕 때 기철(寄轍)이 강릉(江陵)에 가서 총석정에 올라가 신라 사선(四仙)의 유적(遺蹟)을 구경하고 큰 바다를 바라보며 지은 노래이다.

거사련(居士戀)

居士戀

行役者之妻作是歌托鵲蟢以冀其歸也李齊賢作詩解之曰鵲兒籬際噪花枝蟢子床頭引網絲余美歸來應未遠精神早已報人知

어떤 행역(行役)[59]에 사람의 아내가 이 노래를 지어 갈거미에 부쳐서 자기 남편이 돌아오기를 바란 것이다.

이제현(李齊賢)이 시로써 표현하였다.

"까치는 울타리 꽃나무 가지에서 지저귀고
갈거미는 침상 머리에 줄을 늘이니
내 님 오실 날이 멀지 않기에
그 정신이 먼저 사람에게 알려주네."[60]

---

59) 먼 길을 여행하는 것을 말한다.

60) 「거사련(居士戀)」은 작자・연대 미상의 고려 가사로 현재 원래의 가사는 알려져 있지 않지만 가사의 내용에는 까치와 거미를 소재로 하여 객지로 떠난 남편을 그리워하는 아내의 심정을 담고 있다.

처용(處容)

處容

新羅憲康王遊鶴城還至開雲浦忽有一人奇形詭服詣王前歌舞讚德從王入京自號處容每月夜歌舞於市竟不知其所在時以爲神人後人異之作是歌李齊賢作詩解之

신라(新羅) 헌강왕(憲康王)이 학성(鶴城)[61]에서 놀다가 개운포(開雲浦)까지 돌아왔다.

홀연히 어떤 사람 한 명이 기괴(奇怪)한 형용(形容)에 이상한 옷을 입고 왕의 앞으로 나와서 노래와 춤으로 왕의 덕(德)을 찬양한 후 왕을 따라 서울로 들어왔다.

스스로를 처용(處容)이라 부르며 달 밝은 밤마다 저자에서 노래하고 춤추었는데 끝내 그의 간 곳을 알지 못하였다.

그래서 당시 사람들이 신인(神人)이라고 생각하였으며 후세 사람도 기이하게 여기고 이 노래를 지었다.

이제현(李齊賢)이 시로써 표현하였다.

61) 지금의 울산(蔚山)을 말한다.

"옛날에 신라의 처용옹은
푸른 바다 속에서 왔다고 하네.
자개 이빨 붉은 입술로
달밤에 노래 부르며
솔개 어깨, 자주색 소매로
봄바람 맞아 휠휠 춤췄네."[62]

曰新羅昔日處容翁見說來從碧海中貝齒
赬脣歌夜月鳶肩紫袖舞春風

62) 《삼국유사(三國遺事)》 권2 처용랑 망해사(處容郞望海寺)에 실려 전해지는 내용은 다음과 같다. "나라가 태평을 누리자 왕이 879년(헌강왕 5)에 개운포(開雲浦: 지금의 울산) 바닷가로 놀이를 나갔는데, 돌아오는 길에 구름과 안개가 자욱하게 덮이면서 갑자기 천지가 어두워졌다. 갑작스런 변괴에 왕이 놀라 좌중에 물어보니 일관(日官)이 말하되 "이것은 동해 용의 짓이므로 좋은 일을 행하여 풀어야 합니다"고 하였다.
왕이 용을 위하여 절을 짓도록 명한 즉, 바로 어두운 구름은 걷히고(이로부터 이곳을 開雲浦라 하였다), 동해 용이 일곱 아들을 데리고 나와 춤을 추었으며 그 중 하나가 왕을 따라오니, 곧 그가 처용이었다. 왕을 따라온 처용은 달밤이면 거리에 나와 가무(歌舞)를 하였다 하며 왕은 그를 미녀와 짝지어주고 급간(級干) 벼슬을 주었다. 이 아름다운 처용의 아내를 역신(疫神)이 사랑하여 범하려 하므로 처용이 노래를 지어 부르며 춤을 추었더니 역신이 모습을 나타내어 무릎꿇고 빌었다. 그 후부터 백성들은 처용의 형상을 그려 문간에 붙여 귀신을 물리치고 경사가 나게 하였다. 그리고 헌강왕이 세운 절 이름을 망해사(望海寺), 혹은 신방사(新房寺)라고 하였다는 이야기이다." 이 때 처용이 춘 춤이 악부(樂府)에 처용무(處容舞)라 전해지고 이 춤은 조선시대에 이르러 정재(呈才) 때와 구나의(驅儺儀) 뒤에 추는 향악(鄕樂)의 춤으로 발전하였으며, 이를 처용희(處容戲)라고도 한다.

사리화(沙里花)

沙里花

賦歛繁重豪強奪攘民困財傷作此歌托黃雀啄粟以怨之李齊賢作詩解之曰黃雀何方來去飛一年農事不曾知鰥翁獨自耕芸了耗盡田中禾黍爲

부세(賦稅)가 번다하고 과중하였으며 토호와 권력자들의 수탈이 심하니 백성들은 곤궁에 빠지고 재산은 손실 당하였다.

이 노래를 지어 참새가 곡식을 쪼아 먹는 것에 부쳐서 그것을 원망(怨望)하였다.

이제현(李齊賢)이 시로써 표현하였다.

참새야 어디서 오가며 나느냐
일 년 농사는 아랑곳하지 않고
늙은 홀아비 홀로 갈고 맸는데
밭의 벼며 기장을 다 없애다니.[63]

63) 「사리화(沙里花)」는 『고려사』에 전하는 속악(俗樂) 24편중의 하나이다. 부세(賦稅)가 과중하고 권력자의 약탈로 인하여 백성들이 궁핍함을 참새가 곡식을 쪼아 먹는 것에 비유하여 부른 노래이다. 가사는 전하나 악보가 전하지 않는다.

장암(長巖)

長巖

平章事杜英哲嘗流長巖與一老人相善及召還老人戒其苟進英哲諾之後位至平章事果又陷罪貶過之老人送之作是歌以譏之李齊賢作詩解之曰拘拘有雀爾奚爲觸着網羅黃口兒眼孔元來在何許可憐觸網雀兒癡

평장사[64] 두영철(杜英哲)이 일찍이 장암[65]으로 귀양 갔는데 그곳에서 한 노인과 친하게 되었다.

그러다가 그가 소환되게 되자 그 노인이 그에게 구차스럽게 벼슬자리를 탐내지 말라고 경계하자 두영철이 그것을 수락하였다. 그러나 그 후 관직이 올라서 평장사(平章事)에 이르렀다가 과연 또 죄과(罪過)에 빠져 귀양 가게 되어 그곳을 지나가게 되었다. 그 노인이 전송하면서 이 노래를 지어 나무랐다고 한다. 이제현(李齊賢)은 시로써 다음과 같이 표현하였다.

"구구한 참새야. 너는 어찌하여
그물에 걸렸느냐
눈구멍은 원래 어디에 두었기에
가련하다. 그물에 걸린 어리석은 참새여."[66]

64) 고려시대 정2품의 관직을 말한다.

65) 현재 충청남도 장항읍 장암리 등을 말한다.

66) 「장암(長巖)」은 『고려사(高麗史)』 악지에 전하는 속악(俗樂) 24편 중의 하나이다. 평장사(平章事) 두영철(杜英哲)이 한 때 장암(長巖)에 유배되어 한 노인과 친했는데, 두영철이 다시 조정의 부름을 받게 되자 노인은 그에게 구차하게 벼슬에 나아가는 것을 경계하였음. 그 후 두영철이 벼슬이 평장사에 이르러 또 다시 죄를 얻으니, 그 노인이 이 노래를 지어 그를 꾸짖었다고 함. 『익제난고(益齋亂藁)』에 한역시(漢譯詩)가 전한다.

濟危寶

婦人以罪徒役濟危寶恨其手爲人所執無以雪之作是歌以自怨李齊賢作詩解之曰浣沙溪上傍垂楊執手論心白馬郎縱有連簷三月雨指頭何忍洗餘香

제위보(濟危寶)

부녀 한 사람이 죄 때문에 도형(徒刑)[67]을 받아 제위보[68]에서 일하게 되었다. 그러던 중 어떤 사람에게 그의 손을 잡힌 바가 되었는데, 씻을 길이 없는 것을 한스럽게 여겨 이 노래를 지어 스스로를 원망하였다.

이제현(李齊賢)이 시로써 표현하였다.

"빨래하는 개울 모래터 수양버들 옆에서
내 손 잡고 정을 나누던 백마(白馬) 탄 낭군
아무리 석 달 동안 장마가 진들,
내 손끝에 남은 님의 향기 어찌 가실 수 있으랴."[69]

67) 오형(五刑)의 하나로 1-3년간 복역(服役)하는 형벌(刑罰)이다. 이를 다시 5등(等)으로 나누고 곤장(棍杖) 열 대 및 복역 반년을 한 등(等)으로 하였음. 조선(朝鮮) 고종(高宗) 32년(1895)에 폐지(廢止)되었다.

68) 고려 광종 14년(963)에 빈민구제와 질병치료를 위하여 설치한 기관이다. 문종때의 직제에 따르면, 부사(副使) 1명은 7품 이상으로 하고 녹사(錄事) 1명은 병과(丙科) 권무(權務)로 하였다. 공양왕 3년(1391)에 혁파한다. 보라는 것은 '전곡(錢穀)을 시납하여 본전을 보존하고 이식을 받아 영원히 이롭게 하는 것'이라고 하였다.

69) 「제위보(濟危寶)」는 고려 속악(俗樂)의 하나로 어떤 부인이 죄를 지어 제위보에서 도역(徒役)을 하면서 남에게 손을 잡혀도 어쩌지 못하는 것을 한탄하면서 지은 노래라고 전한다. 『고려사(高麗史)』 악지(樂志)에 이제현(李齊賢)이 한시로 옮긴 것이 실려있다.

안동자청(安東紫青)

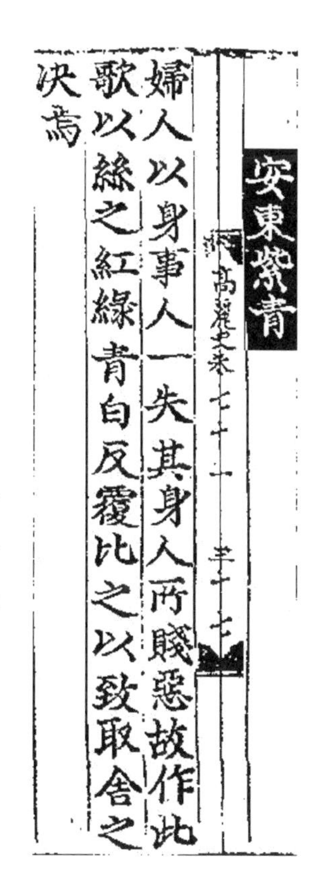
安東紫青

高麗史卷七十一

婦人以身事人一失其身人所賤惡故作此歌以絲之紅綠青白反覆比之以致取舍之決焉

부인(婦人)의 몸으로 한 남편을 섬기다가 한 번이라도 몸가짐에 실수가 있으면 모든 사람들이 천하게 여기고 미워한다.

그런 까닭에 이 노래를 지은 것인데 홍(紅), 녹(綠), 청(青), 백(白)색, 실(絲)로 몇 번이고 반복(反覆)하여 비유(比喩)하여 취사(取舍)의 결정(決定)을 한 것이다.70)

---

70) 「안동자청(安東紫青)」은 《고려사악지(高麗史樂志)》에 그 유래만 전할 뿐 가사는 전하지 않는다. 여자는 정절(貞節)을 한번 잃으면 더러워져서 뭇 사람의 천대와 멸시를 받게 된다는 것을 색실[色絲]의 빛깔이 순수하지 못한 데에 비유하여 읊은 내용이다. 고려시대에 어느 부인이 지었다고 하며, 조선시대에는 궁중음악으로 쓰이었다.

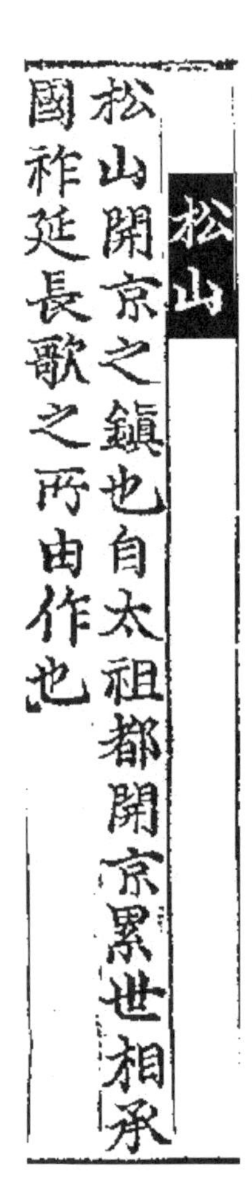
松山

松山開京之鎭也自太祖都開京累世相承國祚延長歌之所由作也

송산(松山)

송산(松山)[71]은 개경(開京)의 진산(鎭山)이다.

태조(太祖)가 서울을 개경(開京)에 정한 후로부터 대대로 왕위를 계승(繼承)하고 국조(國祚)를 연장(延長)하였다.

이 노래는 그로 말미암아 지은 것이다.[72]

---

71) 지금 송악산을 말한다.

72) 「송산(松山)」은 『고려사』 악지에 전하는 속악(俗樂) 24편중의 하나이다. 송산(松山)은 개경(開京)의 진산(鎭山)으로 이 노래는 고려 태조 이후로 개경에서 나라 기틀이 잡혀 내려옴을 내용으로 하였다.

예성강(禮成江)[73]

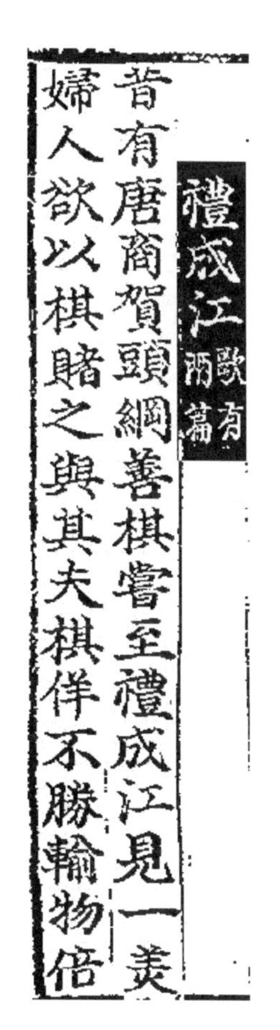

禮成江 歌有兩篇

昔有唐商賀頭綱善棋嘗至禮成江見一美

婦人欲以棋賭之與其夫棋佯不勝輸物倍

옛날에 당상(唐商)[74]인 하두강(賀頭綱)[75]라는 자가 있었는데 바둑을 잘 두었다. 일찍이 예성강(禮成江)[76]에 이르렀을 때 한 아름다운 부인을 보았다.

바둑으로 도박을 걸고자 그 부인의 남편과 돈 내기 바둑을 시작하였다.

그런데 거짓으로 바둑을 지고 곱 주기를 하니

73) 가유양편(歌有兩篇)은 노래가 두 편이라는 뜻을 말한다.

74) 중국 상인을 말한다.

75) 성은 하씨에 두목이란 뜻을 말한다.

76) 길이 약 187.4km, 유역면적 약 3,916.3㎢이다. 본래 상류는 곡산천이었으나 제4기에 신계곡산용암대지가 형성되면서 물길이 막혀 대동강의 지류 남강으로 흘러들게 되었다. 아호비령산맥과 멸악산맥 사이 예성강단열대를 따라 북동에서 남서 방향으로 흐른다. 강어귀에는 고려시대 대표적인 무역항이었던 벽란도가 있다. 고려는 일찍부터 중국과의 통교를 통해 교역하였다. 934년(태조 17) 7월에는 고려 상선이 후당(後唐) 등주(登州)에 가서 교역하였고, 같은 해 10월에는 고려의 배가 청주(青州)에서 무역을 하였으며, 958년(광종 9)에는 후주(後周)에서 비단 수천필로 구리를 무역해 온 기록도 있다.

其夫利之以妻注頭綱一衆賭之載舟而去其夫悔恨作是歌世傳婦人去時粧束甚固頭綱欲亂之不得舟至海中旋回不行卜之曰節婦所感不還其婦舟必敗舟人懼勸頭綱還之婦人亦作歌後篇是也

그 남편이 입맛을 붙이고 자기 처를 걸었다. 이때 두강이 단번에 바둑을 이기고 그의 처를 배에 싣고 갔다. 그 남편이 후회하고 한탄하면서 이 노래를 지었다 한다. 세상에 전하기를 그 부인이 갈 때 옷 매무새를 심히 견고하게 하였으므로 하두강이 그 부인의 몸가짐을 흐뜨려뜨리려다 목적을 달성하지 못하고 바다로 들어섰을 무렵에 뱃머리가 돌고 가지 않았다.[77] 점을 치니 점사(占辭)가 나왔다.

"정절 있는 부녀가 신명을 감동시킨 탓이라. 그 부인을 돌려보내지 않으면 반드시 파선되리라."

뱃사람들이 두려워서 하두강에게 권고하여 돌려보냈다. 그래서 그 부인이 역시 노래를 지으니 후편이 그것이다.[78]

---

77) 개경에서 30리 떨어진 황해안에 위치한 벽란도는 원래 예성항으로 불렀으나 그곳에 있던 벽란정(碧瀾亭)의 이름을 따서 벽란도라고 이름하였다. 고려 전기의 대외무역은 송(宋)을 비롯하여 요(遼)·금(金)·일본(日本) 등 주변 나라와 행해지고 있었으며 멀리 아라비아의 대식국(大食國)과도 교역할 만큼 교역의 대상이 광범위했다. 각국의 해상선단이 개경의 문호인 예성강 하구의 벽란도를 중심으로 몰려옴으로써, 벽란도는 국제무역항으로 번창했다. 특히 송과의 무역은 매우 중요했는데 이때 항로는 남북항로가 주된 간선이었다. 북선항로는 산동 등주(登州) 방면에서 동북 직선로에 의해 대동강 어구를 거쳐 옹진항 또는 예성강에 이르는 항로였고, 남선 항로는 명주(明州)에서 동북으로 흑산도에 이르고 다시 동북행하여 서해안 도서를 거쳐 예성강에 이르는 항로였는데, 문종대 까지는 북선항로가, 이후에는 남선항로가 발달하였다. 상행위 뿐 아니라 중국의 사신이 올때에도 우벽란정에 조서(詔書)를 안치하고, 좌벽란정에서 사신을 대접하였으며, 이곳에서 개경까지는 동서로 도로를 만들어 놓는 등 외교에 있어서도 아주 중요한 곳이었다.

78) 「예성강(禮成江)」은 『고려사(高麗史)』 악지에 전하는 속악(俗樂) 24편중의 하나로, 2편이 있다. 예전에 중국 상인이 예성강에 이르러 한 아름다운 부인을 보고 탐을 내어 그녀의 남편과 내기 바둑 끝에 나중에는 그 부인을 놓고 승부를 겨루게 되었는데, 상인이 이겨 배에 싣고 떠나 버리자, 남편이 이를 후회하여 지은 노래가 그 하나이다. 상인이 부인을 겁탈하려 하였으나 장속(粧束)이 매우 단단하여 이루지 못하고 뱃사람들의 권유로 돌려보내게 되어, 그 부인이 또한 노래를 지으니, 이것이 후편이 되었다고 한다.

동백목(冬栢木)

冬栢木

忠肅王朝蔡洪哲以罪流遠島思德陵作此歌王聞之即日召還或曰古有此歌洪哲就加正焉以寓己意

충숙왕(忠肅王) 때에 채홍철(蔡洪哲)[79]이 죄(罪)를 범하고 먼 섬으로 귀양 갔는데 그가 덕릉(德陵)[80]을 사모하고 이 노래를 지었다.

왕이 듣고 곧 그날로 소환(召還)하였다.

그런데 혹자(或者)의 말은 예로부터 이런 노래가 있었는데 채홍철(蔡洪哲)이 노래를 수정 첨가(添加)하여 자기 뜻을 붙인 것이라고도 한다.[81]

---

79) 채홍철(蔡洪哲, 1262~1340)은 고려 말기의 문신으로, 자는 무민(無悶)이다. 호는 중암거사(中庵居士)이다. 벼슬에서 물러난 후에 은거하면서 불교와 음악을 연구하였다. 문장과 기예에 뛰어났으며, 음악과 불교 경전에도 밝았다. 저서에 『중암집』이 있다.

80) 충선왕을 가리킨다.

81) 「동백목(冬栢木)」은 『고려사』 악지에 전하는 속악(俗樂) 24편중의 하나이다. 고려 충숙왕 때 채홍철(蔡洪哲)이 먼 섬으로 유배당했을 때, 충선왕을 사모하여 이 노래를 지으니 그 날로 소환(召還)되었다고 한다. 혹은 예부터 있어 온 노래를 채홍철이 가필(加筆)한 것이라고도 한다.

한송정(寒松亭)

寒松亭

世傳此歌書於瑟底流至江南江南人未解其詞光宗朝國人張晉公奉使江南江南人問之晉公作詩解之曰月白寒松夜波安鏡浦秋哀鳴來又去有信一沙鷗

세상에서 전하는 말에 의하면 이 노래는 슬(瑟) 밑바닥에 씌어져 중국 강남(江南)까지 흐르고 흘러갔는데 강남 사람들이 그 가사를 해석하지 못하였다. 광종(光宗) 때 고려사람 장진공(張晉公)이 사신이 되어 강남에 가니 강남 사람들이 그에게 가사의 뜻을 물었다. 그가 다음과 같은 시로써 해석(解析)하여 주었다 한다.

"한송정[82] 달 밝은 밤
잔잔한 경포의 가을
슬피 울며 날아다니는
소식 지닌 한 마리의 갈매기여."[83]

---

82) 강원도 강릉시 강동면 하시동리에 있는 정각을 말한다. 우리나라의 가장 오래된 차 유적지 중 하나로, 일명 녹두정(綠豆亭)이라고도 한다. 정확한 건립 연대는 알 수 없으나 신라 진흥왕 때 화랑들이 한송정을 찾았다는 기록과 이후 여러 인물들이 한송정을 방문했음을 알 수 있는 기록과 시문들이 전해지고 있다. 《동국여지승람》에 의하면 한송정은 '동쪽은 큰 바다와 접해있고, 소나무가 울창하다. 정자 곁에 차샘(茶泉), 돌아궁이(石竈), 돌절구(石臼)가 있는데 곧 술랑선인(述郎仙人)들이 놀던 곳이다' 라고 기록되어 있다. 현재 정각과 남아있으나, 정각 안에는 특별한 기록물이 남아있지 않다. 1997년에 강릉시 오죽헌시립박물관에서 석조(石竈 : 돌 아궁이)를 복원하였다.

83) 「한송정(寒松亭)」은 이 노래는 950년(광종 1년) 이전에 된 것이다.

정과정(鄭瓜亭)

鄭瓜亭

鄭瓜亭內侍郎中鄭敍所作也敍自號瓜亭
聯昏外戚有寵於仁宗及毅宗即位放歸其
鄉東萊曰今日之行迫於朝議也不久當召
還敍在東萊日久召命不至乃撫琴而歌之

정과정이란 노래는 내시 낭중(內侍郎中) 정서(鄭敍)가 지은 것이다.

정서는 스스로 과정이라고 호(號)를 지었는데 왕의 외가와 혼인한 관련이 있어서 인종(仁宗)[84]의 총애를 받았다.

그 후 의종(毅宗)[85]이 왕의 자리에 오르자 고향 동래(東萊)로 돌려보내면서 말하였다.

"오늘 보내게 된 것은 조정의 공론에 압박되어 하는 일이니 머지않아 소환(召還)될 것이다."

정서가 동래에 가 있은 지 오래 되었으나 소환 명령은 오지 않았다.

그래서 거문고를 어루만지며 노래 불렀는데

---

84) 인종(仁宗, 1109~1146)은 고려 제17대 왕(재위 1122~1146)으로, 자는 인표(仁表). 휘(諱)는 해(楷). 예종의 맏아들이고, 어머니 순덕왕후(順德王后), 비(妃)는 이자겸(李資謙)의 제3녀 폐비(廢妃) 이씨와 제4녀 폐비 이씨, 중서령(中書令) 임원후(任元厚)의 딸 공예왕후(恭睿王后), 병부상서(兵部尙書) 김예(金睿)의 딸 선평왕후(宣平王后)이다. 1115년(예종 10) 태자로 책봉되었으며, 1122년 이자겸에게 옹립되어 즉위하였다. 1126년(인종 4) 이자겸이 난을 일으키자 평정하고, 1135년 서경(西京)에서 묘청(妙淸)이 난도 평정하였다. 1145년 김부식에게 명하여 《삼국사기(三國史記)》 50권을 편찬하게 하였다.

85) 의종(毅宗, 1127~1173)은 고려의 제18대 왕(재위 1146~1170)으로, 휘는 현(晛), 자는 일승(日升), 시호는 장효(莊孝), 초명은 철(徹), 인종의 맏아들이다. 어머니는 공예태후(恭睿太后) 임씨(任氏)이고, 비는 강릉공(江陵公) 온(溫)의 딸 장경왕후(莊敬王后), 계비는 참정(參政) 최단(崔端)의 딸 장선왕후(莊宣王后)이다. 1146년 인종의 뒤를 이어서 20세에 즉위하였다. 1170년 정중부(鄭仲夫) · 이의방(李義方) 등이 난을 일으켜 폐위되었으며, 거제도(巨濟島)로 쫓겨났다. 1173년(명종 3) 김보당(金甫當)의 복위운동이 실패하자 계림(鷄林)에 유폐되었다가 허리가 꺾여 죽음을 당하는 비참한 최후를 맞았다.

詞極悽惋李齊賢作詩解之曰憶君無日不
霑衣政似春山蜀子規爲是爲非人莫問只
應殘月曉星知

그 가사가 극히 처량하였다.

이제현(李齊賢)이 다음과 같이 시로써 표현하였다.

"임금 생각하는 눈물로
옷깃 적시지 않은 날 없으니
봄밤 깊은 산 중의 두견새 같구나
묻지 말아라! 사람들아
옳고 그름을 묻지 마라
다만 내 가슴 알아주기는
다만 잔월효성만이 알 뿐이리."[86]

86) 「정과정(鄭瓜亭)」은 고려 의종 때 전(前) 내시낭중(內侍郎中) 정서(鄭敍)가 지은 가요이다. 정서는 스스로 호를 과정(瓜亭)이라 하였다. 왕실 외척과 혼인 관계를 맺어 인종의 총애를 받았는데, 의종이 즉위하자 그 고향인 동래로 추방되었다. 다시 소환하겠다던 의종의 약속이 오랫동안 이루어지지 않으므로 거문고를 타며 이 노래를 불렀다 한다.

풍입송(風入松)

風入松

海東天子當今帝佛補天助敷化來理世恩
深遐邇古今稀外國躬趍盡歸依四境寧清
罷槍旗盛德堯湯難比　且樂大平時是處
笙簫聲鼎沸幷閭樂音家家喜祈祝焚香抽

해동천자(海東天子)[87]는 지금 제불(帝佛)이시라.
하느님이 도와서 덕화를 펼치시고
세상 다스리시는 은혜가 깊으시니
원근과 고금에 이런 선정(善政) 드문 일이네.
외국 사람들도 자진하여 귀순해 오니
사방이 편안하고 맑다.
창과 군기(軍旗)는 없어지고,
성덕은 요임금・탕왕으로도 견주기가 어렵구나.

또 태평한 시절을 즐기니
이곳에선 생(笙), 소(簫) 소리 들끓고
풍악 소리 울려 퍼지는 구나
집집마다 기도하며 향을 피우고 촛불 밝히면서

87) 「풍입송」을 보면, 고려의 군주를 '해동천자(海東天子)' 또는 '황제'라 지칭하고 국가의 변경을 사경(四境)이라 표현하고 있다. 그 사경 밖에는 '남만(南蠻)과 북적(北狄)', 그리고 '외국'이 존재한다. 이와 함께 해동천자인 고려 황제의 성덕(盛德)에 의해 평화와 번영을 누리는 세계인 '사해(四海)', 즉 천하가 나타난다. 고려 군주를 부르는 호칭은 폐하(陛下)였으며 관제와 공문서식에서도 황제국의 제도들을 채택하고 있었다.

玉穗惟我聖壽萬歲永同山嶽天際 四海
昇平有德咸勝堯時邊庭無一事將軍寶劍
休更揮 南蠻北狄自來朝百寶獻我天墀
金階玉殿呼萬歲願我主長登寶位對此大
平時節絃管歌謠聲美 主聖臣賢邂逅河

옥수를 뽑는다

오직 성수만세를 영원한 산과 하늘 끝같이 누리시라.

사해(四海)가 승평하고 덕이 있으니

당요(唐堯)[88] 시절보다 낫구나.

변경에 사고 없으니 장군의 보검도 다시 쓸 곳 없네.

남만(南蠻)[89] 북적(北狄)이 스스로 내조하니

온갖 예물 뜰 앞에 쌓였구나

대궐 뜰에선 만세 높이 불러

우리 성상 길이길이 보위에 계시기 축원하네

오늘 같은 태평 시절을 당하니

관현악, 가요곡도 아름답구나.

성군과 현신(賢臣)이 마침 서로 만나니

황하는 맑아지고

88) 중국의 요 임금을 달리 이르는 말이다.

89) 예전에 중국에서 남쪽의 오랑캐라는 뜻으로 남쪽 지방에 사는 민족을 낮잡아 이르던 말이다.

푸른 바다는 편안하구나.

이원제자[90]들은 백옥소(白玉簫)로 예상곡을
성상 앞에서 연주하고
뜰 안에는 선악(仙樂)[91]이 가득한데
모두가 음률 맞추어 아름답게 어울리고
태평연 석상에서 군신이 같이 술 취했다.
우리 성상 기쁨이 가득하시니
오늘의 시간은 늦었다고 재촉 말라!

문무백관들은 일제히 절하며 성수를 축하하네.

성상은 타고 오신 옥련(玉輦)[92]타고 돌아가시니
화려한 궁전에는 상서로운 연기 어렸고
꽃 같은 미인들은 천백 줄 늘어섰는데
생가(笙歌) 소리 유량한 곳엔 모두가 신선인 듯
저마다 다투어 "환궁악사(還宮樂詞)" 불러
성수만세 아뢰네.[93]

淸海宴 梨園弟子奏霓裳白玉簫我皇前
仙樂盈庭 皆應律君臣共醉太平筵帝意多
懽是此日 銀漏莫催頻傳 文武官寮拜賀
共祝皇齡 天臨玉輦迴金闕碧閣繞祥烟
繽紛花黛列千行笙歌寥亮盡神仙爭唱還
宮樂詞爲報聖壽萬歲

90) 기녀를 달리 이르는 말이다.
91) 신선의 풍악을 말한다.
92) 왕이 타는 수레를 말한다.
93) 「풍입송(風入松)」은 고려 시대 노래의 하나로 청황종평조(淸黃鍾平調)이다. 가사는 『고려사』 악지와 『악장가사(樂章歌詞)』에 전한다. 고려 시대에 군왕(君王)을 송도(頌禱)하는 뜻으로 되어 있고, 지은 연대는 분명치 않으나 야심사(夜深詞)와 아울러 종연(終宴)에 부르던 노래이다. 한편 풍입송은 조선 태종 2년(1402) 예조(禮曹)와 의례상정소(儀禮詳定所)에서 채택된 바 있고, 세종 때의 보태평(保太平) 중 융화(隆化)는 각각 풍입송에서 일부를 따서 지은 음악이었다.

야심사(夜深詞)

夜深詞

風光暖風光暖向春天上元嘉節設華筵燈
殘月落下群仙宮漏促水涓涓花盈瓶酒盈
觴君臣君臣共醉大平年權醉夜深雞唱曉
人心甚厚留連待人難待人難何處在深閑
洞房待人難長夜不寐君不到羅幃繡幕是
仙間

날씨가 따스하네.
이른 봄철 향하는 상원가절(上元嘉節)[94]에
연회석 화려하게 차렸네
등잔불 깜박거리고 달 떨어지자
모든 신선들이 내려왔네
궁중의 물 시계 자주 울려 물소리는 졸졸
꽃은 병에 찼고 술은 잔에 찼는데
임금과 신하들이 다같이 태평 시절에 취하였어라.
술은 만취되고 밤은 깊어 닭은 새벽을 고하는데
인심이 너무 후해서 밤새워 놀라고 만류하네.
님 기다리기 어려워라!
님은 어느 곳에 계신가?
동방[95] 문 겹겹이 닫고 님 기다리기 어려워라
밤새도록 잠 못 이루어도 님은 아니 오시니
비단 휘장, 수단 장박
거기가 신선 사는 곳인가?

94) 도교에서, '대보름날'을 이르는 말이다. 도교에서는 천상(天上)의 선관(仙官)이 일년에 세 번 1월 15일, 7월 15일, 10월 15일에 인간의 선악을 살피는 때를 '삼원'이라고 하여 초제(醮祭)를 지내는데, 이 가운데 1월 15일을 이르는 말이다.

95) 침실을 말한다.

풍입송(風入松)은 칭송하고 축수하는 뜻이 있고 야심사(夜深詞)[96]는 군신이 서로 즐기는 뜻이 있다.

이 노래는 모두 연회가 끝날 무렵에 부르는 노래이다.

그러나 어느 때 지은 것인지 알 수 없다.[97]

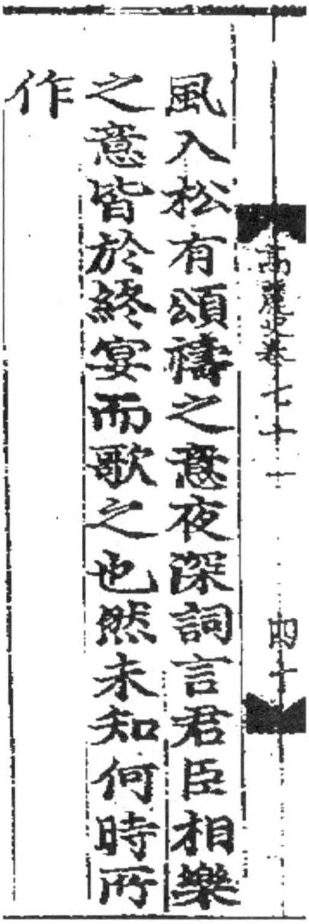
高麗史卷七十一 四十

風入松有頌禱之意夜深詞言君臣相樂之意皆於終宴而歌之也然未知何時所作

96) 「야심사(夜深詞)」의 작자・연대는 미상이다. 임금과 신하가 즐기는 뜻을 읊은 노래로, 주로 연회가 끝날 무렵에 불렀다고 한다. 한문으로 된 악장(樂章)으로 《고려사》 「악지(樂志)」와 《악장가사(樂章歌詞)》에 그 해제(解題)와 내용이 실려 전한다. 음계는 평조(平調), 전 10각(刻)이다.

97) 「야심사(夜深詞)」은 『시용향악보(時用鄕樂譜)』에 전하는 노래의 하나로 『고려사』 악지에 풍입송(風入松)은 송도(頌禱)의 뜻이 있고, 야심사는 군신(君臣)이 서로 즐기는 뜻이 있는데, 모두 연회를 끝낼 때에 노래하였다고 한다. 야심사는 풍입송과 같은 시대의 음악일 뿐 아니라, 그 음악도 서로 관련되고 있다. 풍입송은 송도하는 뜻이 있고, 야심사는 군신이 서로 즐기는 뜻이 있는데 모두 연회를 끝내고서 노래하는 것들이다. 그러나 어느 때에 지은 것인지는 알지 못한다.

翰林別曲

元淳文(俞元淳) 仁老詩(李仁老) 公老四六(李公老) 李正言(李奎報) 陳翰林(陳澕) 雙韻走筆 冲基對策(劉冲基) 光鈞經義(閔光鈞) 良鏡詩賦(金良鏡) 偉試場景 何如 琴學士(琴儀) 玉笋門生 云云(俚語九歌詞中以俚語不載者倣此) 唐漢書 莊老子 韓柳文集 李杜集 蘭臺

한림별곡(翰林別曲)

원순(元淳)[98]의 글, 인로(仁老)[99]의 시, 공로(公老)[100]의 사륙변려문과 이정언(李正言)[101], 진한림(陳翰林)[102] 쌍운(雙韻)[103] 주필(走筆)[104]이며, 충기(沖基)[105]의 대책(對策), 광균(光鈞)[106]의 경서 해석, 양경(良鏡)[107]의 시부(詩賦)로써 위(偉) 시험장 경치가 어떠합니까.

금학사(琴學士)[108]의 옥순(玉笋) 문하생(門下生) 운운(云云).[109] 당한서(唐漢書), 장자(莊子), 노자(老子), 한유문집(韓柳文集), 이두집(李杜集), 난대집(蘭臺集)[110],

---

98) 유원순(兪元淳, 1168~1232)을 말한다.
99) 이인로(李仁老, 1152~1220)를 말한다.
100) 이공로(李公老, ? ~1224)를 말한다.
101) 이규보(李奎報, 1168~1241)를 말한다.
102) 진화(陳澕, ? ~ ?)를 말한다.
103) 쌍운(雙韻)은 두 자씩으로 된 글귀의 운(韻)이 다 같은 것을 말한다.
104) 주필(走筆)은 흘림 글씨로 빨리 쓰는 것을 말한다.
105) 유충기(劉沖基, ? ~ ?)를 말한다.
106) 민광균(閔光鈞, ? ~ ?)을 말한다.
107) 김양경(金良鏡, ? ~ 1235)을 말한다. 후에 김인경(金仁鏡)으로 개명(改名)한다.
108) 금의(琴儀)를 말한다.
109) 다음에 가사들이 이어인 까닭에 기록하지 않은 부분도 이에 준한다.
110) 한(漢) 대의 난대령사(蘭臺令史)들의 시문집을 말한다.

백낙천집(白樂天集), 모시(毛詩), 상서(尙書), 주역(周易), 춘추(春秋), 주대예기(周戴禮記)[111] 운운(云云)[112].

『태평광기(太平廣記)』[113] 사백여 권을 두루 읽어 보는 광경이 어떠합니까?

안진경의 서, 비백서(飛白書), 행서(行書), 초서(草書), 전주서(篆籒書)[114] 과두서(蝌蚪書)[115], 우세(虞世)와 남서(南書), 양수필(羊鬚筆), 서수필(鼠鬚筆) 운운(云云)[116].

오생(吳生), 유생(劉生) 두 선생이 주필(走筆)하는 광경이 어떠합니까?

황금주(黃金酒), 백자주(柏子酒), 송주(松酒), 예주(醴酒), 죽엽주(竹葉酒), 이화주(梨花酒), 오가피주(五加皮酒)를 앵무잔(鸚鵡盞), 호박배(琥珀杯)

集白樂天集毛詩尚書周易春秋周戴禮記
云云(俚語)太平廣記四百餘卷偉歷覽景何如
眞卿書飛白書行書草書篆籀書蝌蚪書虞
世南書羊鬚筆鼠鬚筆云云(俚語)吳生劉生兩
先生偉走筆景何如黃金酒柏子酒松酒醴
酒竹葉酒梨花酒五加皮酒鸚鵡盞琥珀杯

111) 대대례와 소대례 등을 말한다.
112) 이어(俚語)로 표기되어 있다.
113) 태평광기(太平廣記)는 중국의 역대 설화집으로 총 500권이다. 송(宋)나라 태종(太宗)의 칙명으로 977년에 편집되었다. 종교관계의 이야기와 정통역사에 실리지 않은 기록 및 소설류를 모은 것으로, 당시의 유명한 학자 이방(李昉)을 필두로 하여 12명의 학자와 문인이 편집에 종사하였다. 475종의 고서에서 골라낸 이야기를 신선·여선(女仙)·도술·방사(方士) 등의 내용별로 92개의 항목으로 나누어 수록하였다. 송나라 이전 시대의 소설 중에서 원형 그대로 완전하게 전해지는 것은 하나도 없으므로, 그 일부를 보존하는 역할을 다한 것으로서 귀중한 책이다. 간본(刊本)으로는 명대(明代)의 담개(談愷) 간행본, 허자창(許自昌) 간행본, 청대(淸代)의 황성(黃晟) 간행본 등이 있다.
114) 소전과 대전 등을 말한다.
115) 과두문, 즉 중국의 고대문자를 말한다.
116) 이어(俚語)로 표기되어 있다.

云云俚語劉伶陶潛兩仙翁云云俚語紅牡丹白
牡丹丁紅牡丹紅芍藥白芍藥丁紅芍藥御
榴玉梅黃紫薔薇芷芝冬柏偉間發景何如
高麗史卷七十一　四十一
合竹桃花云云俚語偉相映景何如阿陽琴文
卓笛宗武中笒帶御香玉肌香雙伽耶琴金

운운(云云)[117].

유령(劉伶), 도잠(陶潛), 두 선옹(仙翁), 운운(云云)[118].

홍모란(紅牡丹), 백모란(白牡丹), 정홍모란(丁紅牡丹), 홍작약(紅芍藥), 백작약(白芍藥)[119], 정홍작약(丁紅芍藥), 어류옥매(御榴玉梅), 황색 장미, 자색 장미(黃紫薔薇), 지지(芷芝), 동백(冬柏)이 사이사이 꽃핀 광경이 어떠합니까?

합죽도화(合竹桃花) 운운(云云)[120].

이것들이 서로 어우러진 광경이 어떠합니까?

아양(阿陽)의 거문고, 문탁(文卓)의 적(笛), 종무(宗武)의 중금, 대어향(帶御香), 옥기향(玉肌香)[121]의 쌍 가야금,

117) 이어(俚語)로 표기되어 있다.

118) 이어(俚語)로 표기되어 있다.

119) 강작약이라고도 한다. 깊은 산에서 자란다. 높이 40~50cm이다. 뿌리는 굵고 육질이며 밑부분이 비늘 같은 잎으로 싸여 있다. 잎은 3~4개가 어긋나고 3개씩 2번 갈라진다. 작은 잎은 긴 타원형이거나 달걀을 거꾸로 세워놓은 모양이고 가장자리가 밋밋하며 털이 없다. 열매는 골돌과로서 벌어지면 안쪽이 붉고 덜 자란 붉은 종자와 성숙한 검은 종자가 나타난다. 뿌리를 진통・진경・부인병에 사용한다. 한국・일본・중국・사할린섬 등지에 분포한다.

120) 이어(俚語)로 표기되어 있다.

121) 1233년(고종 20) 최우(崔瑀)가 차척(車倜)을 불러 자기의 애기(愛妓) 옥기향(玉肌香)을 주어 위로하였는데, 옥기향이 바로 「한림별곡(翰林別曲)」에 나오는 명기(名妓)이다.

김선(金善)의 비파, 종지(宗智)의 해금(嵇琴), 설원의 장고로 밤새우는 광경이 어떠합니까? 일지홍(一枝紅)[122] 운운(云云)[123].

봉래산, 방장산, 영주의 심신산, 이 삼신산(三神山), 붉은 누각에 작작선자(婥妁仙子), 녹발액자(綠髮額子)가 금수(비단) 장막 속에서 주발(珠簾)을 반만 걷고 5호(五湖)를 바라다보는 광경이 어떠합니까?

푸른 버들, 푸른 대를 정자 옆에 심고 꾀꼴새가 노래하는 광경이 어떠합니까?

당 당 당 당추자(唐楸子)[124], 조협목(皂莢木)[125]나무 운운(云云)[126].

善琵琶宗智嵇琴薛原杖鼓偉過夜景何如
一枝紅云云(俚語)蓬萊山方丈山瀛州三山此
三山紅樓閣婥妁仙子綠髮額子錦繡帳裏
珠簾半捲偉登望五湖景何如綠楊綠竹栽
亭畔偉囀黃鶯景何如唐唐唐唐楸子皂莢

122) 피리를 잘 불렀다는 기생의 이름을 말한다.
123) 이어(俚語)로 표기되어 있다.
124) 호두를 말한다.
125) 쥐엄나무 열매를 말한다.
126) 이어(俚語)로 표기되어 있다.

木云云俚語削玉纖纖云云俚語偉携手同遊景
何如
此曲高宗時翰林諸儒所作

옥을 깎은 듯한 섬섬옥수 운운(云云)[127].
손을 잡고 같이 노니는 광경이 어떠합니까?
이 곡은 고종 때 한림원 여러 학자들이 지은 것이다.[128]

---

127) 이어(俚語)로 표기되어 있다.

128) 「한림별곡(翰林別曲)」은 고려 고종(高宗) 때 한림학사(翰林學士)들이 돌림 노래로 지은 경기체가(景幾體歌)의 하나이다. 임종평조(林鍾平調). 한림별곡의 악보는 『대악후보(大樂後譜)』, 『금합자보(琴合字譜)』 등 옛 악보에 전하나, 현재는 연주되지 않으며, 당시 무관들이 정권을 잡자, 벼슬자리에서 물러난 문인들이 풍류적이며 향락적인 생활 감정을 현실 도피적으로 읊은 노래이다. 기본 음률수가 3·3·4로서, 별곡체(別曲體)라는 독특한 음률과 구법(句法)을 가지는 경기체가의 효시(嚆矢)가 되었다.

모두 8장(章)으로 이루어졌으며, 시부(詩賦)·서적(書籍)·명필(名筆)·명주(名酒)·화훼(花卉)·음악(音樂)·누각(樓閣)·추천(鞦韆)의 순서로 각각 1장씩을 읊어 당시 한림의 생활상을 묘사하였다. 그러나 처음 3장까지만 문사들의 수양과 학문에 연관이 있고, 나머지 5장은 풍류라기보다 향락적인 내용으로 되었다. 또한 경기하여체가(景幾何如體歌), 곧 경기체가라는 호칭은 이 노래의 각련(各聯) 끝이 '…경(景) 긔엇더ᄒᆞ니잇고'로 되어 있음에서 유래한다.

가사는 《악학궤범(樂學軌範)》과 《악장가사(樂章歌詞)》에 국한문(國漢文)으로, 《고려사(高麗史)》 「악지(樂志)」에는 한문과 이두(吏讀)로 각각 실려 전한다. 이와 같은 형식의 별곡체 작품은 이 《한림별곡》에서 비롯하여 충숙왕(忠肅王) 때 안축(安軸)의 《관동별곡(關東別曲)》과 《죽계별곡(竹溪別曲)》이 나왔고, 조선시대에도 수많은 별곡체의 노래를 지었다.

삼장(三藏)

三藏

三藏寺裏點燈去有社主兮執吾手倘此言
兮出寺外謂上座兮是汝語

"삼장사(三藏寺)[129]로 등불 켜러 갔더니,
사주님이 이내 손목 덥석 잡네.
만약 이 말이 절 밖으로 나간다면
상좌야, 네가 소문낸 것이리라."[130]

---

129) 고려 시대 개경에 있던 절을 말한다.

130) 「삼장(三藏)」은 제25대 충렬왕(忠烈王, 재위 1274~1308)이 국정은 돌보지 않고 가무와 성색(聲色)에 빠져 날마다 기생 · 무녀(巫女) · 관비들에게 이 노래를 부르게 하였다 한다. 《고려사》 〈악지(樂志)〉에 그 한역가(漢譯歌)가 실려 전하는데, 이는 《악장가사(樂章歌詞)》에 전하는 《쌍화점(雙花店)》의 제2절과 내용이 같아서 이 두 노래는 동일한 것으로 생각되고 있다.

사룡(蛇龍)

蛇龍

有蛇含龍尾聞過太山岑萬人各一語斟酌
在兩心
右二歌忠烈王朝所作王狎群小好宴樂
倖臣吳祈金元祥內僚石天補天卿等務
高麗史卷七十一 四十二
以聲色容悅以管絃房太樂才人爲不足

뱀이 용의 꼬리를 물고
태산 기슭을 지나가더라 하네.
만 사람이 저마다 한 마디씩 말한들
짐작은 두 사람 마음에 달려 있네.

이상 두 노래는 충렬왕[131] 때에 지은 가사다. 왕이 소인 무리들과 좋아하고 잔치와 놀이를 즐겼으므로 행신(倖臣) 오기(吳祈), 김원상(金元祥)[132]과 내료(內僚) 석천보, 석천경 등이 기악(妓樂)과 여색(女色)으로 왕의 환심을 사기에 힘썼다.

관현방(管絃房)의 태악재인(太樂才人)으로는 부족해서

---

131) 고려 제 25대 왕(재위 1274~1308)으로 원나라 세조의 강요로 일본 정벌을 위한 동로군을 2차례에 걸쳐 파견했으나 실패했다. 원의 지나친 간섭과 왕비의 죽음 등으로 정치에 염증을 느껴 왕위를 선위했으나 7개월 만에 복위해야 했다. 음주가무와 사냥으로 소일하며 정사를 돌보지 않다가 재위 34년 만인 1308년 죽었다.

132) 김원상(金元祥, ?~1339)은 1284년 과거에 급제하여 여러 벼슬을 거쳐 1320년 삼사사(三司事) 등을 거쳐 이듬해 정당문학(政堂文學)에 올랐는데, 심양왕(瀋王暠) 고(暠)를 고려왕으로 옹립하려다가 실패하였다. 충숙왕이 권력을 회복하자 섬으로 유배되었다. 후에 원나라 황제의 요청으로 사면되고, 벼슬이 판삼사사에 이르렀다. 신조(新調) 《태평곡(太平曲)》을 지어 기녀(妓女) 적선래(謫仙來)에게 부르게 하여 왕의 찬탄을 받았으나, 그 내용은 전하지 않는다.

遣倖臣諸道選官妓有姿色伎藝者又選城中官婢及女巫善歌舞者籍置宮中衣羅綺戴馬騣笠別作一隊稱爲男粧教閱此歌與群小日夜歌舞褻慢無復君臣之禮供億賜與之費不可勝記

행신들을 각 도에 파견하여 관기(官妓)로서 얼굴이 아름답고 기예를 가진 여자를 선발하였다.

또 성중에 있는 관비와 무당 중에 노래와 춤을 잘하는 여자들을 선발하여 궁중에 적을 두게 하였다.

비단 옷을 입히고 마종립(馬鬃笠)[133]을 씌워 가지고 따로 한 대를 만들어 이것을 남장(男粧)이라 불렀다.

그리고 이 노래를 가르치고 검열하며 소인 무리들과 더불어 밤낮으로 이런 가무를 하고 음탕하게 놀아서 더는 군신(君臣)의 예절을 찾아 볼 수 없었으며 여기에 주는 경비와 상 주는 비용은 일일이 기록할 수 없으리만큼 많았다.[134]

---

133) 말의 갈기나 꼬리의 털로 만들어 머리에 쓰던 물건을 말한다.

134) 「사룡(蛇龍)」은 고려 충렬왕 때 작자 미상의 가요로 충렬왕이 국사는 돌보지 않고 궁기(宮妓)와 노래 잘하고 춤 잘 추는 관비(官婢)·무당(巫堂) 들을 뽑아 궁중에 두고 남장(男粧)이라 하여 날마다 기락잡희(伎樂雜戲)에 탐닉할 때 《쌍화점(雙花店)》·《태평가(太平歌)》 등과 함께 부르게 하였던 노래이다. 내용은 전해지지 않고, 《고려사(高麗史)》 권72 「악지(樂志)」에 다음과 같은 한역(漢譯)의 일부가 실려 있다.

자하동(紫霞洞)

紫霞洞

家在松山紫霞洞雲烟相接中和堂喜聞今
日耆英會來獻一杯延壽漿一杯可獲千年
筭願君一杯復一杯世上春秋都不管池塘
生春草園柳徧鳴禽三韓元老開宴中和堂
白髮戴花手把金觴相勸酒雖道風流勝神

집은 송산 자하동(紫霞洞)[135]에 있고
구름과 중화당(中和堂)은 서로 붙어 있네.
오늘 기영회(耆英會) 소식 듣고
한 잔 불로주 드리러 왔소.
한 잔 마시면 천 년 더 사시리니
한 잔 들고 또 드시라. 여러 손님네!
세상 나이는 모두 생각 마시라.
연못에는 봄 풀이 파릇파릇 하고
후원 버들가지에서는 새들이 노래 부르는 좋은 시절에
삼한의 원로들이 중화당에서 잔치를 차렸는데
백발 머리에는 꽃을 꽂았고 손에는 금잔을 잡고 서로 술을 권하니[136]

---

135) 경기도 과천에서 관악산 연주봉(戀主峰)을 향하여 올라가는 도중에 있는 깊은 계곡을 말한다. 계곡의 길이는 8km이다. 이 자하동 일대는 크게 둘로 나뉘는데, 하나는 과천에서 연주 상봉(上峰)으로 오르는 계곡일대를 총칭하는 자하동천(紫霞洞天)을 말한다. 다른 하나는 동천 입구의 기암절벽 골짜기를 가리키는데, 자하시경(紫霞詩境)이라 한다.

136) 조선 시대에는 이 곡이 음악 전공자의 시험 과목으로 이용되었다. 채홍철이 개성 송악산 아래 자하동에 살면서 그곳에 중화당(中和堂)을 짓고 원로들을 맞이하여 기영회(耆英會)를 베풀 때 스스로 이 곡을 지어 집의 종들로 하여금 부르게 하였는데 그 내용은 자하선인(紫霞仙人)이 와서 축수한다는 것이다. 1·2곡으로 이루어졌으며 계면조(界面調)이다. 1곡은 16정간(井間) 1행으로 68행이고 2곡은 70행이다. 이 곡은 조선 초의 음악인 횡살문(橫殺門)에 영향을 주었다.

이 풍류 비록 신선 놀이보다 낫다 한들 무엇이 잘못이랴?

월류금(月留琴) 넌짓 안고 태평년(太平年)[137] 탄주하오니

취도록 마시시라 술 사양 말고

인생은 술통 앞만한 곳 다시 없을 듯

백 년을 산들 술보다 더 좋은 것 없으니

술잔 가는 곳엔 남기지 마시라.

공(公)을 위한 은근한 정 한 곡조 불렀소.

이 곡조 무슨 곡인가 만년환(萬年懽)[138]이죠

세상엔 복희씨는 다시 못 보려니 힘껏 마시오.

날마다 마시시오.

태평 시대 사는 신세 취향(醉鄕)이 제일이지.

자하동 중화당에 관현악 소리 들려오고

좋은 손님 자리에 가득 찼는데

모두 다 삼한의 국로(國老)[139]로다.

백발 머리엔 꽃을 꽂고 금잔 손에 잡고 서로 술 권하니

봉래산 신선인들 이보다 풍류스럽진 못하리라.

운운[140].

仙亦何傷月留琴奏太平年願公酩酊莫辭
醉人生無處似尊前斷送百年無過酒杯行
到手莫留殘殷勤爲公歌一曲是何曲調萬
年懽此生無復見羲皇願君努力日日飲太
平身世惟醉鄕紫霞洞中和堂管絃聲裏滿
座佳賓皆是三韓國老白髮戴花手把金觴
高麗史卷七十一 四十二
相勸酒蓬萊仙人却是末風流云云 謳

---

137) 송나라에서 전래된 사악(詞樂)의 하나이다. 본래 당악(唐樂)의 산사(散詞)에 속하는 곡의 하나로, 곡의 구조는 쌍조(雙調) 45자에 전 후단 각 4구 4측운(四仄韻)으로 되어있다. 악보는 현재 전하지 않고 그 가사가 『고려사』 악지에 실려 전하는데, 그 내용은 봄을 찬양한 것이다. 이 곡은 조선 초기 성종 때 당악을 연주할 악공 선발 시험에 사용되었다.

138) 고려 시대의 악곡으로 태평성대와 임금의 만수무강을 노래했다.

139) 경대부(卿大夫)의 위치에 있으나 고령으로 벼슬을 사양하고 물러나온 사람, 또는 나라의 원로들에 대한 칭호를 말한다. 일반적으로 2품 이상의 벼슬아치를 지칭하기도 한다.

140) 이어(俚語)로 표기되어 있다.

侍中蔡洪哲所作也洪哲居紫霞洞扁其堂曰中和日邀耆老極懽乃罷作此歌令家婢歌之詞皆仙語蓋托紫霞之仙聞耆老會中和堂來歌此詞也

시중 채홍철(蔡洪哲)[141]의 작사이다. 채홍철은 자하동에 집이 있는데 그의 방에 중화당이란 편액(扁額)을 붙였다.

날마다 기로(耆老)[142]를 초대하여 마음껏 즐기고야 연회를 마치곤 하였다. 그리고 이 노래를 지어 자기 집 여종에게 노래 부르게 하였는바 가사가 모두 신선의 인사이다. 이 가사는 대개 자하(紫霞) 선인이 중화당에서 기로회(耆老會)[143]가 있다는 소문을 듣고 연석에 와서 이 가사로 노래를 부르는 것으로 꾸민 것이다.[144]

---

141) 고려 말의 문신으로 충렬왕 때 장흥부사를 지내고 사임하여 불교의 철리와 음악을 연구했다. 1314년 전적(田籍)·세제(稅制)를 제정할 때 밀직사지사로서 오도순방계정사(五道巡訪計定使)가 되어 많은 민전(民田)을 편취하여 거부가 되었다. 작품 《자하동신곡》이 《고려악부》에 전한다.

142) 60세 이상의 늙은이를 말한다.

143) 고려시대에 나이가 많아 벼슬에서 물러난 선비들이 만든 모임이다. 신종(神宗)·희종(熙宗) 때 중서시랑문하평장사에서 치사(致仕)한 최당(崔讜)을 중심으로, 최선(崔詵)·장백목(張白牧)·고형중(高瑩中)·이준창(李俊昌)·조통(趙通)·백광신(白光臣)·이세장(李世長)·현덕수(玄德秀) 등이 모임을 만들어 만년을 즐겁고 한가하게 즐기니, 당시의 사람들이 이들을 지상선(地上仙)이라 일컬었다. 이후에도 퇴직한 선비들이 기로회를 조직하여 모임을 가졌으며, 고려 말의 명나라에 대한 종계변무(宗系辨誣) 문제나, 이성계의 등극(登極)과 새 왕조의 개국 승인을 명나라에 청하는 문제 등을 의논할 때 기로회의 종친(宗親)과 고위 관원들이 참여하였다는 기록이 있다.

144) 「자하동(紫霞洞)」의 원가(原歌)는 전하지 않고 고려 충숙왕(忠肅王) 때 중암(中庵) 채홍철(蔡洪哲:1262~1340)의 한역시(漢譯詩)만 《고려사》「악지(樂志)」에 수록되어 있다. 자하동은 송산(松山:開城)에 있던 고을로 그 내용은 자하동 신선이 채홍철의 무리를 칭송하여 올린 형식으로 되었다. 곡보(曲譜)가 실려 있는 《대악후보(大樂後譜)》에도 가사는 없다. 음계는 계면조(界面調) 1과 2곡 각 68 각(刻)씩이다.

삼국속악(三國俗樂)

三國俗樂

新羅百濟高勾麗之樂高麗並用之編之樂譜故附著于此詞皆俚語

신라(新羅), 백제(百濟), 고구려(高句麗)의 악(樂) 모두 사용하였으며 악보(樂譜)도 편찬하였다.

그런 까닭에 여기에 첨부하였으나 가사가 모두 이어(俚語)로 되었다.

신라(新羅)

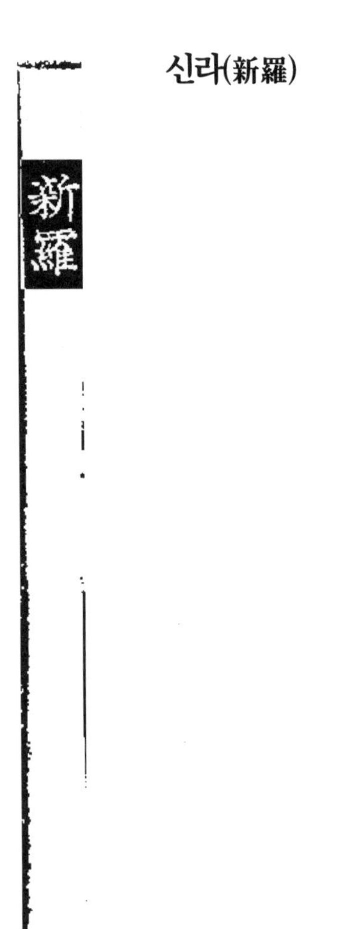

동경(東京)[145]

東京 卽雞林府

新羅昇平日久政化醇美靈瑞屢見鳳鳥來鳴國人作此歌以美之其所謂月精橋白雲渡皆王宮近地世傳有鳳生巖

신라(新羅)는 승평(昇平)한 세월이 오래 계속되고, 정치와 교화가 순미하여 신령한 상서(祥瑞)가 자주 나타났다.

봉새가 날아와 울었다.

나라 사람들이 이 노래를 지어 그것을 찬미했는데, 이 노래에 나오는 월정교(月精橋)[146] · 백운도(白雲渡)는 모두 왕궁 근처에 있었던 곳들이다.

세상에 전하기를 봉생암(鳳生巖)이 있었다고 한다.[147]

---

145) 계림부를 말한다.

146) 《삼국사기》 경덕왕 19년(760)조를 보면 문천(蚊川:현재의 남천)이라는 강에 춘양교 · 월정교가 건설되었다는 이야기가 있는데 이 두 다리가 오늘날 일정교 · 월정교를 말하는 것임을 짐작할 수 있다. 일정교는 경주 남산과 남쪽 외지를 연결하고, 월정교는 신라 왕경 서쪽 지역의 주된 교통로로 사용되었을 것으로 보인다. 후대에 춘양교는 효불효교 · 칠성교 · 일정교로, 월정교(月淨橋)는 월정교(月情橋)라 불리다가 각각 해와 달의 정령을 상징하는 일정교(日精橋)와 월정교(月精橋)로 이름이 정착된 것으로 전한다. '효불효교'나 '칠성교'라는 이름은 조선시대에 홀어머니와 일곱 아들에 관한 전설과 관련하여 붙여진 이름이다.

147) 신라 시대 속악(俗樂)의 하나이다. 동경(東京)은 곧 계림부(雞林府)를 말함. 신라는 승평(昇平)한 세월이 오래 계속되고, 풍속이 순미(醇美)하여 신령한 상서가 자주 나타나고 봉새가 날아와 울었으므로 나라 사람들이 이 노래를 지어 찬미하였다고 한다.

동경(東京)

東京

東京頌禱之歌也或臣子之於君父卑少之於尊長婦之於夫皆通其所謂安康即雞林府屬縣而亦名東京統於大也

동경(東京)[148]은 찬미하여 축복하는 노래이다.

혹 신하와 아들이 임금과 부친에게, 젊은이들이 존장(尊長)에게, 처가 남편에게 모두 통용하는 노래이었다.

가사에 이른바 안강(安康)이란 즉 계림부(鷄林府)에 소속된 현(縣)인데 역시 동경이라고 부른 것은 큰 지명에 통합(統合)시킨 것이다.

148) 고려시대에 개경(開京)이 수도의 역할을 하면서, 과거에 중요한 역할을 했던 도시를 수도와 같이 대우해주고 관리하기 위해 준수도의 지위를 부여하였다. 동경(경주), 서경(평양), 남경(한양), 즉 삼경이 그것이다. 935년(고려 태조 18)에 신라 경순왕이 고려에 투항하자, 신라의 도읍지를 경주라 하였다. 940년 그 지위를 올려 대도독부(大都督府)로 삼았고, 987년(성종 6)에 동쪽에 위치한 점을 들어 동경(東京)이라는 존칭을 부여하고 유수(留守)를 두었다. 995년에는 유수사(留守事)・부유수(副留守) 등을 두었으며, 이해에 전국에 10도를 설치하면서 금주(金州)와 함께 영동도(嶺東道)에 소속시켰다. 1012년(현종 3) 유수관을 폐지하고 경주방어사로 지위를 낮추었다가, 1030년에는 다시 동경유수로 지위를 높였다.

목주(木州)[149]

木州 今淸州屬縣

高麗史卷七十一 四十四

木州孝女所作女事父及後母以孝聞父惑後母之譖逐之女不忍去留養父母益勤不怠父母怒甚又逐之女不得已辭去至一山中見石窟有老婆遂言其情因請寄寓老婆

목주(木州)는 효녀(孝女)가 지은 노래이다.

딸은 부친과 후모(後母)[150]에게 효성으로 섬긴다고 소문이 났다.

그러나 부친이 후모의 참소(讒訴)에 혹하여 딸에게 나가라고 하였다.

딸은 차마 가지 못하고 집에 머물러 있으면서 부모 봉양을 더욱 근면하고 태만(怠慢)하지 않았다.

하지만 그럴수록 부모는 더욱 노(怒)하여 드디어 내쫓았다.

딸은 부득이(不得已) 하직하고 떠나갔다.

딸이 어떤 산중에 이르러 석굴(石窟) 속에 사는 노파를 만나서 그런 사정을 말한 다음 그곳에 있을 것을 청하니 노파(老婆)가

149) 지금 청주(淸州)의 속현(屬縣)이다.

150) 의붓어머니로 아버지가 재혼함으로써 생긴 어머니, 즉 아버지의 후실을 말한다.

哀其窮而許之女以事父母者事之老婆愛之嫁以其子夫婦協心勤儉致富聞其父母貧甚邀致其家奉養備至父母猶不悅孝女作是歌以自怨

그의 곤궁한 사정을 불쌍히 여기고 허락하였다. 처녀는 그를 자기 부모 섬기듯이 섬겼다.

그래서 노파(老婆)의 사랑을 받게 되었고 그의 아들과 결혼하게 되었다. 그 부부는 한마음으로 근검(勤儉)하여 부자가 되었다.

그 후 딸은 친정 부모가 매우 가난하게 지낸다는 말을 듣고 시집으로 모셔다가 지극히 잘 봉양하였으나 그 부모는 오히려 기쁘게 생각하지 않았다.

효녀(孝女)가 이 노래를 지어 자기의 효성이 부족하다고 원망(怨望)하였다.[151]

151) 「목주(木州)」는 목주(木州 또는 木川)에 살던 한 처녀가 지은 것이라 한다. 그녀는 아버지와 계모를 정성껏 섬겨 효녀로 이름이 높았으나 끝내 계모의 사랑을 얻지 못하고 집에서 쫓겨나 산속으로 들어간다. 그곳에서 우연히 한 노파를 만나 그의 며느리가 되어 후에 계모를 모셔다 섬겼으나 그래도 그 사랑을 얻지 못하자 한탄한 나머지 이 노래를 지었다 한다. 이 노래를 일부에서는 고려 속악(俗樂)의 하나였던 《사모곡(思母曲)》으로 보기도 한다(李秉岐). 현재 《사모곡》이라는 이름으로 「목천읍지」에 가사가 실려 전한다.

여나산(余那山)

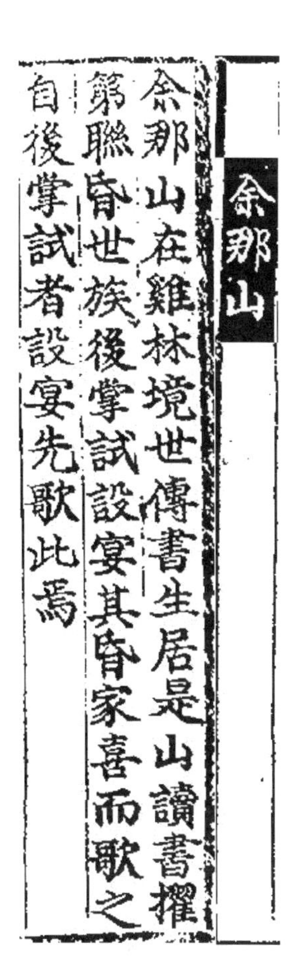
余那山

余那山在雞林境世傳書生居是山讀書擢第聯昏世族後掌試設宴其昏家喜而歌之自後掌試者設宴先歌此焉

여나산(余那山)은 계림(鷄林) 경내에 있다. 세상에 전해지기는 서생(書生)이 이 산에 살면서 공부를 해서 과거(科擧)에 뽑혀 세족(世族)과 혼인을 맺었다.

그 뒤 서생이 과시를 관장하게 되어 잔치를 베푸니, 그가 혼인한 집에서 기뻐하여 이 노래를 불렀다.

그 후부터 관시(館試)를 관장하는 사람은 잔치를 베풀고 먼저 이 노래를 불렀다.[152)]

152) 「여나산(余那山)」은 여나산가(余那山歌)로 신라 시대 속악(俗樂)의 하나이다. 여나산(余那山)은 계림(雞林) 경내에 있는 산인데, 세전(世傳)하기는 서생(書生)이 여나산에 살면서 공부를 하여, 과거에 급제하고 세족(世族)과 혼인하였다. 그 뒤 서생은 과시(科試)를 관장하게 되어 잔치를 베풀었는데 그가 혼인한 집에서 기뻐하여 이 노래를 불렀다고 한다.

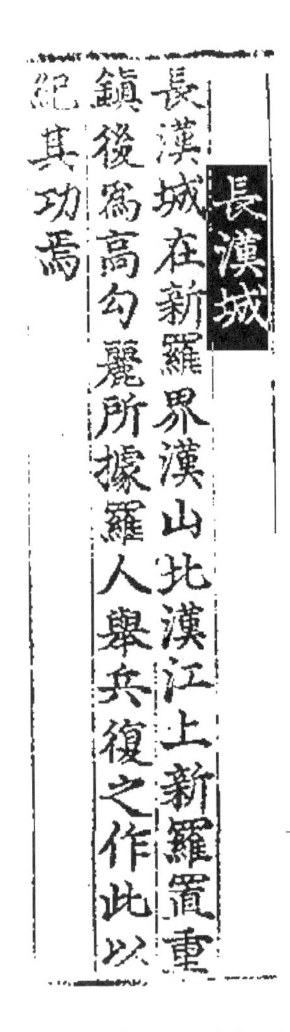
長漢城

長漢城在新羅界漢山北漢江上新羅置重鎭後爲高句麗所據羅人擧兵復之作此以紀其功焉

장한성(長漢城)

장한성(長漢城)[153]은 신라(新羅)의 국경 한산(漢山) 북쪽 한강 가에 있었다.

신라에서는 중진(重鎭)을 설치하였는데, 후에 고구려(高句麗)에 점거되었다.

신라인이 거병(擧兵)하여 이 성을 회복하니, 이 노래를 지어 그 공을 기념하였다.[154]

---

153) 아차산에 있는 이 산성은 아단성(阿旦城)·장한성(長漢城)·광장성(廣壯城)이라고도 한다. 《삼국사기(三國史記)》에 따르면 475년 백제의 개로왕(재위 455~475)이 백제의 수도 한성을 포위한 3만여 명의 고구려군과 싸우다가 전세가 불리하자 아들 문주를 남쪽으로 피신시킨 뒤 자신은 이 산성 밑에서 고구려군에게 잡혀 살해되었다. 이로써 백제는 한성에서 웅진(熊津)으로 천도하게 되었다. 또 고구려 평원왕(平原王:재위 559~590)의 사위 온달(溫達) 장군이 죽령(竹嶺) 이북의 잃어버린 땅을 회복하려고 신라군과 싸우다가 아차산성 아래에서 죽었다는 기록으로 보아 백제 초기의 전략적 요충지였다. 이 산성은 고구려가 잠시 차지했다가 신라 수중에 들어가 신라와 고구려의 한강유역 쟁탈전 때 싸움터가 된 삼국시대의 중요한 요새였다.

154) 「장한성(長漢城)」은 장한성가(長漢城歌)로 신라 시대 속악(俗樂)의 하나이다. 장한성이 고구려에 점거되었는데, 신라 사람들이 군사를 일으켜 그 성을 회복하고 이 노래를 지어 그 공(功)을 기념했다고 한다.

이견대(利見臺)

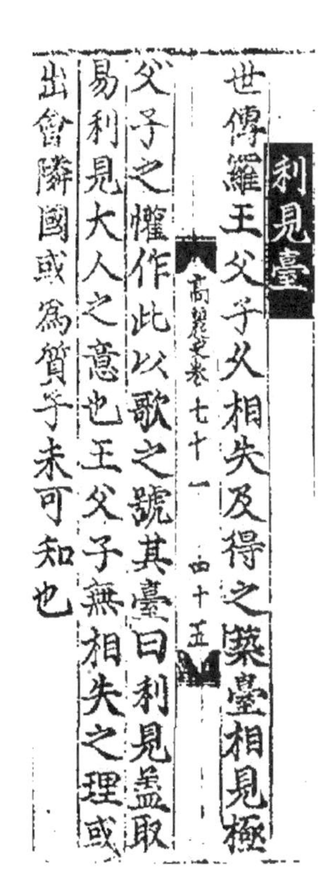
利見臺
世傳羅王父子久相失及得之築臺相見極
高麗史卷七十一 四十五
父子之懽作此以歌之號其臺曰利見蓋取
易利見大人之意也王父子無相失之理或
出會隣國或爲質子未可知也

세상에서 전하는 말이 있었다.

"세상에 전해지기를 신라임금 부자가 오래도록 헤어졌다가 만나게 되자, 대(臺)를 구축하고 서로 만나 부자의 기쁨을 다하였는데, 이때에 이 노래를 지어서 부르고, 그 대를 이견(利見)이라 이름을 지었다."155)

이것은 대체로 『주역(周易)』의 '이견대인(利見大人)'156)의 뜻을 취한 것이나, 임금 부자가 서로 잃고 만나지 못할 까닭이 없다. 혹은 이웃 나라에 나가서 회동을 하였는지 혹은 인질이 되었는지 알 수 없다.157)

---

155) 이견대는 경북 경주시 감포읍(甘浦邑) 대본리(臺本里) 감은사지(感恩寺址) 앞에 있는 신라시대의 유적이다. 신문왕이 감포 앞바다에 있는 부왕인 문무왕의 해중능묘(海中陵墓)를 망배(望拜)하기 위해 지었다는 곳으로, 1970년 그 건물터를 발견하여 새로 누각을 짓고 이견대라는 현판을 걸었다. 이곳은 《삼국유사》에 신문왕이 죽은 문무왕의 화신(化身)이라는 용을 보았다고 전하는 곳으로, 《만파식적(萬波息笛)》 설화와도 유관한 유서 깊은 유적이다.

156) 《주역(周易)》의 '비룡재천이견대인(飛龍在天利見大人)'에서 나온 것이다.

157) 「이견대(利見臺)」는 이견대가(利見臺歌)로 신라 시대 속악(俗樂)의 하나이다. 작자·가사·연대 미상의 노래로서 그 유래는 신라 왕의 부자(父子)가 오래도록 헤어졌다가 만나게 되자 대(臺)를 구축하고 거기서 부자가 상봉하는 기쁨을 다하였는데, 이때에 이 노래를 지어서 부르고 그 대(臺)를 이견(利見)이라 하였다고 한다.

백제(百濟)

선운산(禪雲山)

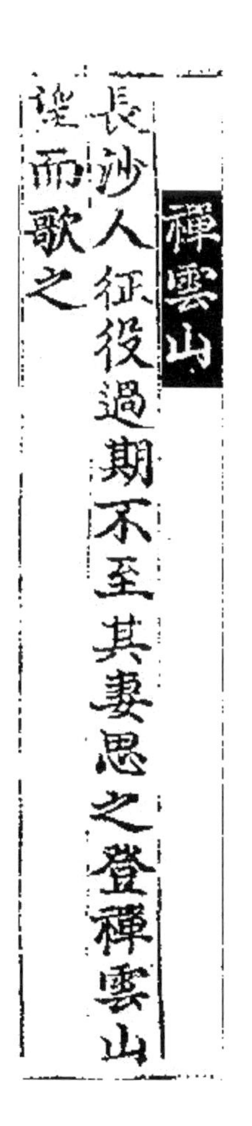

禪雲山

長沙人征役過期不至其妻思之登禪雲山望而歌之

장사(長沙) 사람이 정역(征役)[158]에 나갔는데, 기한이 지나도록 돌아오지 않았다.

그 사람의 처가 그를 생각하며 선운산(禪雲山)[159]에 올라가 바라보며 이 노래를 불렀다.[160]

---

158) 조세(租稅)와 부역(賦役)을 통틀어 이르는 말이다.

159) 높이 336m이다. 본래 도솔산(兜率山)이었으나 백제 때 창건한 선운사(禪雲寺)가 유명해지면서 선운산으로 이름이 바뀌었다. 주위에는 구황봉(九皇峰:298m)・경수산(鏡水山:444m)・개이빨산(345m)・청룡산(314m) 등의 낮은 산들이 솟아 있다. 그다지 높지는 않으나 '호남의 내금강'이라 불릴 만큼 계곡미가 빼어나고 숲이 울창하다.

160) 「선운산(禪雲山)」은 백제 때의 노래로서 지은이, 연대 등 미상이다. 백제 때 장사(長沙) 사람이 싸움에 나가서 기한이 넘도록 돌아오지 않으므로 그의 아내가 사모하는 마음으로 선운산(禪雲山)에 올라가서 이 노래를 지어 불렀다고 한다.

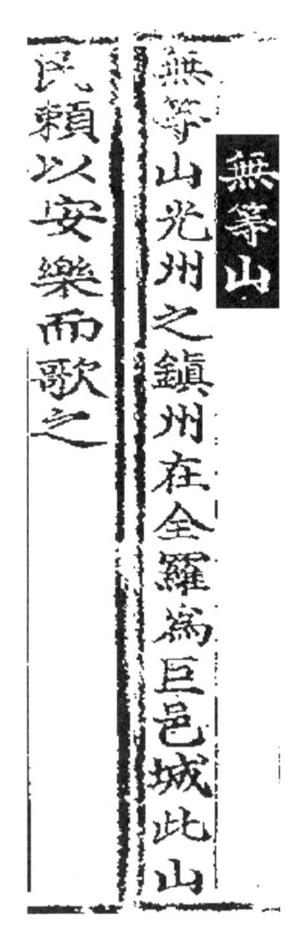
無等山
無等山光州之鎭州在全羅爲巨邑城此山
民賴以安樂而歌之

무등산(無等山)

무등산(無等山)[161]은 광주(光州)의 요해지(要害地)이다.

광주(光州)는 전라도의 큰 고을이다.

무등산에 성을 쌓고 주민들이 이 성(城)을 믿고 안락하게 살 수 있었으므로 이 노래를 불렀다.[162]

---

161) 백제 때 무진악(武珍岳), 고려 때 서석산(瑞石山)이라고 하였으며 높이 1,187m이다. 북쪽은 나주평야, 남쪽은 남령산지의 경계에 있으며 산세가 웅대하다. 대부분 완만한 흙산이며 중턱에는 커다란 조약돌들이 약 2km에 걸쳐 깔려 있는데 이것을 지공너덜이라고 한다. 153과 897종의 식물이 분포하며 이 가운데 465종은 약료작물이다.

162) 백제 때의 노래로서 지은이・연대 등은 알 수 없다. 무등산은 광주(光州)에 있는 산인데, 이 산에 성을 쌓자, 백성들이 편안하게 살 수 있어 즐거워서 이 노래를 불렀다고 한다.

방등산(方等山)

방등산(方等山)[163]은 나주(羅州)의 속현(屬縣)인 장성(長城)의 경내에 있다.

신라(新羅) 말년에 도적이 크게 일어나 이 산에 근거를 두고 있었고, 양가의 자녀를 많이 잡아갔다.

장일현(長日縣) 의 여인 역시 그 잡혀간 가운데 들어 있었는데 이 노래를 지어 자기 남편이 곧 와서 구출해 주지 않는 것을 풍자하였다.[164]

方等山

方等山在羅州屬縣長城之境新羅末盜賊大起據此山良家子女多被擄掠長日縣之女亦在其中作此歌以諷其夫不卽來救也

163) 방장산(方丈山)이라고 한다. 높이는 743m로, 벽오봉이라고도 부르는 방문산(640m)과 능선이 연결되어 있다. 《고려사악지》에 실린 다섯 편의 백제가요 중 방등산곡(方登山曲)이 전하는데, 도적떼에게 잡힌 여인이 자기를 구하러 오지 않아 애통하다는 내용이다. 산이 신령스럽고 산세가 깊어 옛날에는 도적떼가 많았다고 한다. 방등산이라고 불렀다가 근래에 들어 산이 넓고 커서 백성을 감싸준다는 뜻으로 방장산이라 고쳐서 부르게 되었다고 전한다.

164) 신라 말기의 노래이다. 방등산은 나주(羅州)에 있는 산으로, 신라 말엽에 도적이 크게 일어나 이 산을 근거지로 양가(良家)의 여자들을 많이 잡아갔는데, 장일현(長日縣)의 여자가 그의 남편이 곧 구원하러 오지 않음을 풍자하여 지은 노래이다.

정읍(井邑)

井邑
井邑全州屬縣縣人爲行商久不至其妻登
山石以望之恐其夫夜行犯害托泥水之汚
以歌之世傳有登岾望夫石云

정읍(井邑)[165]은 전주(全州)의 속현(屬縣)이다. 정읍 사람이 행상(行商)을 나가서 오래되어도 돌아오지 않으니, 그 처가 산 위에 있는 돌에 올라가서 바라보았다. 그녀는 자기 남편이 밤길을 가다가 해를 입을까 두려워하여 진흙물의 더러움에 의탁하여 이 노래를 하였다. 세상에 전하기는 고개에 오르면 남편을 바라보는 돌[166]이 있었다고 한다.[167]

165) 삼한시대에는 마한 54개 부족국가 중 초산도비리국이 있었던 지역이다. 백제 때는 고부군의 시산현과 인의현으로 나뉘어 있다가, 통일신라시대인 757년(경덕왕 16)에 정읍이라 개칭되어 태산군(지금의 태인면)에 속하게 되었고, 고려시대 다시 고부군에 속하였다.

166) 망부석(望夫石)을 말한다.

167) 현재까지 노랫말이 전하고 있는 백제 시대의 유일한 노래이다. 『악학궤범』에 노랫말이, 『대악후보』에는 악곡이 실려 있다. 백제가 아닌 고려의 노래라는 주장도 있다. 이 노래가 어느 시대에 속하는 것인가의 문제는 노랫말로서의 「정읍사」, 악곡으로서의 「정읍」, 그리고 연주 가창되고 춤도 곁들여지는 정재(呈才)라는 종합예술체로서의 「무고 舞鼓」라는 세 가지 층위를 구분하여 접근해야 하는데, 고려 노래라는 주장은 대체로 악곡으로서의 「정읍」과 정재인 「무고」와 관련된 후대의 자료들을 노랫말로서의 「정읍사」에까지 확대 적용시켜 얻어진 결과이다. 그러나 현전하는 『악학궤범』 소재의 「정읍사」가 백제 때 그대로인 것으로 보기는 어렵다. 우선 음악적인 측면에서 보면 당악(唐樂) 즉 송사악(宋詞樂)의 기법인 환입(換入)형식이 사용되었고, '김선조(金善調)'의 김선(金善)은 「한림별곡」 제7연에 나오는 비파(琵琶)의 명수인 점으로부터, 고려 전기에 수입된 당악과 고종년간에 활약하던 김선(金善)이란 사람의 영향과 개입이 있었음을 엿볼 수 있다.

지리산(智異山)

智異山

求禮縣人之女有姿色居智異山家貧盡婦
道百濟王聞其美欲內之女作是歌誓死不
從

구례현(求禮縣)[168]에 사는 사람의 처가 얼굴이 아름다웠다.

그는 지리산에 살고 있었는데 집은 가난하였으나 며느리의 도리는 다 지키었다.

백제왕이 그가 미인이란 소문을 듣고 데려 가려 하니 그 여자가 이 노래를 짓고 죽을지언정 따르지 않겠다고 맹세하였다.[169]

---

168) 백제의 구지차현(仇知次縣) 또는 구차례현(仇次禮縣)이었으나, 신라 경덕왕 때 구례현(求禮縣)으로 고치고 곡성군에 속하게 되었다. 고려 초기에는 남원부(南原府)에 속하였고, 1143년(인종 21) 감무를 두었으며, 1413년(조선 태종 13) 현감을 두었다. 1499년(연산군 5) 현을 폐하고, 부곡을 만들어 남원부에 속하게 하였다가 1507년(중종 2) 다시 현으로 부활시켰다.

169) 백제(百濟) 구례현(求禮縣)의 한 여자가 지어 불렀다는 노래로 지리산가(智異山歌)로 불린다. 구례의 한 미인이 지리산에서 사는데, 백제왕(百濟王)이 그 아름다움을 듣고 데려가고자 하였다. 그러나 그녀는 이 노래를 지어 부르면서 죽기를 맹세하고 따르지 않았다고 한다.

고구려(高句麗)

내원성(來遠城)

來遠城

來遠城在靜州即水中之地狄人來投置之於此名其城曰來遠歌以紀之

내원성(來遠城)은 정주(靜州)170)에 있다.

곧 물 가운데 있는 땅인데 북방 오랑캐171)가 귀순하여 오면 이곳에 두었다.

그래서 그 성 이름을 내원성이라 불렀으며 이 노래로써 기념(紀念)하였다.172)

---

170) 지금의 평안북도 의주지역을 말한다. 본래 고려의 송산현(松山縣)이었는데, 지금의 고성면 지역으로 추정된다. 1033년(덕종 2)에 토성을 쌓고 정주진(靜州鎭)이라 하고, 주민 1,000호를 옮겨 살게 하였으며, 정주방어사를 두었다. 문종 때 정주를 포함한 5개 성이 규모는 큰데 백성이 적다 하여 내륙의 주민을 각각 100호씩 옮겨 살게 하였다. 조선이 건국된 후 1402년(태종 2)에 주를 폐지하고 의주목에 귀속시켰다.

171) 적인(狄人)은 옛날 중국 북쪽의 야만 종족으로, 곧 북적(北狄)을 말한다. 중국 사람들은 밖의 동(東)을 이(夷), 남(南)을 만(蠻), 서(西)를 융(戎), 북(北)을 적(狄)이라 한다. 주(周) 나라 선조 후직(后稷)의 아들 불줄(不窋)이 옮겨간 기빈(岐邠)은 서로 융(戎), 북으로 적(狄)에 가까웠다.

172) 고구려의 노래 이름으로 작자·연대·가사 등은 알 수 없다. 내원성은 정주(靜州)에 있었는데, 북방의 오랑캐가 투항해 오면 이곳에 안치했으므로 그 이름을 내원이라 하였다. 이 노래는 그러한 내력을 기념하여 지었다 한다.

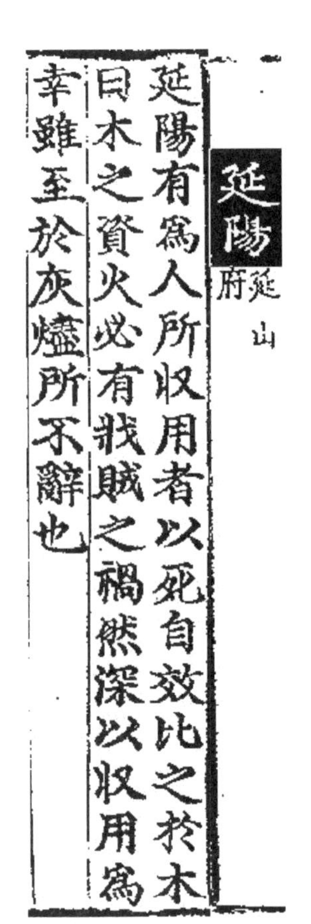

延陽 延山府

延陽有爲人所收用者以死自效比之於木曰木之資火必有戕賊之禍然深以收用爲幸雖至於灰燼所不辭也

연양(延陽)[173]

연양(延陽)[174]에 어떤 남의 집에 사는 자가 있었는데 그는 죽기를 무릅쓰고 열심히 일하였다. 자기를 나무에 비유해서 말하였다.

"나무가 불을 도운다면 반드시 죽임의 화를 초래하지만, 쓰여 지는 것을 다행하게 생각하고 비록 재가 되어 타버리기에 이른다 해도 사양(辭讓)하지 않는다."[175]

---

173) 연산부(延山府)를 말한다.

174) 고려 시대의 지명으로 경북 영양군(英陽郡), 혹은 황해도 평산(平山)의 옛 지명이기도 하다.

175) 연양가(延陽歌)는 고구려의 노래인데, 작자·연대·가사 미상이다. 연양(延陽)에 남의 집 사는 사람이 자기를 나무에 비유해서 나무가 쓰일 데로 쓰이다가 불타 없어지듯이 자기도 죽기를 다하여 일하겠다고 읊은 노래이다.

명주(溟州)

溟州

世傳書生遊學至溟州見一良家女美姿色
頗知書生每以詩挑之女曰婦人不妄從人
待生擢第父母有命則事可諧矣生即歸京
師習擧業女家將納壻女平日臨池養魚魚
聞謦咳聲必來就食女食魚謂曰吾養汝久

세상에 전하는 말에 따르면 어떤 서생(書生)이 유학(遊學)하러 다니다가 명주(溟洲)[176]에 이르러 한 양가(良家) 처녀를 보았는데 얼굴이 곱고 자못 글도 알았다고 한다. 그 서생이 매양 시로써 애정을 표시하고 말을 붙였더니 처녀가 대답하였다.

"여자는 남자를 따라야 한다는 것을 잊지 않았으나 당신이 과거에 급제(及第)하고 부모(父母)의 승낙을 받았을 때라야 일을 이룰 수 있을 것이오."

그래서 서생(書生)은 즉시 서울로 가서 과거 공부를 하였다. 한편 처녀의 집에서는 사위를 맞이하려고 하였다.

처녀는 평소에 못[177]으로 나가서 물고기에게 밥을 주곤 하였으므로 물고기들도 그 처녀의 기침소리만 나면 꼭 모여 와서 밥을 받아먹었다. 이날 처녀가 물고기에게 밥을 주면서 이르기를 말하였다.

"내가 너희들을 기른 지도 오랬으니

176) 현재 강원도 강릉을 말한다.
177) 지(池)를 말한다.

宜知我意將帛書投之有一大魚跳躍含書
悠然而逝生在京師一日爲父母具饌市魚
而歸剝之得帛書驚異卽持帛書及父書徑
詣女家壻已及門矣生以書示女家遂歌此
曲父母異之曰此精誠所感非人力所能爲
也遣其壻而納生焉

응당 나의 뜻도 알 것이다."

이에 비단에 쓴 편지를 물에 던지니 큰 물고기 한 마리가 펄떡 뛰면서 편지를 받아 물고 유유히 가고 말았다.

서생(書生)은 서울에서 어느 날 부모의 먹을 찬을 사러 저자에 가서 물고기를 사가지고 집에 돌아 와서 배를 가르다가 비단에 쓴 편지를 얻고 한편 놀라고 또 한편으로 이상하게 여겼다.

즉시 그 편지와 아버지의 글을 가지고 지름길을 택하여 그 처녀의 집으로 달려가니 사위가 벌써 그 집 문전에 와 있었다.

서생이 그 편지들을 처녀의 집 사람들에게 보이고 드디어 이 곡조(曲調)로 노래를 불렀다. 그랬더니 처녀의 부모들도 이상스럽게 여기고 말하였다.

"이러한 정성(精誠)에 감동(感動)을 받는 것은 사람의 힘으로는 능히 하지 못할 바이로다"

이에 그 사위를 돌려보내고 서생을 사위로 맞았다고 한다.[178]

178) 명주(溟州)에서 공부하던 서생(書生)과 양가의 규수 사이에 이루어진 사랑을 읊은 노래이다. 처녀가 연못에 던진 편지를 잉어가 물고 갔는데, 서울에서 과거에 급제한 서생이 부모에게 드리려고 사온 물고기 뱃속에서 발견되어 마침내 가연을 맺는다는 내용이다. 고구려 때 명주라는 지명이 없었고 과거제도도 없었던 만큼 고려 때의 설화체 민요가 사서 편찬자에 의해 잘못 기재된 것이 아닌가 짐작된다.

속악을 사용하는 절차

用俗樂節度
祀圜丘社稷享太廟先農文宣王廟亞終獻
及送神並交奏鄉樂冊王妃王太子王子王
姬王太子加元服賓就幕歇引賓主去靴笏
出就位並奏迎仙樂 文宗二十七年二月
乙亥教坊奏女弟子眞卿等十三人所傳踏

원구(圜丘)[179], 사직(社稷)에 제사할 때와 태묘(太廟), 선농(先農), 문선왕묘(文宣王廟)에 제향할 때에는 아헌(亞獻), 종헌(終獻), 송신(送神)에 모두 향악을 교주한다.

왕비, 왕태자, 왕자, 왕녀를 책봉할 때와 왕태자에게 가원복(加元服) 시키는 의식에서 손님이 휴게실로 나가서 쉴 때와, 빈주(賓主)를 인도하여 신과 홀(笏)을 제거하고 나와서 정한 위치에 섰을 때에는 모두 영선악(迎仙樂)을 주악한다.

문종(文宗) 27년 2월 을해일에 교방(教坊)에서 아뢰어 말하였다.

"여제자(女弟子) 진경(眞卿) 등 13명에게 전습시킨 답사행(踏沙行)

179) 천자(天子)가 하늘에 제사를 지내던 곳이다. 원구에서 행해지던 제사는 크게 정월 첫 신일(辛日)에 풍작을 비는 기곡제(祈穀祭)와 4월 중 적당한 일자에 행해지는 기우제(祈雨祭)의 형태로 나뉘어 행해졌다. 이러한 사천(祀天) 의식은 삼국 시대부터 있었으며 고려·조선 시대까지 이어졌다. 고려 시대 원구에서의 기곡제는 성종 2년(983) 정월 처음 기록이 처음 보이는데, 이는 곧 천명을 받은 고려 임금이 명(命)을 준 천신에게 유교적인 길례(吉禮) 의식을 통해 풍요를 기원하는 것이었다. 이후 원구에서의 제천의식은 매년 정기적으로 실시되어 조선 세조 때까지만 해도 제사 기록이 보이나 제후국의 예에 어긋난다는 논의에 따라 정기 행사에서 제외되었다가 대한제국이 선포되고 고종이 황제로 즉위하면서 다시 시행되었다.

沙行歌舞請用於燃燈會制從之十一月辛
亥設八關會御神鳳樓觀樂教坊女弟子楚
英奏新傳抛毬樂九張機別伎抛毬樂弟子
十三人九張機弟子十人三十一年二月乙
未燃燈御重光殿觀樂教坊女弟子楚英奏
王母隊歌舞一隊五十五人舞成四字或君

가무를 연등회(燃燈會)에 사용하기를 바랍니다."

왕이 그 의견대로 시행할 것을 명령하였다.

11월 신해(辛亥)일에 팔관회(八關會)를 베풀고 왕이 신봉루(神鳳樓)로 거동하여 교방악(教坊樂)[180]을 감상하였는데 여제자 초영(楚英)이 아뢰기를

"새로 전습한 가무는 포구락(抛毬樂)과 구장기별기(九張機別伎)인바 포구락에는 제자가 13명이요, 구장기에는 제자가 10명입니다"

라고 하였다.

31년 2월 을미일에 연등회를 베풀고 왕이 중광전(重光殿)[181]에 거동하여 교방악을 감상하였는데 여제자 초영이 아뢰어 말하였다.

"왕모대(王母隊)가무의 전체 대오 인원이 55명인바 춤을 추면서 네 글자를 형성하는데

180) 교방에서 연주하는 음악을 말한다. 교방은 고려 시대에 속악(俗樂)과 당악(唐樂)에 따라 가무(歌舞)를 하는 기녀들을 가르치고 관장하던 기관으로, 왕실의 각종 연회나 팔관회·연등회·제례·가례(嘉禮) 등의 행사에서 가무를 맡아했다. 그 설치 연대는 정확히 알 수 없으나 문종 때에 교방의 악(樂)을 감상하고 있고, 또 현종 원년(1010) 당시에 교방에 매여 있던 1백여 명의 궁녀를 풀어주었다는 기사가 있는 것으로 보아 적어도 성종이나 문종 때에는 이미 운영되고 있었던 것으로 추측된다.

181) 고려 시대 전각(殿閣)의 이름으로 혜종 2년(942) 9월에 혜종이 이곳에서 죽은 것으로 보아 고려 태조 때부터 존재한 것으로 보인다. 중광전은 인종 16년(1138)에 강안전(康安殿)으로 명칭이 개정되었다.

군왕만세(君王萬歲)나 혹은 천하태평(天下太平) 이란 글자를 나타냅니다."

공민왕 14년 10월 경술(庚戌)일에 처음으로 왕이 유사(有司)에게 명령하여 정릉(正陵) 제악(祭樂)을 연습하라고 하였다.

이날에 왕이 친히 검열하였으며 임자(壬子)일에 왕이 재추(宰樞)에게 명령하여 연습하게 하였다.

이에 제악(祭樂)을 정릉(正陵) 제사에서 주악하게 하였다.

15년 12월 갑인일에 재추(宰樞)들이 하남왕(河南王)[182]의 사신 곽영석(郭永錫)[183]을 접대하는 연회에서 향당악(鄕唐樂)을 연주하게 하였다.

이것은 그 사신이 우리나라의 음악을 들려 달라는 청이 있었기 때문이었다.

16년 정월 병오일에

王萬歲或天下太平　恭愍王十四年十月
庚戌初王命有司習正陵祭樂及是日親閱
之壬子命宰樞祭正陵奏所習之樂十五年
十二月甲寅宰樞享河南王使郭永錫奏鄉
唐樂以請觀我樂也十六年正月丙午告錫

182) 하남왕(河南王)은 쿼쿼티무르[擴廓帖本兒]을 말한다.
183) 하남(河南) 보빙사(報聘使) 사신로 중서검교(中書檢校) 벼슬을 지냈다.

命于徽懿公主魂殿初獻奏太平年之曲亞
獻奏水龍吟之曲終獻奏憶吹簫之曲二十
一年正月乙卯王幸仁熙殿行祭奏鄉唐樂
志卷第二十五

휘의 공주(徽懿公主)[184] 혼전(魂殿)에 책명 받은 것을 알리는 의식을 거행하였다..

초헌(初獻)[185]에 태평년(太平年)의 곡을 주악하였다.

아헌(亞獻)에는 수룡음(水龍吟)의 곡을 주악하였다.

종헌(終獻)에는 억취소(憶吹簫)의 곡을 주악하였다.

21년 정월 을묘(乙卯)일에 왕이 인희전(仁熙殿)에 나가서 제사를 거행하였다.

향당악(鄕唐樂)을 주악하였다.

지(志) 권(卷) 제(第) 25

184) 휘의공주는 노국대장공주(魯國大長公主, ? ~1365)으로 별칭 보탑실리공주(寶塔實里公主)이다. 중국 원(元)나라의 황족인 위왕(魏王)의 딸로서, 1349년(충정왕 1) 원나라에서 공민왕과 결혼하였다. 1351년 12월 공민왕과 함께 귀국하였고 공민왕은 그 달에 즉위하였다. 1365년(공민왕 14)에 난산(難産)으로 죽었다. 공민왕은 그녀를 매우 사랑하여 그녀가 죽은 뒤부터 정사(政事)를 돌보지 않았으며, 친히 왕비의 진영(眞影)을 그려 벽에 걸고 밤낮으로 바라보면서 울었다. 또 그녀의 영(靈)을 위로해 주기 위해 혼제(魂祭)를 지냈으며, 그 진영을 모시기 위해 장려한 영전(影殿)을 지었다

185) 첫 번째에 술잔 올리는 절차를 말한다.

부 록

▣ 『고려사(高麗史)』「악지(樂志)」〈속악(俗樂)〉 악곡 지도

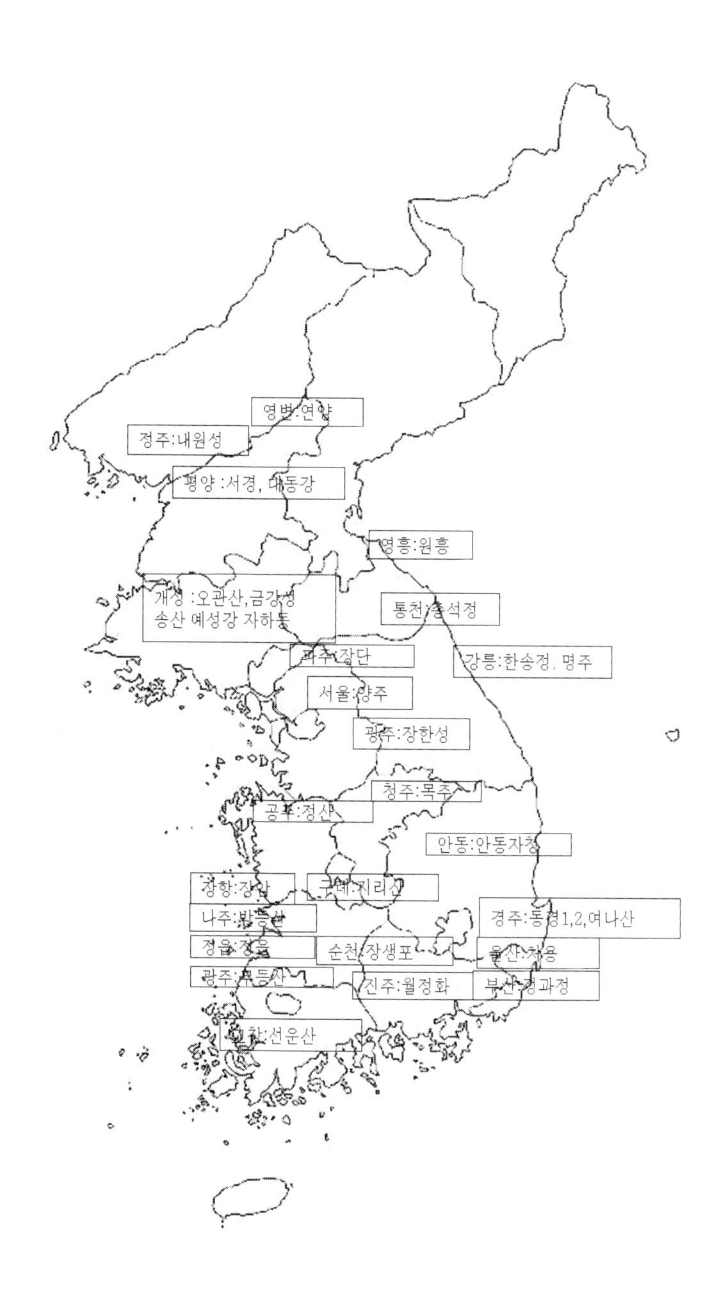

▣ 『고려사(高麗史)』 「악지(樂志)」 〈속악(俗樂)〉

分類	題 目	內 用
俗樂呈才	井邑	백제 시대의 俗樂. 井邑 사람이 行商을 나가서 오래 되어도 돌아오지 않자, 그 妻가 산 위의 돌에 올라가 바라보면서 남편이 밤길을 가다 害를 입을까 두려워함을 진흙물의 더러움에 빗대서 지은 노래.
	動動	鄕樂呈才의 하나로 2인 또는 4인이 추는 춤으로서, 動動詞를 부르며 추기 때문에 붙여진 명칭임. 동동사는 남녀 간의 애정을 그린 내용이 많으며, 고려 시대부터 牙拍의 반주가로 쓰였음.
	無㝵	고려 시대의 대표적인 鄕樂呈才의 하나. 중간이 잘록한 호리병[無㝵]을 잡고, 佛家語로 된 가사를 부르며 추던 춤.
高麗俗樂歌詞	西京	西京은 箕子를 봉했던 땅인데, 그 곳의 백성들이 禮讓을 배워 임금을 존경하고 윗사람을 받드는 의리를 알아 이 노래를 지었다고 함.
	大同江	周의 武王이 殷의 太師였던 箕子를 조선에 봉하여 條의 가르침을 베푸니, 백성들이 기뻐하여 大同江을 黃河에, 永明嶺을 嵩山에 각각 비유해서 그들의 임금을 송축했다는 노래.
	五冠山	五冠山 밑에 살던 孝子 文忠이 어머니가 늙어감을 탄식하여 지은 노래. 木鷄歌라고도 함.
	楊州	楊州[高麗 때 漢陽府] 사람들이 봄에 즐겁게 놀며 부른 노래임.
	月精花	司錄 魏薺萬이 晉州妓 月精花에게 혹하자, 부인은 그것이 마음의 병이 되어 죽었는데, 고을 사람들이 그 부인을 불쌍히 여겨 불렀던 노래.
	長湍	長湍 고을 사람들이 고려 태조의 덕을 사모하고 기림으로써 規戒를 삼은 내용.
	定山	定山은 公州의 속현인데, 고을 사람들이 복록을 頌禱한 내용의 노래.
	伐曲鳥	고려 시대 예종이 자기의 잘못이나 時政의 得失을 듣기 위하여 上言의 길을 넓혀 놓았으나, 신하들이 상언하지 않을 것을 염려하여 지은 것임.
	元興	바다로 行商하러 갔다 돌아오는 남편을 보고 기뻐하는 내용의 노래.
	金剛城	거란 침입으로 개경 궁궐이 불탄 후, 顯宗이 개경을 다시 찾고 羅城을 축조하니 나라 사람들이 이 노래를 부르며 기뻐했다고 함.

分類	題目	內用
高麗俗樂歌詞	長生浦	고려 恭愍王 초에 侍中 柳濯이 전라도 順天府 장생포에 出鎭하였을 때 倭賊이 두려워하여 退去함을 보고, 군사들이 크게 기뻐하여 이 노래를 불렀다고 함.
	叢石亭	고려 공민왕 때 寄轍이 江陵에 가서 叢石亭에 올라가 新羅 四仙의 遺蹟을 구경하고 큰 바다를 바라보며 지은 노래.
	居士戀	까치와 거미를 소재로 하여 객지로 떠난 남편을 그리워하는 아내의 심정을 담고 있는 노래.
	處容	新羅 憲康王이 鶴城에 갔다가 開雲浦로 돌아왔을 때, 홀연히 한 사람이 기이한 몸짓과 괴이한 복색을 하고 임금 앞에 나아가더니, 노래와 춤으로 德을 讚美하고 임금을 따라 서울로 들어갔다. 그는 자기를 처용이라 불렀으며 언제나 달밤이면 시중에서 노래 부르고 춤을 추었으나, 끝내 그가 있는 곳을 알지 못하였다. 당시 그를 神人이라 생각하고, 기이하게 여겨, 이 노래를 지었다.
	沙里花	賦稅가 과중하고 권력자의 약탈로 인하여 백성들이 궁핍함을 참새가 곡식을 쪼아 먹는 것에 비유하여 부른 노래.
	長巖	平章事 杜英哲이 한 때 長巖에 유배되어 한 노인과 친했는데, 두영철이 다시 조정의 부름을 받게 되자 노인은 그에게 구차하게 벼슬에 나아가는 것을 경계하였다. 그 후 두영철이 벼슬이 평장사에 이르러 또 다시 죄를 얻으니, 그 노인이 이 노래를 지어 그를 비난하고 조롱하였다.
	濟危寶	어떤 부인이 죄를 지어 제위보에서 徒役을 하면서 남에게 손을 잡혀도 어쩌지 못하는 것을 한탄하면서 지은 노래라고 전함
	安東紫靑	婦人으로서 몸을 더럽히지 않고 貞節을 지켜야 한다는 것을 실의 빨강·초록·파랑·흰 색을 가지고 되풀이 비유하여 노래하였음.
	松山	松山은 開京의 鎭山으로 이 노래는 고려 태조 이후로 개경에서 나라 기틀이 잡혀 내려옴을 내용으로 하였음.
	禮城江	예전에 중국 상인이 예성강에 이르러 한 아름다운 부인을 보고 탐을 내어 그녀의 남편과 내기 바둑 끝에 나중에는 그 부인을 놓고 승부를 겨루게 되었는데, 상인이 이겨 배에 싣고 떠나 버리자, 남편이 이를 후회하여 지은 노래가 그 하나이고, 상인이 부인을 겁탈하려 하였으나 粧束이 매우 단단하여 이루지 못하고 뱃사람들의 권유로 돌려보내게 되어, 그 부인이 또한 노래를 지으니, 이것이 후편이 되었다고 함.

分類	題目		內用
高麗俗樂歌詞	冬栢木		고려 忠肅王 때 蔡洪哲이 먼 섬으로 유배당했을 때, 忠宣王을 사모하여 이 노래를 지으니 그 날로 召還되었다고 함.
	寒松亭		이 노래는 술 밑바닥에 쓰여 중국의 江南에까지 흘러갔으나, 강남 사람들이 그 가사의 뜻을 알지 못하였다. 光宗 때에 국인 장진공이 사명을 받들고 강남에 가서 그 노래의 뜻을 풀이해주었다.
	鄭瓜亭		鄭敍가 자신과의 약속을 어긴 毅宗을 원망하며 부른 노래.
	風入松		고려 시대에 君王을 頌禱하는 뜻으로 되어 있다. 夜深詞와 아울러 終宴에 부르던 노래.
	夜深詞		君臣이 서로 즐기는 뜻이 있는데, 모두 연회를 끝낼 때에 노래하였다고 함.
	翰林別曲		고려 高宗 때 翰林學士들이 돌림 노래로 지은 景幾體歌의 하나인데, 향락적이고 風流的 생활 감정이 담겨 있다.
	三藏		여인이 절에 불공을 드리러 갔는데, 절의 사주가 여인을 유혹하는 내용을 담고 있는 노래.
	蛇龍		충렬왕 때 왕이 倖臣들과 밤낮으로 가무를 하고 음탕하게 놀면서 사용한 노래.
	紫霞洞		채홍철이 개성 송악산 아래 자하동에 살면서 그곳에 中和堂을 짓고 元老들을 맞이하여 耆英會를 베풀 때 스스로 이 곡을 지어 집의 종들로 하여금 부르게 하였는데 그 내용은 紫霞仙人이 와서 축수한다는 것임.
三國俗樂	新羅	東京(一)	동경은 계림부 즉, 신라를 가리킨다. 신라가 오랫동안 태평하고 정치, 교화가 순후하고 아름다워서 祥瑞가 나타나고 鳳새가 와서 울었기에, 나라 사람들이 이 노래를 지어 찬미하였다고 한다.
		東京(二)	찬미하여 축복하는 내용을 담은 노래.
		木州	孝女인 딸이 부모를 공경하고 예를 다하지만 부모가 달가워하지 않자 자신의 효성이 부족함을 원망하며 불렀다는 노래.
		余那山	余那山은 雞林 경내에 있는 산인데, 世傳하기는 書生이 여나산에 살면서 공부를 하여, 과거에 급제하고 世族과 혼인하였고, 그 뒤 서생은 科試를 관장하게 되어 잔치를 베풀었는데 그가 혼인한 집에서 기뻐하여 이 노래를 불렀다고 함.
		長寒城	장한성이 고구려에 점거되었는데, 신라 사람들이 군사를 일으켜 그 성을 회복하고 이 노래를 지어 그 功을 기념했다고 함.

分類	題目		內用
		利見臺	新羅 王의 父子가 오래도록 헤어졌다가 만나게 되자 臺를 구축하고 거기서 부자가 상봉하는 기쁨을 다하였는데, 이때에 이 노래를 지어서 부르고 그 臺를 利見이라 하였다고 함.
三國俗樂	百濟	禪雲山	백제 때 長沙 사람이 싸움에 나가서 기한이 넘도록 돌아오지 않으므로 그의 아내가 사모하는 마음으로 禪雲山에 올라가서 이 노래를 지어 불렀다고 함.
		無等山	무등산은 光州에 있는 산인데, 이 산에 성을 쌓자, 백성들이 편안하게 살 수 있어 즐거워서 이 노래를 불렀다고 함.
		方等山	방등산은 羅州에 있는 산으로, 신라 말엽에 도적이 크게 일어나 이 산을 근거지로 良家의 여자들을 많이 잡아갔는데, 長日縣의 여자가 그의 남편이 곧 구원하러 오지 않음을 풍자하여 지은 노래.
		智異山	구례의 한 미인이 지리산에서 사는데, 百濟王이 그 아름다움을 듣고 데려가고자 하였으나, 그녀는 이 노래를 지어 부르면서 죽기를 맹세하고 따르지 않았다고 함.
	高句麗	來遠城	내원성은 靜州에 있었는데, 북방의 오랑캐가 투항해 오면 이곳에 안치했으므로 그 이름을 내원이라 하였음. 이 노래는 그 내력을 기념하여 지었다고 함.
		延陽	延陽에 남의 집 사는 사람이 자기를 나무에 비유해서 나무가 쓰일 데로 쓰이다가 불타 없어지듯이 자기도 죽기를 다하여 일하겠다고 읊은 노래.
		溟州	한 서생과 양가 처녀가 奇異한 인연을 통해 결연한 사연을 읊은 노래.

▣ 『고려사(高麗史)』「악지(樂志)」에 나오는 악기 목록

<table>
<tr><td rowspan="8">아악기</td><td rowspan="2">親祠</td><td>등가</td><td>金鍾架(금종가) 玉磬架(옥경가) 柷(축) 敔(어) 搏拊(박부) 一絃琴(일현금) 三絃琴(삼현금) 五絃琴(오현금) 七絃琴 (칠현금) 九絃琴(구현금) 瑟(슬) 笛(적) 篪(지) 巢笙(소생) 和笙(화생) 塤(훈) 簫(소)</td></tr>
<tr><td>헌가</td><td>編鐘(편종) 編磬(편경) 柷(축) 敔(어) 一絃琴(일현금) 三絃琴(삼현금) 五絃琴(오현금) 七絃琴 (칠현금) 九絃琴(구현금) 巢笙(소생) 簫(소) 竽笙(우생) 篪(지) 塤(훈) 笛(적) 晉鼓(진고)</td></tr>
<tr><td rowspan="2">有司
攝事</td><td>등가</td><td>鍾架(종가) 磬架(경가) 柷(축) 敔(어) 搏拊(박부) 一絃琴(일현금) 三絃琴(삼현금) 五絃琴(오현금) 七絃琴 (칠현금) 九絃琴(구현금) 瑟(슬) 笛(적) 篪(지) 巢笙(소생) 和笙(화생) 熏(훈) 簫(소)</td></tr>
<tr><td>헌가</td><td>編鐘(편종) 編磬(편경) 柷(축) 敔(어) 一絃琴(일현금) 三絃琴(삼현금) 五絃琴(오현금) 七絃琴 (칠현금) 九絃琴(구현금) 巢笙(소생) 簫(소) 篪(지) 竽笙(우생) 壎(훈) 笛(적) 晉鼓(진고)</td></tr>
<tr><td>예종
9년
대성
신악기</td><td></td><td>鐵方響(철방향)5 石方響(석방향)5 琵琶(비파)4 五絃(오현)2 雙絃(쌍현)4 箏(쟁) 4 箜篌(공후)4 觱篥(필율)2 笛(적)20 篪(지)20 簫(소)12 匏笙(포생)12 壎(훈)40 大鼓(대고)1 杖鼓(장고)20 拍板(박판)20</td></tr>
<tr><td rowspan="2">예종
11년
대성
아악기</td><td>등가악기</td><td>編鐘(편종)2 編磬(편경)2 琴(1 3 5 7 9현금)각 2 瑟(슬)4 篪(지)4 翟(적)4 簫(소)4 巢笙(소생)4 和笙(화생)4 壎(훈)4 鎛拊(박부)2 柷(축)2 敔(어)2</td></tr>
<tr><td>헌가악기</td><td>編鐘(편종)9 編磬(편경)9 琴(금)-1현 5, 3현 13, 5현 13, 7현 16, 9현 16 瑟(슬)42 篪(지)48 篴(적)48 簫(소)44 巢笙(소생)42 竽笙(우생)30 壎(훈)28 晉鼓(진고) 1 立鼓(입고)2 鼙鼓(비고)1 應鼓(응고)1 柷(축)2 敔(어)2</td></tr>
<tr><td colspan="3" style="display:none"></td></tr>
<tr><td>당악기</td><td colspan="3">方響(방향 16매) 洞簫(퉁소 8공) 笛(적 8공) 觱篥(필율 9공) 琵琶(비파 4현) 牙箏(아쟁 7현) 大箏(대쟁 15현) 杖鼓(장고) 教坊鼓(교방고) 拍(박 6매)</td></tr>
<tr><td>향악기</td><td colspan="3">玄琴(현금 6현), 琵琶(비파 5현), 伽倻琴(가야금 12현), 大笒(대금 13공), 杖鼓(장고), 牙拍(아박 6매), 無导(무애), 舞鼓(무고), 嵇琴(해금2현, 奚琴), 觱篥(필율 7공), 中笒(중금 13공), 小笒(소금 7공), 拍(박 6매)</td></tr>
</table>

▣ 『고려사(高麗史)』「악지(樂志)」에 실린 악곡

아악곡	太廟樂章	太定之曲(태정지곡) 紹聖之曲(소성지곡) 興慶之曲(흥경지곡) 嚴安之曲(엄안지곡) 元和之曲(원화지곡) 大明之曲(대명지곡) 翼善之曲(익선지곡) 淸寧之曲(청령지곡) 重光之曲(중광지곡)
	太廟新撰樂章	於皇太祖(어황태조) 天造我家(천조아가) 天扶景業(천부경업) 明明我朝(명명아조) 朝彼元朝(조피원조) 念玆先祖(염아선조) 於皇烈祖(어황열조) 徂玆戌平(조자술평) 英明果斷(영명과단)
	공민왕 16년 新撰樂章	思齊承懿(사제승의) 思齊承懿(사제승의) 嗚呼承懿(오호승의) 明明承懿(명명승의) 奏鼓簡簡(주고간간) 其禮伊何(기례이하)
당악곡	呈才	獻仙桃(헌선도) 壽延長(수연장) 五羊仙(오양선) 抛毬樂(포구락) 蓮花臺(연화대)
	악곡(43곡)	惜奴嬌(석노교 曲破) 萬年歡(만년환 慢) 憶吹簫(억취소 慢) 落陽春(낙양춘) 月華淸(월화청) 轉花枝(전화지) 感皇恩(감황은) 醉太平(취태평) 夏雲峰(하운봉) 醉蓬萊(취봉래) 黃河淸(황하청) 還宮樂(환궁악) 淸平樂(청평악) 荔子丹(려자단) 水龍吟(수룡음 慢) 傾杯樂(경배락) 太平年(태평년 慢) 金殿樂(금전락 慢) 安平樂(안평락) 愛月夜眠遲(애월야면지 慢) 惜花春早起(석화춘조기 慢) 帝臺春(제대춘 慢) 千秋歲(천추세 令) 風中柳(풍중유 令) 漢宮春(한궁춘 慢) 花心動(화심동 慢) 雨林鈴(우림령 慢) 行香子(행향자 慢) 雨中花(우중화 慢) 迎春樂(영춘악 令) 浪淘沙(낭도사 令) 御街行(어가행 令) 西江月(서강월 慢) 遊月宮(유월궁 令) 少年遊(소년유) 桂枝香(계지향 慢) 慶金枝(경금지 令) 百寶粧(백보장) 滿朝歡(慢 조환 令) 天下樂(천하락 令) 感恩多(감은다 令) 臨江仙(임강선 慢) 解佩(해패 令)
향악곡	정재	舞鼓(무고) 動動(동동) 無㝵(무애)
	악곡(28곡)	西京(서경) 大同江(대동강) 五冠山(오관산) 楊州(양주) 月精花(월정화) 長湍(장단) 定山(정산) 伐谷鳥(벌곡조) 元興(원흥) 金剛城(금강성) 長生浦(장생포) 叢石亭(총석정) 居士戀(거사련) 處容(처용) 長巖(장암) 濟危寶(제위보) 安東紫靑(안동자청) 松山(송산) 禮成江(예성강) 冬栢木(동백림) 寒松亭(한송정) 鄭瓜亭(정과정) 風入松(풍입송) 夜深詞(야심사) 翰林別曲(한림별곡) 三藏(삼장) 蛇龍(사룡) 紫霞洞(자하동)
삼국악	신라	東京(동경) 東京(付鷄林) 木州(목주) 余那山(여나산) 長漢城(장한성) 利見臺(이견대)
	백제	禪雲山(선운산) 無等山(무등산) 方等山(방등산) 井邑(정읍) 智異山(지리산)
	고구려	來遠城(래원성) 延陽(연양) 溟州(명주)

▣ 악현(樂懸)*

친사등가(親祠登歌)

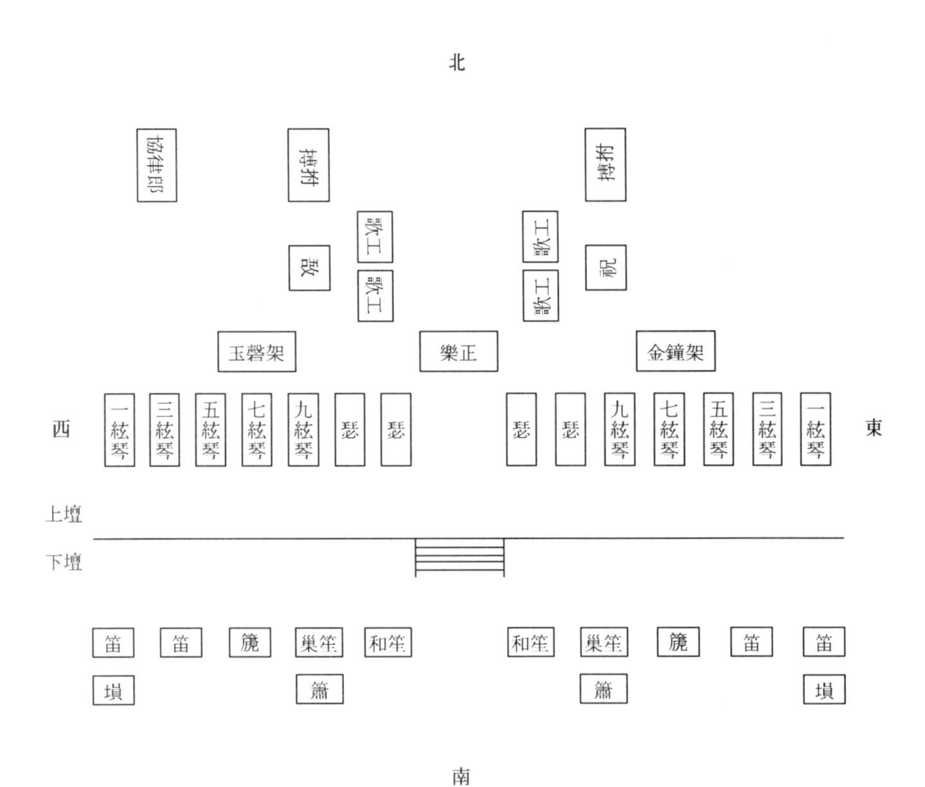

* 강현정, 『고려사(高麗史)』「악지(樂志)」의 악현 연구, ≪제43회 2010 난계 국악학 학술대회 자료집≫ (대구: 한국국악학회, 2010), 114-117쪽.

친사헌가(親祠軒架)

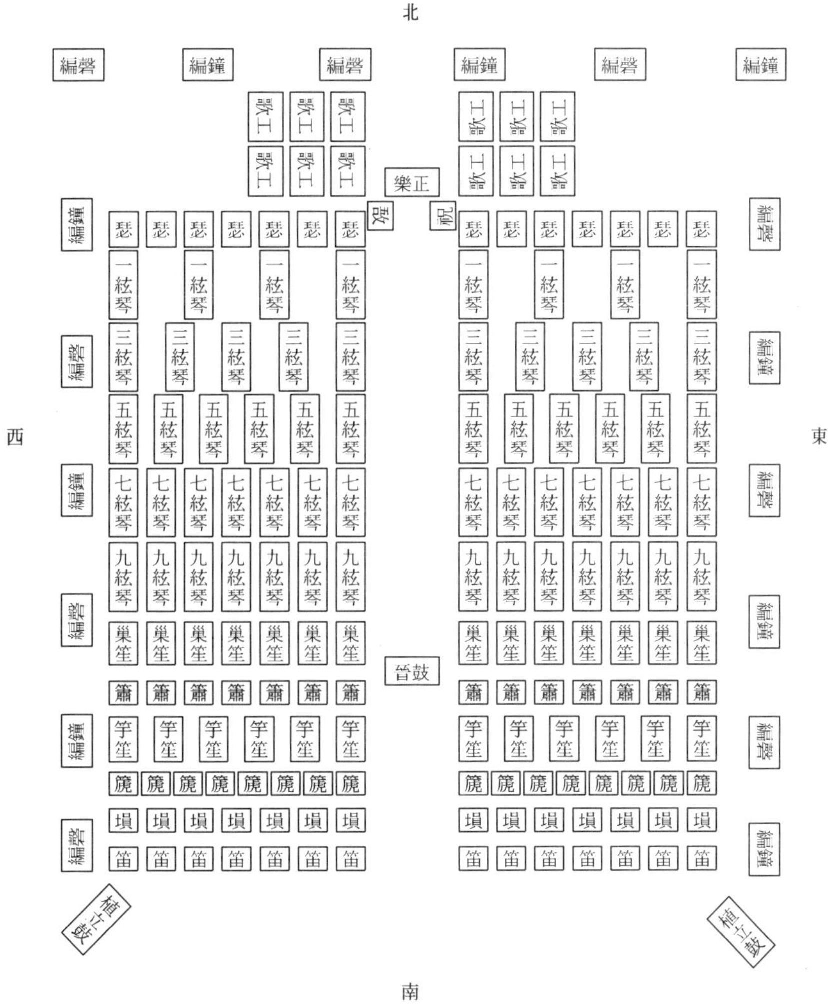

北

編磬 編鐘 編磬 編鐘 編磬 編鐘

歌工 歌工 歌工 歌工 歌工 歌工

歌工 歌工 歌工 歌工 歌工 歌工

樂正

敔 柷

編鐘 瑟 瑟 瑟 瑟 瑟 瑟 瑟 瑟 瑟 瑟 瑟 瑟 瑟 瑟 編磬

一絃琴 一絃琴 一絃琴 一絃琴 一絃琴 一絃琴 一絃琴 一絃琴

編磬 三絃琴 三絃琴 三絃琴 三絃琴 三絃琴 三絃琴 三絃琴 三絃琴 三絃琴 三絃琴 編鐘

西 五絃琴 五絃琴 五絃琴 五絃琴 五絃琴 五絃琴 五絃琴 五絃琴 五絃琴 五絃琴 五絃琴 五絃琴 東

編鐘 七絃琴 七絃琴 七絃琴 七絃琴 七絃琴 七絃琴 七絃琴 七絃琴 七絃琴 七絃琴 七絃琴 七絃琴 七絃琴 七絃琴 編磬

九絃琴 九絃琴 九絃琴 九絃琴 九絃琴 九絃琴 九絃琴 九絃琴 九絃琴 九絃琴 九絃琴 九絃琴 九絃琴 九絃琴

編磬 巢笙 巢笙 巢笙 巢笙 巢笙 巢笙 巢笙 巢笙 巢笙 巢笙 巢笙 巢笙 巢笙 巢笙 編鐘

晉鼓

簫 簫 簫 簫 簫 簫 簫 簫 簫 簫 簫 簫 簫 簫

編鐘 竽笙 竽笙 竽笙 竽笙 竽笙 竽笙 竽笙 竽笙 竽笙 竽笙 竽笙 竽笙 編磬

篪 篪 篪 篪 篪 篪 篪 篪 篪 篪 篪 篪 篪 篪 篪 篪

塤 塤 塤 塤 塤 塤 塤 塤 塤 塤 塤 塤 塤 塤

編磬 笛 笛 笛 笛 笛 笛 笛 笛 笛 笛 笛 笛 笛 笛 編鐘

植立鼓 植立鼓

南

유사섭사등가(有司攝事登歌)

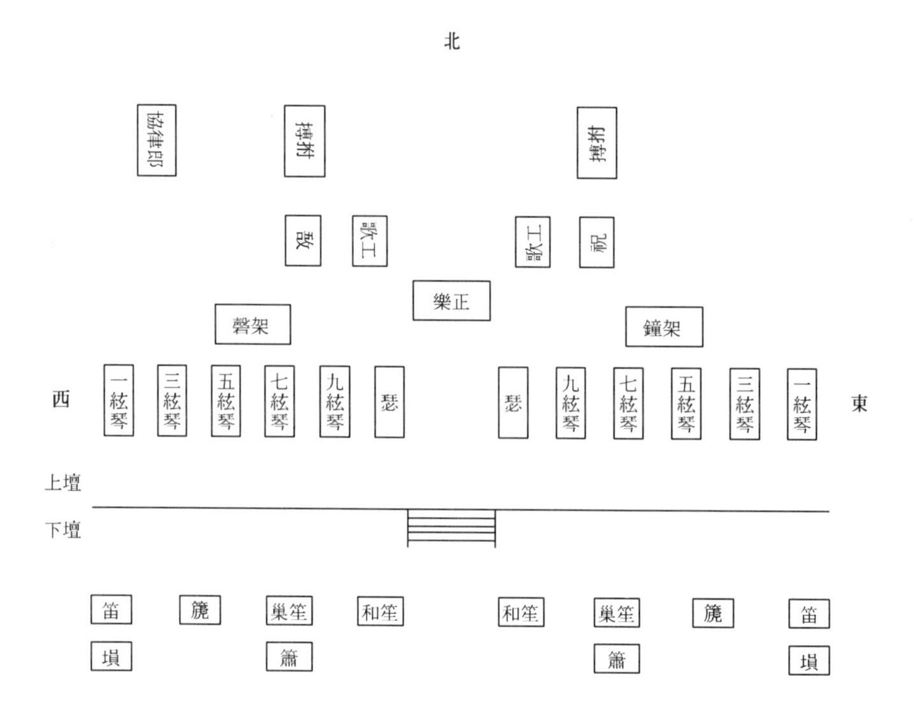

유사섭사헌가(有司攝事軒架)

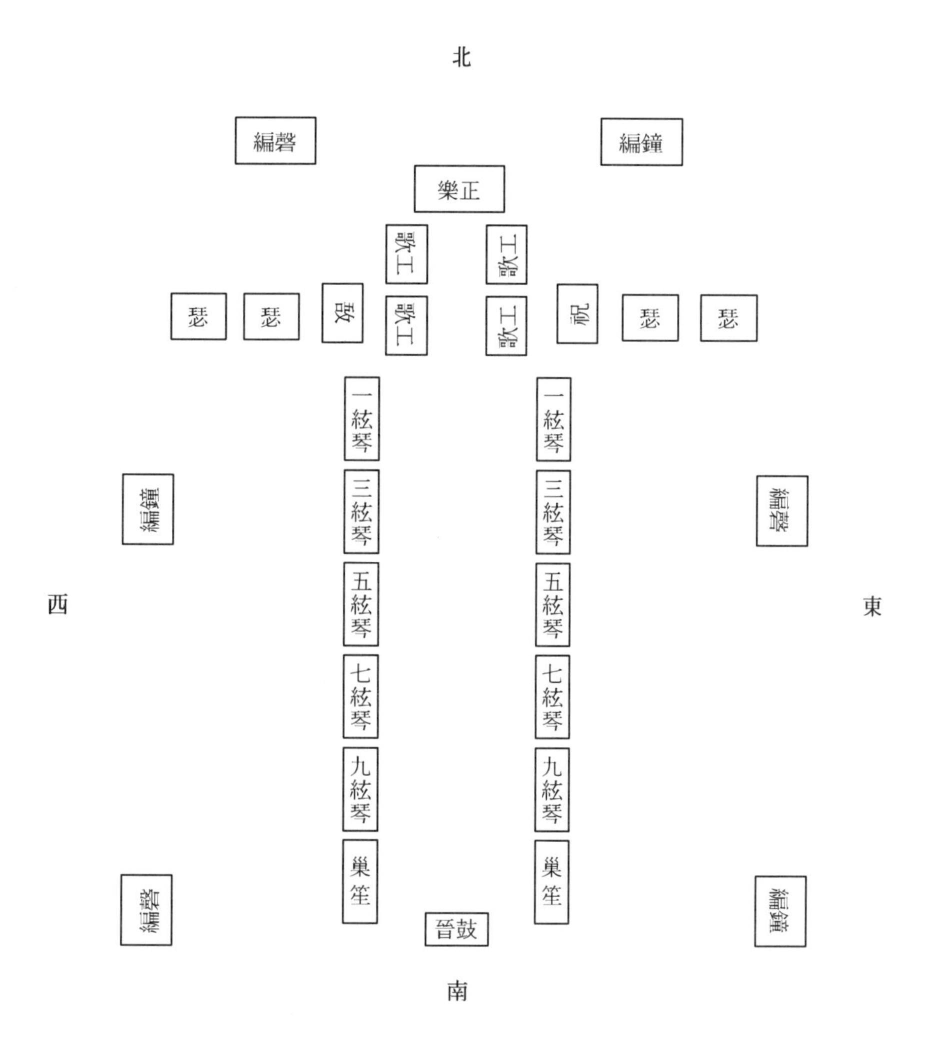

▣ 『고려사(高麗史)』「악지(樂志)」에 나오는 악기

1. 編鐘(편종)

금부(金部) 타악기의 하나이다. 틀에다 12율(律)(12개) 또는 12율 4청성(淸聲)(16개)을 매단 종을 말한다. 고려 예종 11년(1116) 송(宋)에서 들여왔는데, 정성(正聲)(12율 4청성)과 중성(中聲)(12율)의 두 종류였다. 우리나라 편종은 박연(朴堧)의 주장에 따라 종의 크고 작음에 따라 음높이가 결정되는 송나라 인종(仁宗) 때의 사람인 범진(范鎭)의 법을 버리고, 종의 크기는 같고 두께의 굵고 얇음에 따라 음높이가 달라지는 고제(古制)를 채택했다. 진양(陳陽)의 악서(樂書)에 의하면 아악(雅樂)에 쓰이는 종에는 범의 형상이 새겨져 있고, 속악(俗樂)에는 사자의 형상을 썼으나 지금의 편종은 그러한 구분이 없다. 현재의 연주법은 아악과 속악을 가리지 않고 각퇴를 오른손에 하나만 들고 치나, 예전의 중국계 아악은 황종(黃鐘)에서 임종(林鐘)까지, 즉 아랫단은 오른손으로 치고 이칙(夷則)에서 청협종(淸夾鐘)까지의 윗 단은 왼손으로 쳤다. 속악은 연주가 편리하도록 두 손으로 자유롭게 쳤다.

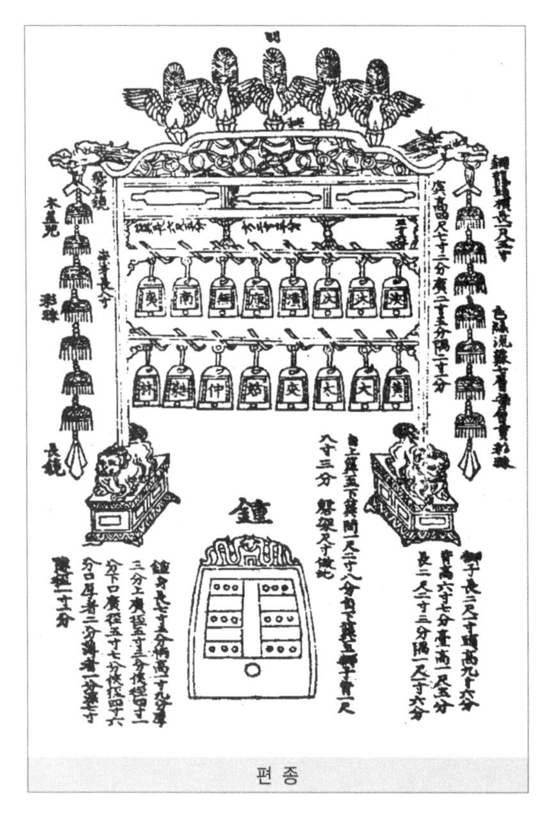

편 종

2. 編磬(편경)

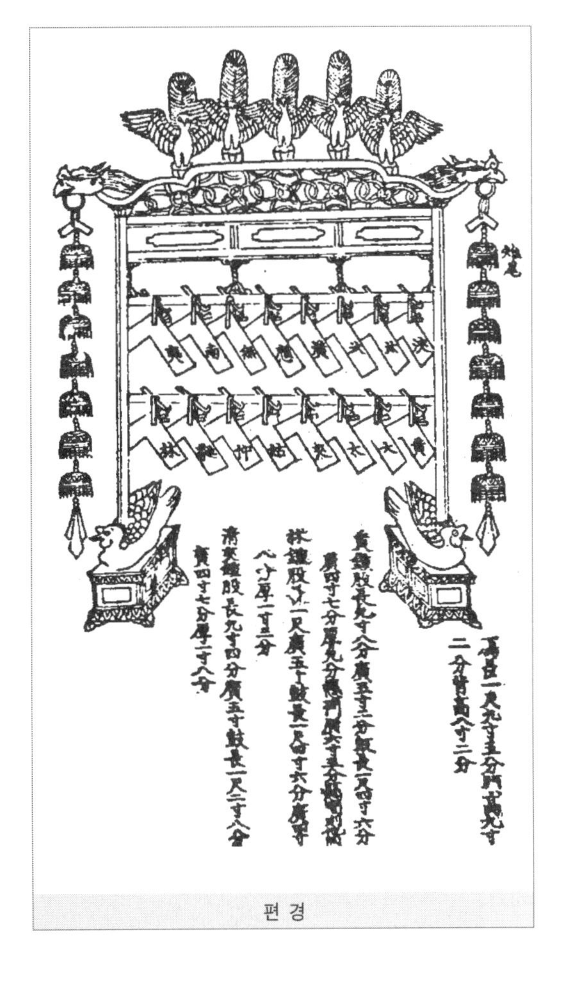
편 경

석부(石部) 타악기의 하나이다. 틀에다 12율(律)(12개) 또는 12율 4청성(四淸聲) 16개를 매단 경이다. 고려 예종 11년(1116)에 송(宋)에서 처음 들여왔는데, 정성(正聲)(12율 4청성)과 중성(中聲)(12율)의 두 종류가 있었다. 이 정성과 중성의 제도는 세종(世宗) 때까지 있었고, 그 뒤에는 중성은 없어지고 12율 4청성의 정성인 편경만 쓰게 되어 현재에 이른다. 세종 7년(1425) 이전까지는 편경은 중국에서 사 오기도 하고 모자랄 때는 기와로 구워 만든 와경(瓦磬)으로 대신하기도 하였다. 그런데 세종 7년 가을에 경기도 남양에서 아름답고 소리가 잘 나는 경돌을 발견하게 되어 그 다음 해인 세종 8년(1426)부터 10년(1828)까지 2년 동안에 528매(12율 4청성의 편경으로 계산하면 33틀)를 완성하였다. 세종 때 편경과 편종 등 아악기(雅樂器)의 제작에 공이 큰 사람은 중국 음악 이론가 박연(朴堧)이었고, 그 밖에 정양・신상・남급・김자지 등이 이 일에 참여하여 도왔다. 예전에는 편경을 잘못 다루어 혹 깨뜨리면 장 일백 대에 도 3년의 중벌을 준 점으로 보아도 이 악기를 얼마나 소중하게 여겼었던가를 알 수 있다.

3. 柷(축)

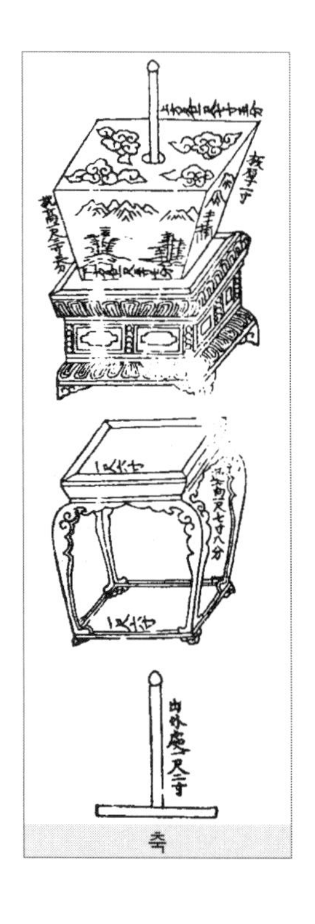
축

팔음(八音) 중 목부(木部)에 속하는 타악기의 하나이다. 음악의 시작을 알리는 악기이다. 흰 칠을 한 어(敔)를 서쪽에 놓는 데 반하여, 푸른 칠을 한 축은 동쪽에 편성한다. 축(柷)은 네모진 상자 모양으로 짜고, 그 뚜껑 위에 구멍을 뚫고, 그 구멍 속에 방망이를 꽂는다. 『악학궤범(樂學軌範)』 시절에는 방망이 밑에 작대기를 가로 대어 ⊥ 모양으로 되어 있으나, 현재는 가로 댄 나무는 없애고 긴 방망이만 꽂는다. 방망이로 상자 밑바닥을 세 번 친 후 북을 한 번 치는 것을 세 번 반복한 다음, 박(拍)을 한 번 치면 음악이 시작된다.

4. 敔(어)

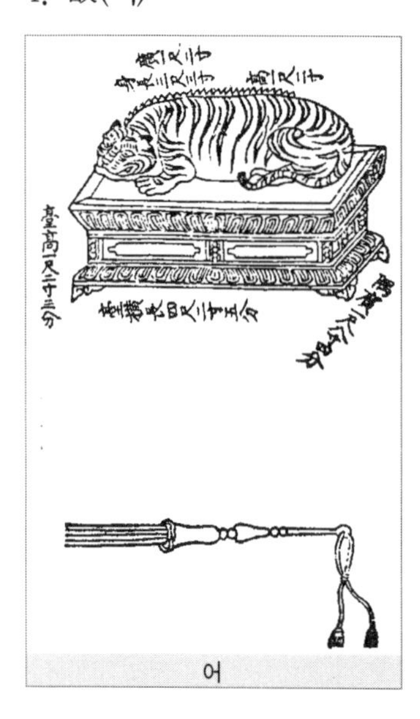
어

목부(木部)에 속하는 타악기이다. 어(敔)는 그 모양과 함께 치는 법이 진기한 인상을 주는 악기이다. 즉 엎드린 호랑이의 형상에 그 등줄기에는 톱날 모양으로 생긴 27개 서어(鉏鋙)가 있고, 이것을 대 위에 올려놓았다. 어를 긁는 채는 견이라고 하며, 견은 대 끝을 세 조각씩 세 번, 즉 아홉 조각으로 갈라 만든다. 축(柷)은 음악의 시작을 뜻하고 동쪽에 놓는 데 반하여, 어는 음악의 마침을 뜻하며 서쪽에 놓는다. 고려 때부터 사용하여 현재에 이른다. 어를 치는 법은 채의 끝으로 호랑이 머리를 세 번 친 다음, 등줄기의 톱니를 '드르륵'하고 내려 긁기를 세 차례 반복하고, 박(拍)을 세 번 치면 음악을 마친다.

5. 絃琴(현금)

『고려사(高麗史)』「악지(樂志)」에 현금(絃琴)은 속악기 부분에서 현금(玄琴), 즉 거문고가 따로 소개되어 있기 때문에 현금(玄琴)의 오자(誤字)일 가능성은 없다. 아악기 부분에 소개된 1, 3, 5, 7, 9 현금이 모두 금(琴) 종류이다. 칠현금인 금은 아악(雅樂)에서 슬과 항상 같이 쓰는 악기로서 사부(絲部)에 드는 현악기(絃樂器)의 하나이다. 중국계 아악에 주로 편성되는 악기이고 고려 예종 11년(1116)에 송(宋)나라에서 들어온 아악기 가운데에는 1현금 3현금 5현금 7현금 9현금이 있었는데 조선(朝鮮)에 들어와서는 5현금 또는 7현금이 쓰였다. 슬이나 쟁과 같이 줄을 괴는 안족이 없고 검은 복판 한 편에 흰 자개를 박아 손 짚는 자리를 표시하여 놓은 관계로 이를 휘금(徽琴)이라고도 한다. 조선조 말 고종(高宗) 때 역수헌 윤용구의 『휘금가곡보(徽琴歌曲譜)』가 전하나 현재는 이 금의 연주법을 아는 사람이 없다.

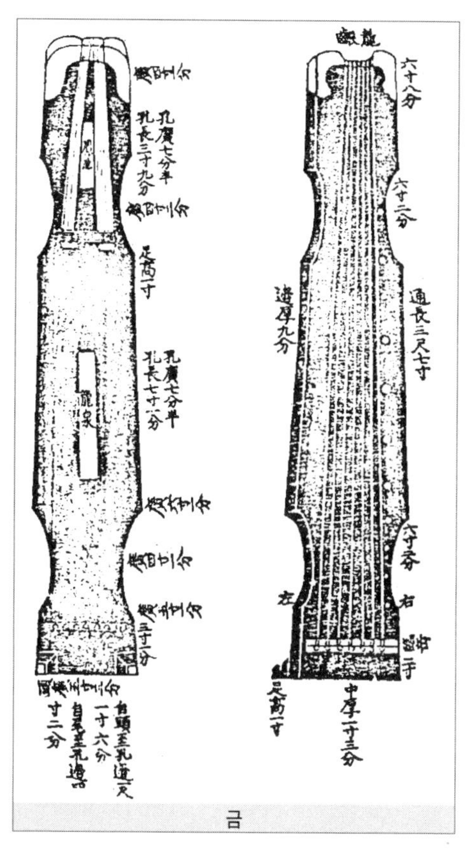

금

6. 瑟(슬)

중국(中國) 고대(古代) 악기(樂器)의 하나이다. 25현이며 고려(高麗) 이후로 중국계 아악(雅樂)에 한 하여 사용되었다. 길이 7척 3촌 7푼, 넓이 1자 1치 4푼이나 되어 현악기 가운데 가장 크다. 슬(瑟)은 사면의 변두리만 검은 칠을 하고, 앞면에는 상서로운 구름모양과, 나는 학을 쌍으로 그리고, 좌단(左端)과 미단(尾端) 앞면에는 비단 모양의 그림을 그려 호화롭다. 25현 중 제13현은 윤현(閏絃)이라 하여 쓰지 않고, 아래 12현은 12율(律)을 갖추고, 제14현에서 제25현까지의 12현은 아래의 저음 12율과 옥타브 관계로 줄을 고른다. 주(柱)는 제1현의 주가 가장 크고 제2현 이하로 점점 작아져 제1현의 주는 높이 2촌 3푼, 발의 가로 넓이 1촌 4푼, 두께 4푼이고, 제25현의 주는 높이 1촌 8푼, 발의 가로 넓이 1촌 3푼, 두께 4푼 약, 위는 얇고 아래는 두껍다.

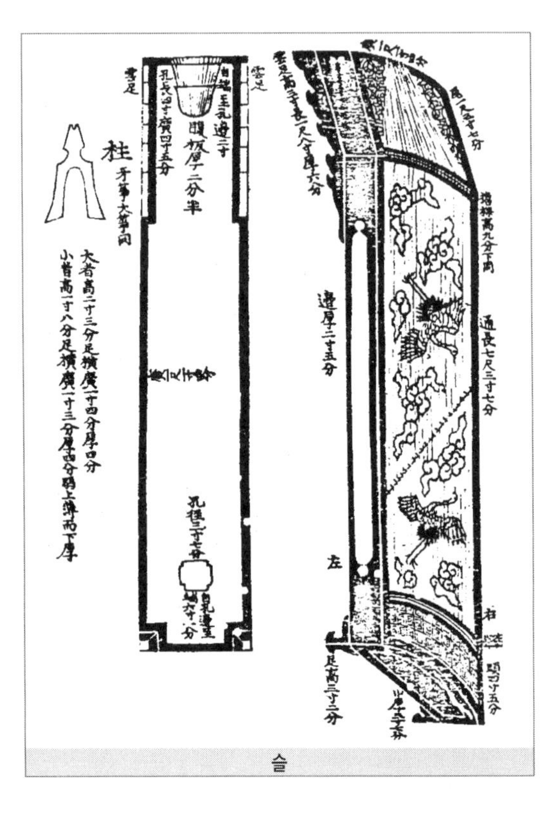

슬

7. 笛(적)

약(籥)과 함께 중국계 아악(雅樂)에 편성되는 악기의 하나이다. 원래는 구멍이 네 개였는데, 하나를 더하여 다섯 개로 맞추고 5음을 갖추었다고 한다. 송(宋)에 이르러 다시 개량(改良)하여 앞에 다섯, 뒤에 하나, 여섯 구멍으로 되었고, 이것이 고려(高麗) 때 전래되어 현재에 이른다. 지(篪)와 같이 아래 끝에 십자공(十字孔)을 뚫은 점이 특징이고, 음역은 12율(律) 4청성(淸聲)이다. 현재는 십자공을 뚫지 않고 퉁소와 혼용하여 쓰는 예가 있다.

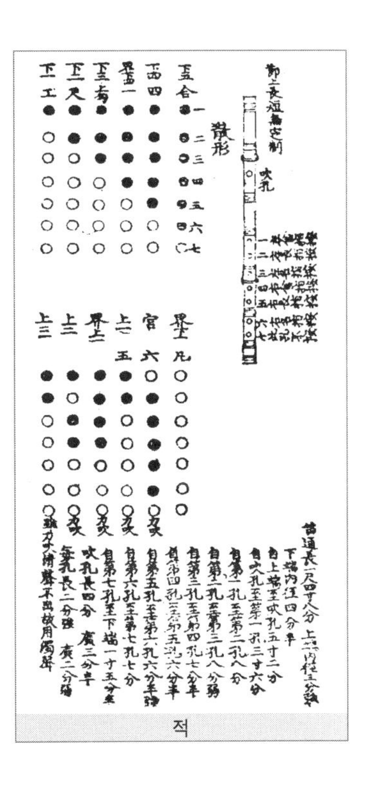
적

8. 篪(지)

삼국 시대부터 있어 온 횡적(橫笛)의 하나이다. 백제(百濟)에서는 지(篪), 고구려(高句麗)에서는 의취적(義觜笛)이라고 하였는데, 의취적은 의취(義觜)의 이름과 같이 취구(吹口)를 따로 만들어 꽂은 데서 온 이름이다. 고려 이후로는 중국계 아악에 훈(塤)과 함께 편성된다. 『시경(詩經)』「소아(小雅)」의 〈하인기(何人欺)〉라는 노래에 '백씨취훈(伯氏吹塤) 중씨취지(仲氏吹篪)'라는 구절이 있듯이, 이 두 악기가 항상 함께 편성되기 때문에 형제간의 정의(情誼)가 좋은 것은 훈지상화(塤篪相和)라고 한다. 음넓이는 편종(編鐘)·편경(編磬)과 같이 12율(十二律) 4청성(四淸聲)에 국한하며, 아래 끝 마디 밖으로 잘라 십자공(十字孔)을 갖는 점은 적과 지에만 있는 특징이다.

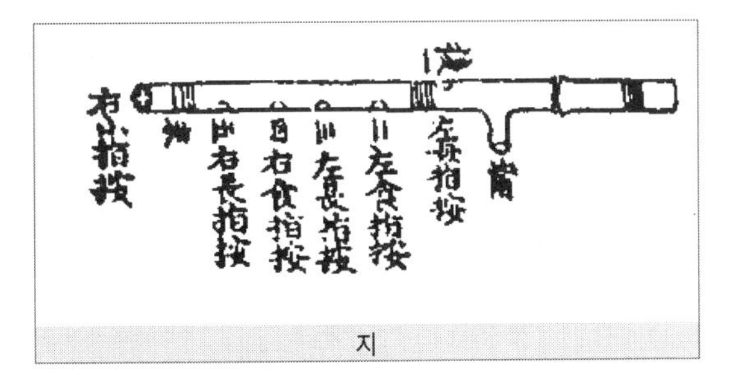
지

9. 巢笙(소생)

생(笙)의 한 가지이다. 고려(高麗) 때에는 16율(律)의 정성(正聲)과 12율(律)의 중성(中聲)의 두 가지가 있었다. 중국계 아악(雅樂)의 등가(登歌)와 헌가(軒架)에 사용되었다.

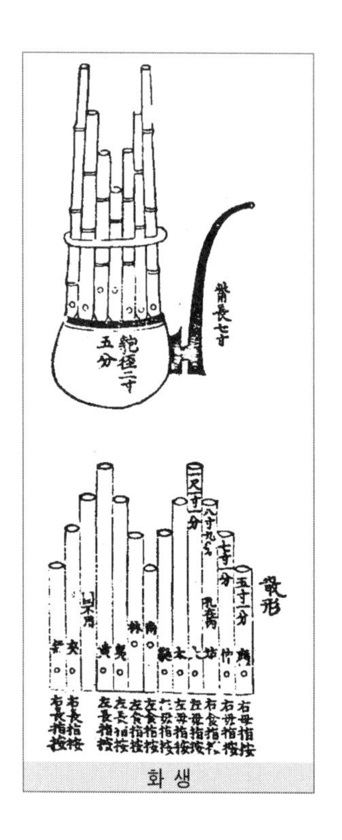
화 생

10. 和笙(화생)

아악기(雅樂器)의 하나이다. 화(和)라고도 한다. 『악학궤범(樂學軌範)』의 화는 쓰지 않는 윤관(閏管)까지 합하여 13관으로 되어 있으며, 12율(律)을 갖추고 있었다. 고려(高麗) 예종(睿宗) 11년(1116)에 들어온 화생에는 16율(律)을 가진 정성(正聲)과 12율을 가진 중성(中聲)의 2가지가 있었다.

11. 塤(훈)

팔음(八音) 중 토부(土部)에 속하는 악기의 하나이다. 명구(鳴球)라고도 한다. 기와 흙을 구워서 만들기도 하고, 백면화(白綿花)를 황토(黃土)에 섞어서 만들기도 한다. 훈에는 저울추 모양, 달걀 모양, 공 모양 등 여러 가지 모양으로 된 것이 있는데, 우리 나라의 훈은 저울 추 모양에 속한다. 『시경(詩經)』「소아(小雅)」에 '백씨(伯氏)는 훈(塤)을 불고, 중씨는 지(篪)를 분다.'고 한 바와 같이,

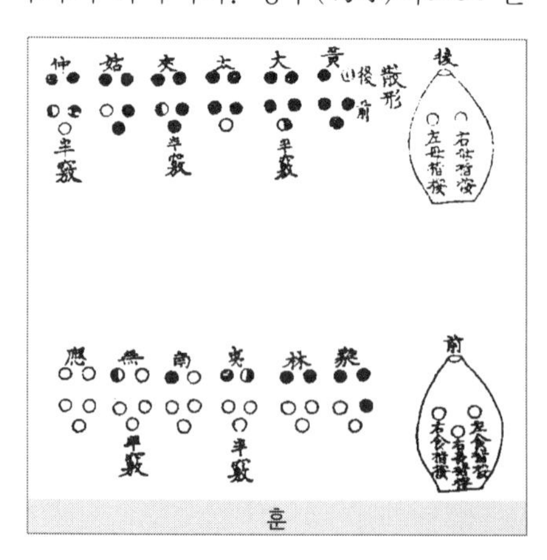
훈

훈과 지는 항상 함께 편성되기 때문에 훈지상화(塤篪相和)라 하여 형제의 의가 좋은 데 빗대어 말하기도 한다. 문헌상으로는 고려(高麗) 예종(睿宗) 11년(1116)에 송(宋)에서 들어왔다 하였고, 현재는 문묘(文廟) 제향악(祭享樂)에 쓰인다. 취구(吹口)는 위에 있고, 지공(指孔)은 앞에 셋, 뒤에 둘이 있으며, 황종(黃鐘)에서 응종(應鐘)까지 12율(律)을 가진다.

12. 簫(소)

관악기(管樂器)의 한 가지이다. 봉소(鳳簫)·배소(排簫) 등의 이름이 있다. 소(簫)에는 12율(律)에 따라서 12관(管)으로 된 것도 있고, 12율(律) 4청성(淸聲)으로 된 16관, 12율에 한 옥타브 위에 12율을 더한 24관 등 많은 종류가 있었다. 현재 우리 나라에서 쓰고 있는 소(簫)는 고려(高麗) 이후 송제(宋制)인 봉소형(鳳簫形)에 속한다. 고구려의 안악(安岳) 고분(古墳), 집안현(輯安縣) 통구(通衢)의 고분 등에 나타난 소(簫)는 고대 중국의 것과 같은 삼각형의 배소에 속한다.

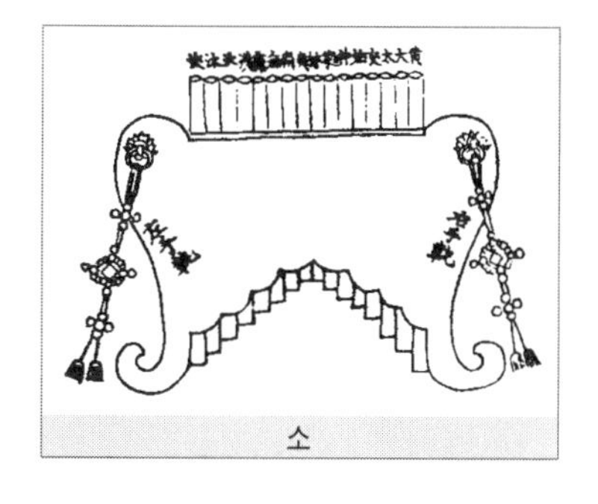
소

13. 竽笙(우생)

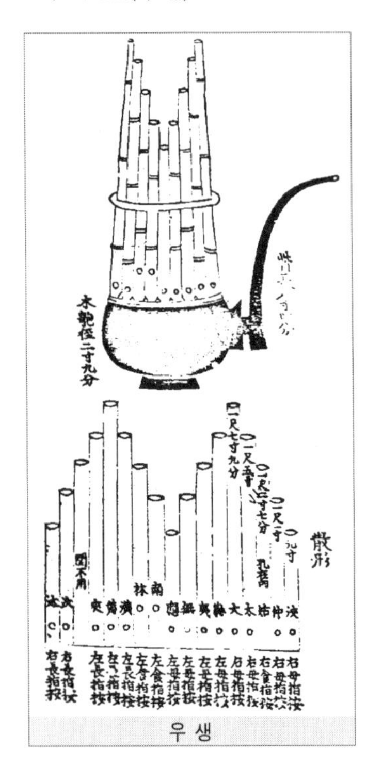

우 생

우생(竽笙)은 우(竽)라고도 하는데 이미 삼국 시대부터 널리 사용되었고, 고려 때에는 16율(律)의 정성(正聲)과 12율의 중성(中聲)이 있었다. 『악학궤범(樂學軌範)』의 우는 17관으로 되어 있는데, 그 중에서 윤관(閏管)은 사용하지 않으므로 고려 때의 정성에 해당한다.

14. 晉鼓(진고)

혁부(革部) 타악기로 북의 한가지이다. 현고(懸鼓)라고도 한다. 네 기둥을 세우고 거기에 횡목(橫木)을 가로 지른 틀 위에 북을 놓는다. 헌가(軒架)의 시작과 끝에 쓰며, 음악 중간 중간에 치기도 한다. 절고(節鼓)는 등가(登歌)에 편성되는 데 반하여 진고는 헌가에만 쓰인다. 고려 때부터 전하며, 현재는 문묘(文廟)와 종묘(宗廟) 제향음악(祭享音樂)의 헌가에 사용된다.

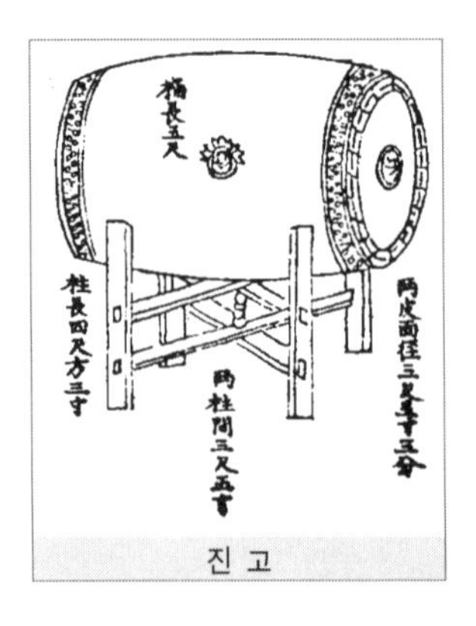

진 고

15. 方響(방향)

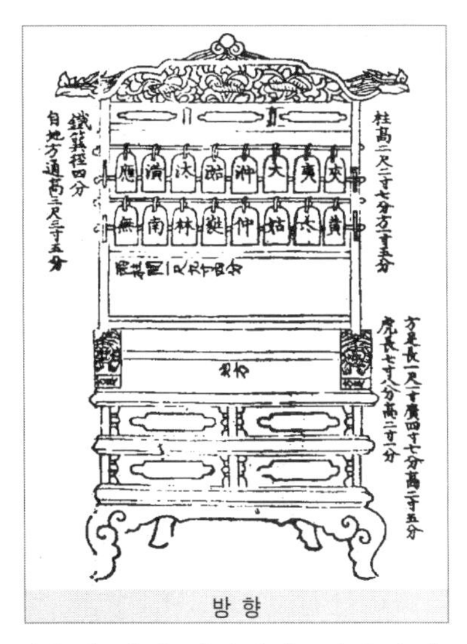
방 향

금부(金部) 타악기의 하나이다. 철향(鐵響)·철방향(鐵方響)의 딴이름이 있다. 고려 문종 때 이미 방향업사(方響業師)가 있었고, 예종 9년(1114)에 들어온 신악기 가운데에는 철방향과 석방향(石方響)이 각각 끼어 있었다. 조선 초기부터 주로 행악(行樂)에 편성되었고, 그 뒤 당악(唐樂)과 고취(鼓吹)에 계속 사용되었다. 장방형(長方形)으로 만든 철판 16매를 아래 위 횡철(橫綴)에 각각 8매씩 다는데, 음의 높이는 두께의 얇고 두터움에 따라 결정된다. 방향의 음률과 배열하는 방법은 임진왜란(壬辰倭亂) 이전의 『악학궤범(樂學軌範)』과 임진왜란 이후의 악학궤범 및 현재의 방향이 서로 다르다.

16. 琵琶(비파)

당비파 – 4현의 현악기이다. 줄감기 부분, 즉 목이 구부러져 있다 해서 곡경비파(曲頸琵琶)라고도 한다. 문헌에 보이는 가장 오래 된 기록은 고려 문종 30년(1076)이나, 7세기 이후에 속하는 감은사(感恩寺) 유지(遺址) 등의 유적에 이미 당비파가 보인다. 조선 시대에는 음악을 배우는 이는 먼저 당비파를 배웠고, 악공(樂工) 취재(取才) 필수 과목(必須科目)으로 들어 있을 정도로 널리 보급되고 중요시되던 악기이다. 조현법(調絃法)에는 당악조(唐樂調)의 상조(上調)와 하조(下調), 향악조(鄕樂調)의 평조(平調)와 계면조(界面調)를 합쳐 네가지 방법이 있었다.

당비파(唐琵琶)로 당악(唐樂)을 탈 때는 발목(撥木)을 사용하고 향악을 연주할 때는 가조각(假爪角)을 끼고 탔다. 또 당악은 불룩한 큰 괘 넷(제1, 2, 3, 4괘)만 사용하고, 향악을 연주할 때는 제11괘까지 다 사용하는데 이것은 그 음넓이가 넓고 좁은 데에 따라서 달라지는 것이다. 당비파는 행악(行樂)에서 대금·당피리·해금·장구와 함께 편성되던 가장 중요한 악기 중의 하나이다. 당비파보(唐琵琶譜)로 가장 오래 된 것은 선조 5년(1572)의 금합자보(琴合字譜) 중 만대엽(慢大葉)이다. 현재는 향비파와 더불어 그 연주법이 전하지 않는다.

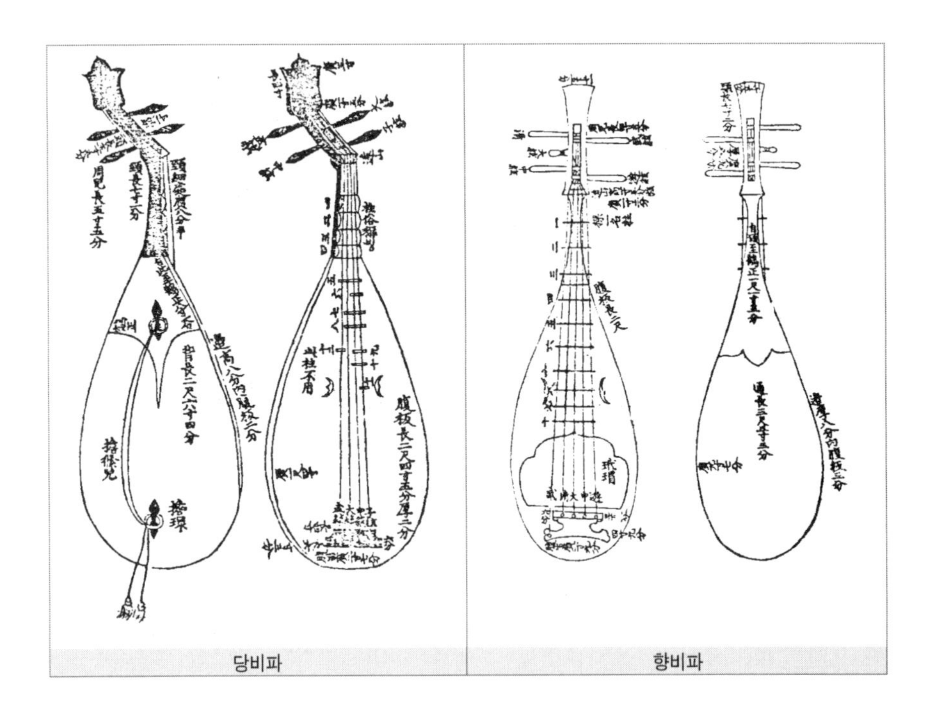

당비파 | 향비파

향비파 – 사부(絲部)에 속하는 현악기(絃樂器)의 하나이다. 신라(新羅)의 삼현삼죽(三絃三竹) 중 삼현에 든다. 딴이름으로는 오현(五絃)이라고도 한다. 『삼국사기(三國史記)』 「악지(樂志)」에 의하면, 향비파에는 궁조(宮調)·칠현조(七絃調)·봉황조(鳳凰調)의 세 조에 212곡이 있었다고 하나 후세에 전하지 않고, 『악학궤범(樂學軌範)』에는 평조(平調)와 계면조(界面調) 외에 청풍제(淸風制)가 있었다. 향비파는 4현에 곡경(曲頸)인 당비파(唐琵琶)와는 달리 5현에 직경(直徑)인 점이 특징이다. 향비파는 수(隋)의 구부기(九部伎) 중 중국 지방 음악에는 없고, 서역(西域) 지방 음악에만 쓰인 점으로 보더라도 서역 지방의 악기임이 분명하고, 이 악기는 이미 고구려에 들어왔고, 고구려에서 신라로 전한 것이다. 『악학궤범(樂學軌範)』 시절에는 대모(玳瑁)가 있고, 거문고와 같이 술대로 탔던 점이 당비파와 다르다. 평조와 계면조에 각각 7조가 있다.

17. 觱篥(필율)

피리를 말한다. 피리는 대나무 관대에 서를 끼워 입에 물고 세로로 부는 관악기(管樂器)이다. 혀를 진동시켜 소리를 내는 악기이고 종류에는 향피리 세피리 당피리의 세 가지가 있다. 향피리와 세피리는 시누대로 만들고, 당피리는 시누대보다 굵은 황죽(黃竹)이나 오죽(烏竹)을 쓴다. 향피리와 세피리는 구조나 제작법은 서로 같은데, 향피리는 궁중음악(宮中音樂), 민속(民俗) 합주(合奏) 등에 사용되고, 가는 세피리는 줄풍류 연주(演奏)와 가곡(歌曲)의 반주(伴奏)에 사용된다. 음량이 큰 당피리는 당악 계열의 궁중음악과 종묘제례악(宗廟祭禮樂)에 편성된다. 또한 피리는 제례악(祭禮樂), 궁중음악(宮中音樂), 민간풍류(民間風流), 민속음악(民俗音樂) 등 여러 장르의 음악에서 주선율을 담당한다.

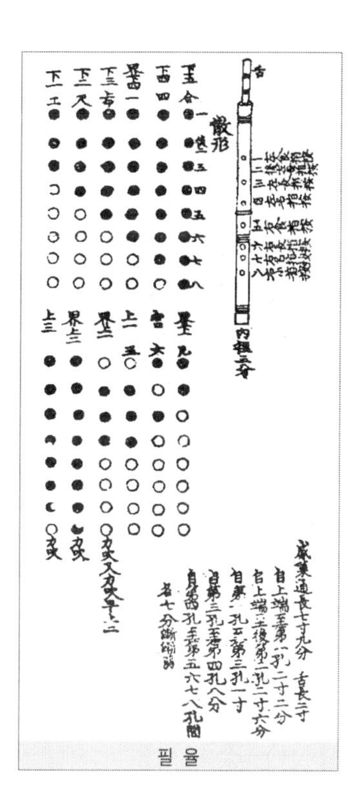
필 율

18. 匏笙(포생)

생황(笙簧)의 일종으로 관악기(管樂器)이다. 좌우 각 8개씩 총 16개의 구멍(管)이 있다. 고려 예종 9년(1114) 6월 안직숭(安稷崇)이 송(宋) 나라에서 돌아오면서 송나라 휘종(徽宗)으로 부터 곡보(曲譜) 10책 등 2종의 악보와 철방향(鐵方響) 석방향(石方響) 비파(琵琶) 등 13종의 악기를 받아 왔는데 그 속에 포생이 포함되어 있었다.

19. 杖鼓(장고)

혁부(革部) 타악기(打樂器)의 하나이다. 세요고(細腰鼓)라고도 한다. 세요고는 악기의 형태에서 온 이름이고, 장고는 장(杖), 즉 채를 쳐서 소리를 내는데서 붙여진 이름이다. 왼쪽 가죽은 두꺼워 낮은 음이 나고, 오른쪽 가죽은 얇아서 높은 음이 난다. 장고의 통은 사기·기와·나무 등을 쓰는데, 기와는 좋지 않고, 나무는 오동이 좋다. 양쪽 가죽이 통에 꼭 붙어 있게 하기 위하여 양편 가죽을 원철(圓鐵)에 구철을 걸어 진홍사(眞紅絲)로 만든 축승(縮繩)으로 얽어매고, 축수를 좌우로 움직여 줄을 당기었다 늦추었다 하며 소리를 조절한다. 고구려의 옛 무덤의 벽화와 신라(新羅) 유적(遺蹟)에서 장고를 볼 수 있는데, 그 형체가 현재 것보다 훨씬 작다. 장고는 관현합주(管絃合奏)·가곡(歌曲)·가사(歌詞)·시조(時調)·잡가(雜歌)·민요(民謠)·무악(巫樂)·산조(散調)·농악(農樂) 등 거의 사용되지 않는 곳이 없을 정도로 장단 악기 가운데서도 가장 중요한 역할을 하고 있다.

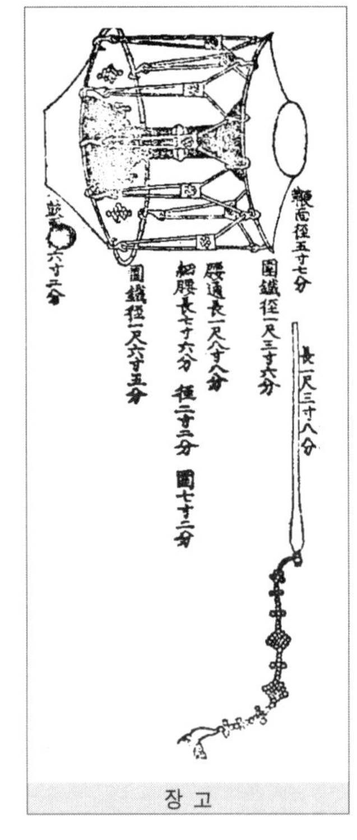

장 고

20. 立鼓(입고)

고려(高麗) 예종(睿宗) 11년(1116)에 송(宋)에서 들여온 대성악기(大成樂器) 중 헌가(軒架)에 편성되던 북의 하나이다. 진고(晉鼓)는 가운데에 놓고 입고(立鼓)는 동서 끝에 각 하나씩 세워 둔다. 『고려사(高麗史)』 「악지(樂志)」에 나오는 입고(立鼓)는 좌고(座鼓)와 대칭되는 용어로 '세워 놓은 북'이라는 뜻으로 건고(建鼓)를 말한다.

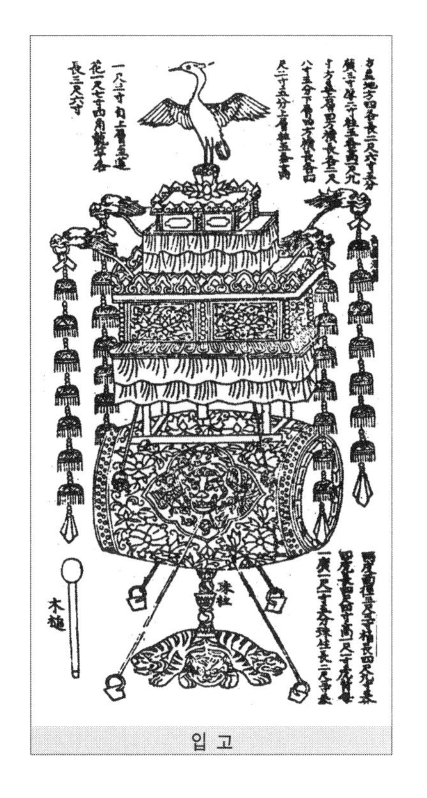

입고

21. 應鼓(응고)

북의 한가지로 마침을 조화시킨다는 뜻을 가지고 있다. 응비(應鼙)라고도 한다. 건고(建鼓)·삭고(朔鼓)와 함께 예전 전정 헌가(殿庭軒架)에 편성되었다. 응고의 제도는 삭고와 거의 같으나, 삭고는 틀 위에 해의 모양을 그리고 흰 칠을 하는 데 비해 응고는 달 모양을 그리고 붉은 색을 칠하는 점이 다르다. 음악을 시작하려면 먼저 삭고를 한번 친 다음 응고를 한번 치고, 고축삼성(鼓祝三聲)이 있은 후 합주를 시작하지만 음악이 끝날 때는 응고를 치지 않는다.

22. 洞簫(퉁소)

당악계(唐樂系) 음악에 편성되었던 악기의 하나이다. 원래는 당악기에 들었고, 그 음높이와 음넓이도 다른 당악기와 같았으나, 조선 중기 이후로 향악기화(鄕樂器化)되었다. 고려사에는 여덟구멍이었으나, 『악학궤범(樂學軌範)』에는 청공(淸孔)을 더하여 아홉구멍이었고, 현재 정악(正樂) 퉁소에서는 청공이 없어지고 시나위용 퉁소, 일명 퉁애에는 청공을 사용한다.

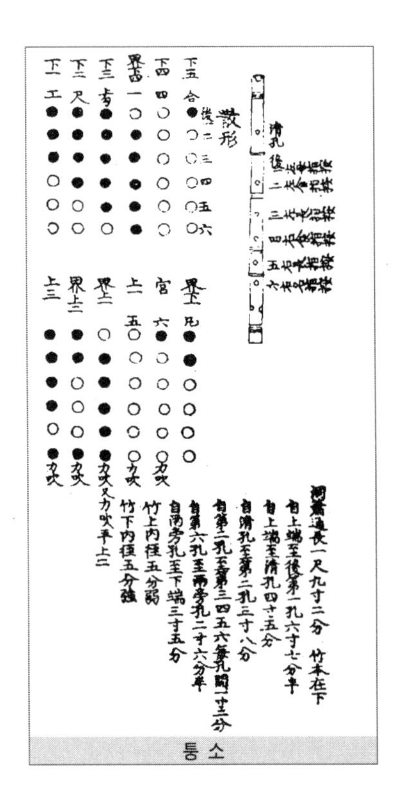

퉁 소

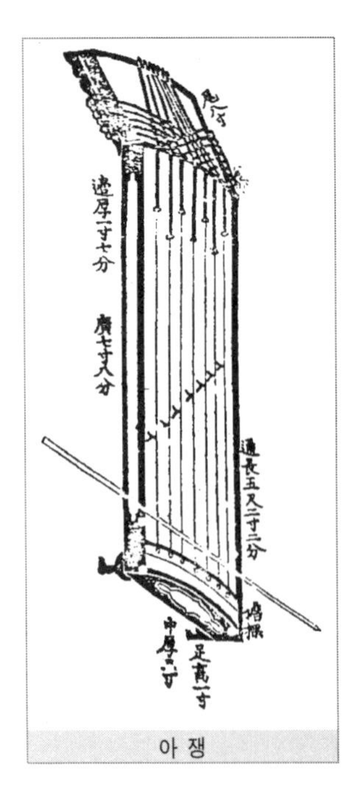

아 쟁

23. 牙箏(아쟁)

사부(絲部) 찰현악기(擦絃樂器)의 하나이다. 고려(高麗) 때에는 당악(唐樂)에만 편성되었고, 조선 초기 이후로는 당악과 향악(鄕樂)에 함께 사용하였다. 줄은 일곱이고, 개나리의 껍질을 벗겨 송진을 칠한 활로 힘차게 줄을 문질러 내는 관계로 말총으로 만든 활에서 얻는 소리보다 다소 거칠기도 하나, 장엄한 음빛깔이 특징이다.

24. 大箏(대쟁)

사부(絲部) 현악기(絃樂器)의 하나이다. 쟁(箏)은 13현이고, 대쟁(大箏)은 15현이다. 고려(高麗) 예종(睿宗) 9년(1114)에 송(宋)에서 들어온 신악기(新樂器) 가운데에 쟁 넷이 포함되어 있으나, 그것이 13현인지 15현인지는 분명치 않다. 그러나, 『고려사(高麗史)』「악지(樂志)」 당악기(唐樂器) 조의 대쟁과 『악학궤범(樂學軌範)』의 대쟁, 현재 국립국악원(國立國樂院)에 전하는 대쟁은 모두 15현이다.

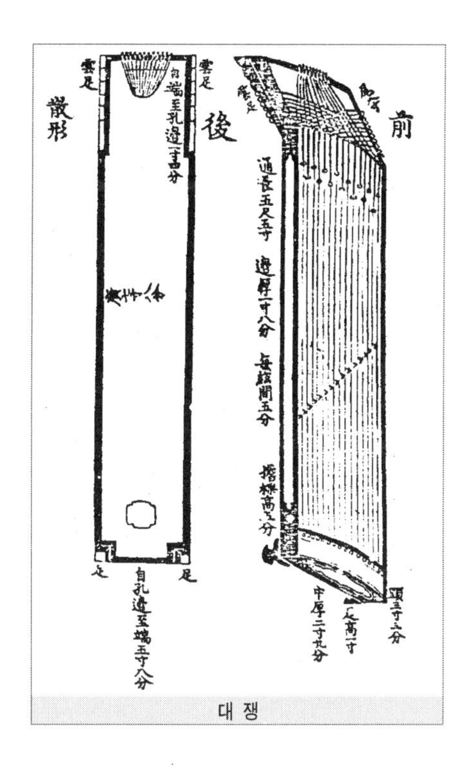

대 쟁

25. 敎坊鼓(교방고)

혁부(革部) 타악기(打樂器)의 하나이다. 『고려사(高麗史)』「악지(樂志)」에는 당악기(唐樂器)로 소개되어 있다. 북통에는 반룡(蟠龍)이 그려져 있고, 진고(晉鼓)와 같이 네발로 된 틀 위에 놓되, 북 가죽이 위로 가도록 틀에 건다. 주로 당악(唐樂)과 행악(行樂)에 사용했고, 행악 때는 북틀 밑에 긴 장대 둘을 가로지르고, 그것을 네 사람이 메고 걸어가면서 친다. 고려(高麗) 때 무고(舞鼓) 춤에 쓰이는 무고라는 북은 영해로 귀양 갔던 이곤이 바다에 떠내려가는 널쪽을 얻어 만들었다고 하나, 그 통에 그린 그림이 반룡(蟠龍) 대신 청·홍·백·흑으로 각각 칠하여 동서남북(東西南北)의 방위를 상징한 점에서 다를 뿐이고, 그 제도는 별로 다름이 없다. 다만 무고에 쓰는 틀은 세 기둥으로 된 점이 다르고, 교방고(敎坊鼓)보다 약간 작을 뿐이다.

교방고

26. 拍(박)

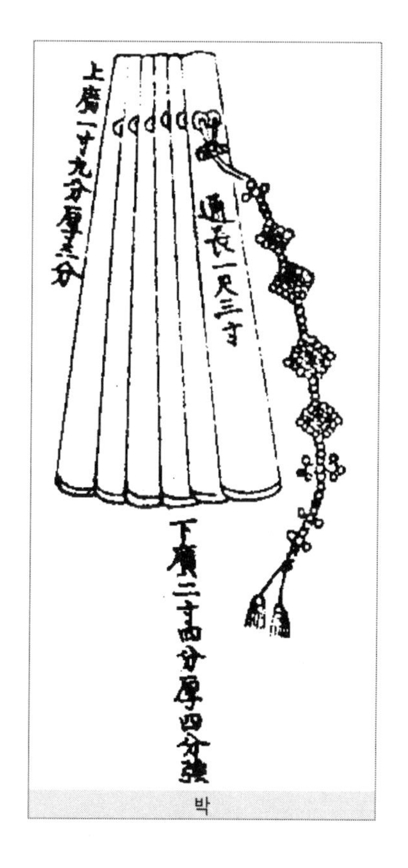

박

목부(木部) 타악기(打樂器)의 하나이다. 음악의 시작과 끝을 지휘(指揮)하고, 궁중무(宮中舞)에서 사위의 변화를 지시할 때 치는 악기이다. 박판(拍板)이라고도 한다. 박(拍)은 여섯 조각의 판자쪽을 한 편에 두 개의 구멍을 뚫어 가죽 끈으로 한꺼번에 묶고, 다른 한 편을 쭉 벌렸다가 힘차게 모아 친다. 박의 치는 법은 『시용향악보(時用鄉樂譜)』·『금합자보(琴合字譜)』 등 옛 악보에 의하면 향악(鄉樂)에서는 대개 장고 장단 첫머리에 박을 치고, 당악(唐樂)에서는 대개 네 자마다 한 번씩 쳤으나, 현재는 음악이 시작할 때 한 번, 끝날 때 세 번 침으로써 지휘한다. 단 종묘(宗廟) 제향악(帝鄉樂)인 정대업(定大業)과 보태평(保太平)에서는 대체로 한 곡에 박이 네 번 들어간다. 궁중무(宮中舞)에서는 춤의 진퇴(進退)와 사위의 변동을 박으로 쳐서 지시하는데, 대개 장구 장단 중간에서 치고 그 장단이 끝나면 다음 장단 첫째 박부터 춤사위와 방위를 바꾼다.

27. 伽倻琴(가야금)

사부(絲部) 현악기(絃樂器)의 하나이다. 가야금은 한자 말이고, 가야고가 원래의 이름이다. 『삼국사기(三國史記)』에는 가야국의 가실왕(嘉悉王)이 만들었다 하였고, 가야고라는 이름도 가야국의 나라 이름인 가야와 현악기의 옛말 〈고〉의 합성어(合成語)로 되어 있기는 하나, 실제로는 신라 통일 이전에 가야고가 있었음이 1975년 경주 황남동(皇南洞)에서 발굴된 토기(土器) 장경호(長頸壺)의 목 부분에 새겨진 주악도(奏樂圖)에 의하여 증명된다. 신라 진흥왕 때의 가야고 명인에는 우륵(于勒)이 있고, 우륵이 타던 12곡은 그의 제자 계고(階古)·법지(法知)·만덕(萬德)이 이어 받았으나, 이 세 사람은 12곡을 5곡으로 간추렸고 이 5곡은 그 뒤 신라의 대악으로 채택되었다. 가야고의 곡은 두 개의 조, 즉 하림조와 눈죽조에 185곡이 있었다고 하나 전하지 않고, 우륵이 탔다고 하는 하가라도·상가라도·보기·달기·사물·물혜·하기물·사자기·거열·사팔혜·이사·상기물 등 12곡의 이름이 『삼국사기(三國史記)』에 전한다. 이 12곡 중 9곡의 이름은 그 당시의 지방 이름인 점에서 가야고 반주를 수반하는 지방 음악이었음을 알겠고, 우륵의 제자 이문이 지은 곡에 오·서·순의 3곡이 따로 전한다. 현재의 가야금은 정악 가야금인 법금과 산조 가야금 이 두 가지가 널리 보급되고 있는데, 이 중 양이두가 있고, 형체가 큰 법금이 신라 이래의 원형이다.

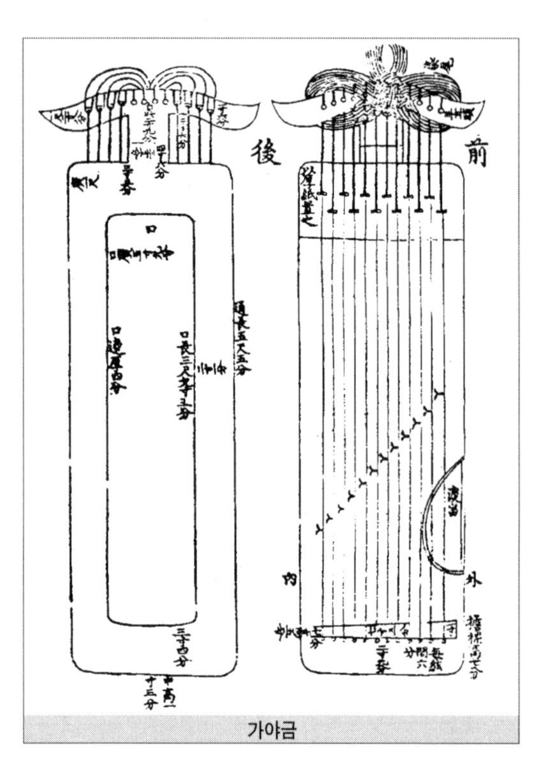

가야금

28. 大笒(대금)

신라 삼죽의 하나이다. 젓대라고도 한다. 삼죽은 대금·중금·소금을 가리키며, 대금은 그 중에서 가장 큰 것이다. 황죽(黃竹) 또는 쌍골죽(雙骨竹)으로 만드는 데, 살이 두껍고 단단하여 맑고 여무진 소리가 나는 쌍골죽을 더욱 즐겨쓴다. 원래는 취공(吹孔) 1, 청공(淸孔) 1, 지공(指孔) 6, 그밖에 칠성공(七星孔) 5가 있었으나, 현재는 칠성공의 제도는 일정하지 않는다. 저취·평취·역취에 의하여 2옥타브 반에 이르는 넓은 음넓이를 가졌고, 부드러운 저취(低吹), 청아한 평취(平吹), 갈대청의 진동을 곁들여 장쾌한 역취(力吹) 등 그 음빛깔의 변화가 다양하여 독주 악기로 애용된다.

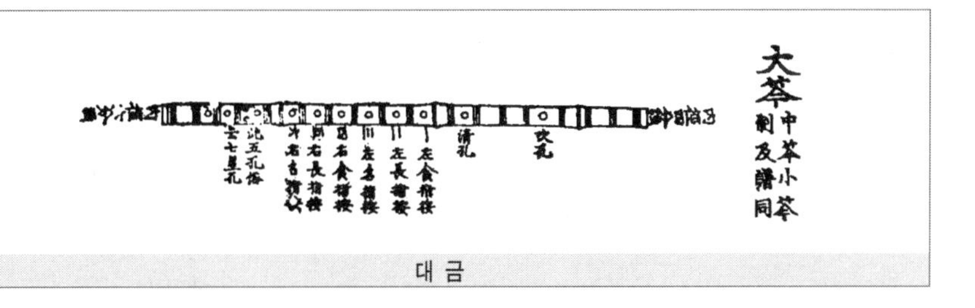

대금

29. 中笒(중금)

신라 삼죽의 하나이다. 대금과 소금 중간에 드는 횡적(橫笛)이다. 해가 묵은 황죽(黃竹)으로 만든다. 『고려사(高麗史)』「악지(樂志)」와 『악학궤범(樂學軌範)』에는 모두 13공으로 되어 있어 대금과 같이 청공(淸孔)과 칠성공(七星孔)을 갖추고 있었으나, 현재 전하는 중금에는 칠성공은 있어도 청공은 없어졌다. 또 현재는 일반적으로 중금을 사용하지 않아 그 연주법을 잊어버리는 경향이 있으나, 대금이 조선 중기 이후로 변한 데 반하여 중금은 『악학궤범(樂學軌範)』 시절의 연주법과 음높이를 그대로 유지하고 있는 점에서 귀중한 악기이다. 중금은 조선 후기에는 주로 당악계(唐樂系) 음악에 편성되었다.

30. 小笒(소금)

관악기의 하나이다. 신라 삼죽의 하나로 가장 작은 횡적이다. 『악학궤범(樂學軌範)』 시절에는 지법·음높이·음넓이 등이 대금·중금과 같았고, 청공과 칠성공이 없었다. 소금은 당악기인 당적과 그 제도가 같아서 현재에도 쓰면서 같은 악기를 명칭만 다르게 부른다. 예를 들어 향악계통의 음악, 즉 수제천과 같은 음악을 할 때에는 '소금'이라고 하고 당악계통의 음악, 즉 보허자 같은 음악에서는 '당적'이라고 부른다.

31. 嵇琴(해금)

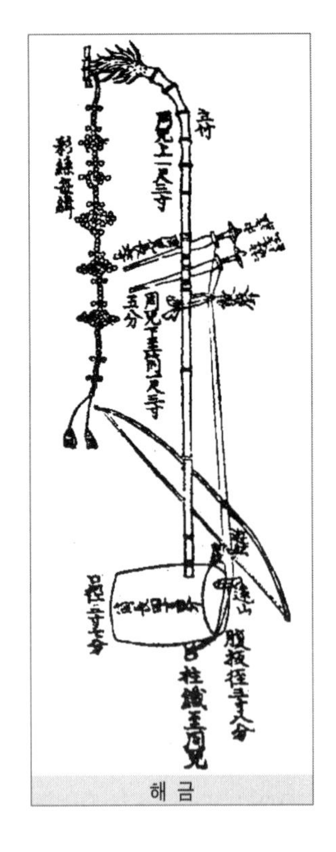
해 금

사부 찰현악기의 하나이다. 지금은 보통 해금을 한자로 '奚琴'이라고 쓴다. 해금은 금·석·사·죽·포·토·혁·목의 팔음, 즉 악기를 만드는 여덟 가지 재료를 다 써서 만든다. 즉 금은 주철과 통 밑에 댄 감자비, 석은 통 안에 칠한 석간, 사는 두줄, 죽은 공명통과 입죽, 포는 두 줄을 괴는 원산, 토는 활의 말총에 바르는 송지, 혁은 활의 말총 위 끝을 붙들어 매어 활대에 거는 가죽, 목은 줄감기인 주아 등이다. 고려 이후 당악과 향악에 함께 쓰였고, 『악학궤범(樂學軌範)』 시절에는 향악에만 사용한다고 하였다. 조선 중기 이전에는 개방현(開放絃) 그대로 조율했으나, 그 뒤 줄을 당겨 쥐고 조율하게 되었고, 예전에는 줄을 당기지 않고 짚어 연주하였으나 조선 중기 이후로는 줄을 당겨 연주하기 때문에 농현이 자유로워지고 표현력이 다양해졌다.

찾아보기

신현규 편역

문학박사

중앙대학교 교양학부대학 교수

『壬丙兩亂을 素材로 한 漢文敍事詩 研究』(1996)
『기초한문』(1997)
『조선조문인졸기』(1998) 문화관광부 우수학술도서
『국어와 생활한자의 이해』(1999)
『초급한문』(2000), 『기초한문』(2001)
『한국문학의 흐름과 이해』(2002)
『실용한자의 세계』(2002)
『꽃을 잡고 ; 일제강점기 기생인물 · 생활사』(2005)
『중국간체자여행』(2005)
『평양기생왕수복』(2006)
『고려조문인졸기』(2006)
『기생이야기』(2007)
『기생, 조선을 사로잡다』(2010)
『교양한문』(2011)

강현정 도판설명

중앙대학교 대학원 음악학과 박사과정 수료

중앙대학교 국악대학 · 예술대학 강사

황병홍 부록정리

중앙대학교 대학원 국어국문학과 박사과정 수료

숭 실 대 학 교
한국문예연구소
학 술 총 서 ㉛

高麗史 樂志

초판 인쇄 2011년 8월 15일
초판 발행 2011년 8월 30일

편 역 자 | 신현규
도판설명 | 강현정
부록정리 | 황병홍
펴 낸 이 | 하운근
펴 낸 곳 | 學古房

주 소 | 서울시 은평구 대조동 213-5 우편번호 122-838
전 화 | (02)353-9907 편집부(02)356-9903
팩 스 | (02)386-8308
전자우편 | hakgobang@chol.com
등록번호 | 제311-1994-000001호

ISBN 978-89-6071-216-4 94810
978-89-6071-160-0 (세트)

값 : 25,000원

※ 파본은 교환해 드립니다.